用于国家职业技能鉴定

国家职业资格培训教程

YONGYU GUOJIA ZHIYE JINENG JIANDING

GUOJIA ZHIYE ZIGE PEIXUN JIAOCHENG

美发师

（技师　高级技师）

第2版

编审委员会

主　　任　刘　康

副主任　张亚男

委　　员　仇朝东　顾卫东　孙兴旺　陈锡娥　陈林声
　　　　　陈　蕾　张　伟

编审人员

主　　编　卢晨明

编　　者　肖　安　杨守国　汪朕宇　姜海平

主　　审　陈林声

审　　稿　何俊良　董一达

U0345493

中国劳动社会保障出版社

图书在版编目（CIP）数据

美发师：技师、高级技师/中国就业培训技术指导中心组织编写 . —2 版 . —北京：中国劳动社会保障出版社，2012

国家职业资格培训教程

ISBN 978-7-5045-9933-9

Ⅰ.①美…　Ⅱ.①中…　Ⅲ.①理发-技师培训-教材　Ⅳ.①TS974.2

中国版本图书馆 CIP 数据核字（2012）第 273611 号

中国劳动社会保障出版社出版发行

（北京市惠新东街 1 号　邮政编码：100029）

出 版 人：张梦欣

*

中国铁道出版社印刷厂印刷装订　　新华书店经销

787 毫米×1092 毫米　16 开本　24.5 印张　526 千字

2012 年 12 月第 2 版　　2020 年 3 月第 3 次印刷

定价：66.00 元

读者服务部电话：(010) 64929211/84209101/64921644

营销中心电话：(010) 64962347

出版社网址：http://www.class.com.cn

前 言 ∎

　　为推动美发师职业培训和职业技能鉴定工作的开展，在美发师从业人员中推行国家职业资格证书制度，中国就业培训技术指导中心在完成《国家职业技能标准·美发师》（2009年修订）（以下简称《标准》）制定工作的基础上，组织参加《标准》编写和审定的专家及其他有关专家，编写了美发师国家职业资格培训系列教程（第2版）。

　　美发师国家职业资格培训系列教程（第2版）紧贴《标准》要求，内容上体现"以职业活动为导向、以职业能力为核心"的指导思想，突出职业资格培训特色；结构上针对美发师职业活动领域，按照职业功能模块分级别编写。

　　美发师国家职业资格培训系列教程（第2版）共包括《美发师（基础知识）》《美发师（初级）》《美发师（中级）》《美发师（高级）》《美发师（技师 高级技师）》5本。《美发师（基础知识）》内容涵盖《标准》的"基本要求"，是各级别美发师均需掌握的基础知识；其他各级别教程的章对应于《标准》的"职业功能"，节对应于《标准》的"工作内容"，节中阐述的内容对应于《标准》的"技能要求"和"相关知识"。

　　本书是美发师国家职业资格培训系列教程（第2版）中的一本，适用于对美发师技师和高级技师的职业资格培训，是国家职业技能鉴定推荐辅导用书，也是美发师技师和高级技师职业技能鉴定国家题库命题的直接依据。

　　本书在编写过程中得到上海市职业技能鉴定中心、上海市技师协会、上海市美发美容协会、上海南京美发公司、上海组合发型顾问有限公司、上海嘉韵形象设计艺术培训学校、上海宝丽美发美容学校、上海富康职业技术培训学校、上海商业高校等单位的大力支持与协助，在此一并表示衷心的感谢。

中国就业培训技术指导中心

目 录

美发师（技师）

第1章 »

整体设计

第1节　发型设计

学习单元1　发型美学知识

> ⊙ **学习目标**

　　了解发型美学知识在发型设计中的运用范围和技巧
　　了解发型艺术的表现手法

> ⊙ **知识要求**

一、发型美学基本知识

　　发型是包围在脸形外的头发造型，形成内外轮廓。发型外轮廓的造型直接地影响到脸形的观感和审美效果，发型的设计许多时候是针对脸形考虑的，发型对脸形的影响非常重要。椭圆脸形是最美的脸形，但拥有椭圆脸形的人毕竟是少数，所以在设计发型时，应把发型的外轮廓设计成椭圆形，来弥补脸形（内轮廓）的不足。例如，为方脸形的人设计发型时，应使头顶最高点的外线条尽量保持蓬松，并维持头发长度过肩，让整个脸形增加长度并缩短宽度；因为方脸形是高与宽的比例接近而让人感觉刚硬，所以利用高层次剪法来增加头顶的蓬度并保持宽度来增大脸形长与宽的比例。如果遇上长脸形，应使头顶最高点尽量保持平扁，以缩短整个头形的长度，并保持两侧蓬松，让头形由长、窄改变成短、宽。

　　在发型设计时会运用很多方法进行表现，常用手法有9种：亮露法、遮盖法、衬托法、分割法、组合法、堆积法、点缀法、填补法、渲染法。

　　亮露法的作用是清新明净、扬瑜掩瑕、扩张视角、显示自然。

　　遮盖法的作用是利用头发和发饰，弥补不足、改变面积、调整比例。

　　衬托法的作用是调整虚实松紧，使主次相辅相成，突出主体气韵。

　　分割法的作用是分割面积、改变体积、调整比例、增减量感。

　　组合法的作用是整齐条理、组织块面、安排秩序、突出主体。

　　堆积法的作用是利用头发和发饰，增加体积、调整比例、改变面积。

　　点缀法的作用是调节视觉中心、烘托发式气韵、增加发色变化，从而画龙点睛。

　　填补法的作用是利用假发或发饰填补空缺、调整发式高低、突出空间立体感、烘托发式气韵。

　　渲染法的作用是利用发饰、服饰、造型，加强对发式造型的渲染，引导视觉焦点，加强发式的感染力。

　　发型设计最常用的表现方法有以下几种：

　　1. 亮露法

　　亮露法通过暴露整个或局部的脸形来体现或修正脸形的不足。例如，圆形脸的刘海向

上梳起，使前额完全露出，可以使脸形看上去有拉长的视觉感受。又如，将短粗颈部后部的头发剪成短凸线，露出的颈部有拉长的视觉感受。

2. 遮盖法

遮盖法利用头发来掩盖头形和脸形某些部位的不协调及缺陷，以达到掩盖不足的目的。例如，用刘海来遮盖过高的前额，用两侧的长发来遮盖过宽的脸形。又如，脖颈过长，可用中长而又蓬松的头发来衬托，以分散人们对脖颈的注意力。

3. 堆积法

堆积法借助头发的层次堆积或卷曲处理，来弥补头形和脸形的缺陷。例如，后脑部较平头形，可将后部的头发进行蓬松处理或梳个发髻，来修正头形。又如，脸形过长，对两侧头发进行蓬松处理，可使脸形看起来有拉宽的视觉感受。

这几种处理方法并不是彼此孤立的，而是相辅相成的。设计一款发型时，方法是没有定性规定的，操作时，要灵活运用各种技法，应以发型与脸形、头形相称为标准。此外，还要考虑到年龄、职业、性格、爱好等多方面的因素。

二、发型美学与发型轮廓的关系

发型配合脸形，是发型创作的基本准则。人的脸形是天生的，而发型是可以通过设计而变化的。在专业术语中，将脸形称为内轮廓，将发型的外沿形状称为外轮廓。在日常生活发型的设计中，两者合一以椭圆形为美。发型的轮廓必须随着脸形的不同而有变化。外轮廓的大小配合内轮廓，要在一定的范围内进行发型设计，这种范围就是发型设计的外轮廓大小范围。最大范围和最小范围的外轮廓又有正面和侧面之分。发型的轮廓在最小范围和最大范围之间是最适宜的。这种轮廓范围仅限于日常生活发型，夸张和艺术类发型的轮廓大小不受此限制。

1. 正面轮廓范围

（1）最大范围

最大范围是以眉间到下巴处的距离为半径形成的圆。发型主体超出这一范围，则说明发型过于蓬松，与脸形不相配，如图1—1所示。

（2）最小范围

最小范围是以眉间到下唇的距离为半径形成的圆。若是发型主体小于这一范围，则说明发型过于拘谨，与脸形不相配，如图1—2所示。

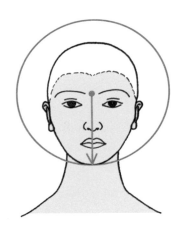

图1—1　正面最大范围的外轮廓

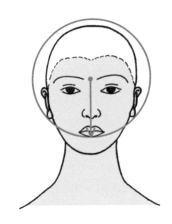

图1—2　正面最小范围的外轮廓

2. 侧面轮廓范围

（1）最大范围

最大范围是以下巴到头顶的直线与自眉间引出的水平线的交叉点为圆心，以该点到下巴尖端的距离为半径所形成的圆。发型主体超出这一范围，则说明发型过于蓬松，与脸形不相配，如图1—3所示。

（2）最小范围

最小范围是以下巴到头顶的直线与自眉间引出的水平线的交叉点为圆心，以该点到外嘴角的距离为半径所形成的圆。发型主体若小于这一范围，则说明发型过于拘谨，与脸形不相配，如图1—4所示。

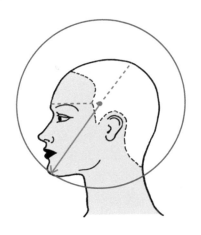

图1—3　侧面最大范围的外轮廓

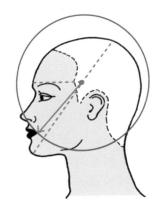

图1—4　侧面最小范围的外轮廓

三、发型与脸形、头形、五官的关系

1. 发型与脸形的关系

脸形最能给人留下直接、深刻的印象。每个人的脸形轮廓、五官特征都不尽相同，在

设计发型时要扬长避短，通过改变头发的长短、纹理和颜色，来弥补脸形的不足，以达到椭圆脸形的视觉效果。当然，这并不意味着所有的发型设计都应是椭圆形的，美发师可根据不同的脸形，设计出其他形状的时尚发型。

脸形可以分为正面脸形和侧面脸形。

（1）正面脸形的设计方法

正面脸形可以大致分为：椭圆形脸、圆形脸、长形脸、方形脸、倒三角形脸、三角形脸、菱形脸。

1）椭圆形脸（见图1—5）

特点：从额上发际到眉毛的水平线的间距约占整个脸长的三分之一；从眉毛到鼻尖又占三分之一；从鼻尖到下巴的距离也占三分之一。脸长约是脸宽的一倍半，额头宽于下巴。椭圆形脸又称鹅蛋脸，有着柔和的曲线轮廓美，是一种标准的脸形。

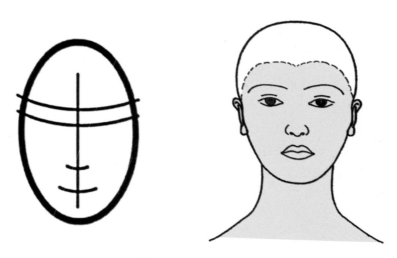

图1—5　椭圆形脸

其设计方案如下：

①这种脸形一般来说可以配任何一种发型，设计成任何发型都很漂亮，因此发型的设计原则是尽量显示其美丽的脸形。长发短发、梳辫盘髻、卷发直发都很合适。

②脸形上宽下尖。做发型时要注意头顶头发不要蓬松，扩展、夸张的应该是下部靠近面颊处的头发，扩展两侧的头发来拓展下巴，使单薄的下巴和双颊立体起来。可将头发侧分，较长的一边发长宜齐下巴，做成波浪式掠过额头，让头发自然垂下、内卷，但要遮住两颊及下巴，以免下巴显得更尖。

③发型设计应当着重于缩小额宽，并增加脸下部的宽度。具体来说，头发长度以中长或垂肩长发为宜，发型以不留刘海为好，适合中分刘海或稍侧分刘海。两侧应露出耳朵，而且以露出面颊为宜。发梢蓬松柔软的大波浪可以达到增宽下巴的视觉效果，并更添几分魅力。

④头发染色可在整个头部进行，无须顾忌太多。要注意的是，脸部两旁的头发宜保留

较深色，以突出椭圆脸形的完美轮廓。

⑤短发或男式发型，推剪成大中小型发式均适宜，只是在吹风造型时线条要粗犷些，以增加男子的阳刚之气。

2）圆形脸（见图1—6）

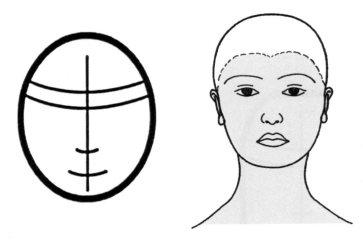

图1—6　圆形脸

特点：圆弧形发际，圆下巴，脸较宽。

拥有一张圆圆的脸蛋会让人显得娇小可爱，但同时也会让脸看上去肉嘟嘟的，显得孩子气。

其设计方案如下：

①圆脸形的人最好设计成头顶较高的发型，以增加头顶头发的高度。留一侧刘海或者留一些头发在前侧吹成半遮半掩脸腮，若两侧采用不对称的设计，中间分头缝，使脸显得更圆。宜佩戴长坠形耳环。这一方法对大多数圆脸的女性来说是很有效的。

②颈部的头发可采用碎发处理，如果头发长度合适的话会使下巴看起来更美。

③把额头充分显露出来，能加长脸形；头发分两边，会使脸感觉窄长。

④圆形脸的女性，发型最好不要向外弯成弧形，那样更会增加脸的圆形感。发型不要做成童花式、蘑菇式，圆圆的泡泡头更不适合。

⑤长发。可用偏分的刘海突出脸部的纵向线条，露出一小部分额头，能够使脸形看起来修长。最好能与两侧的头发自然衔接，制造出飘逸的下垂感。

⑥短发。不适合偏分的发型。可将发帘修剪得非常短，让宽度变窄，也可剪出倾斜或向上弯曲的弧度。若采用眉上整齐的一字刘海，会因为强调了横向的线条，使脸形看上去更短。

⑦束发。往后梳的一把抓发型，只会使脸显得更大、更圆；可以向上梳一把抓，有拉长脸形效果。

⑧染色。染色范围应集中靠近前额及头顶位置，可使脸形显得修长一些。而脸部两侧的头发可染成较深色，使双颊看上去略窄。

⑨烫发。适合蓬松自然的大波纹卷度造型，再搭配色彩明亮的发饰，显得活泼、动人。

⑩短发或男式发型，适合推剪成中小型发式。最好选用两边较短、顶部和发冠稍长一些的侧分发型。吹风时将顶部头发吹得蓬松一些，可显得脸长一些；两侧头发要适当收拢，这样有拉长脸形的视觉效果。

3）长方形脸（见图1—7）

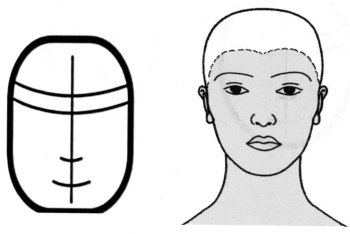

图1—7　长方形脸

特点：脸窄而长，颊下陷。有些人前额比例过大，有些人鼻子过长，有些人下巴过长。长方形脸的上下落差较大，横向距离又小，且额头较宽。长方形脸给人以成熟理智的感觉。

其设计方案如下：

①一般采用自然而蓬松的发型，这样可以显得温和可爱一些。

②可将脸部两侧的头发做得蓬松翻翘些，使脸部看起来略宽一些。卷发看上去可以减小脸的长度。

③两颊头发应剪短一些，用刘海覆盖额头，可以缩短脸部1/3的长度，使脸形看起来饱满圆润。

④采用从头顶最高点开始一直到眉毛的大面积且厚重的刘海，可以使略显严肃的长方形脸显得俏皮可爱。要让刘海部分尽量宽一些，并且长度要盖住眉毛。

⑤暴露过高的发际线，增加纵向的线条，被视为长方形脸发型设计的禁忌。

⑥蓬松卷曲的头发，可以突出脸的宽度，特别是脸的中部宽度，这样会改变长方形脸的视觉效果。选择一些明亮、艳丽的发色，会显得更年轻。

⑦染发。可给脸部两侧的头发染较亮的颜色，头顶部的发色要比两侧更深，前额和刘海只需疏落地染上一点颜色即可。

⑧短发或男式发型，要推剪成大型发式。切不可推剪成小型发式，且应避免头部及面部显露过多。鬓角不宜过薄，应留得稍长些。

4）正方形脸（见图1—8）

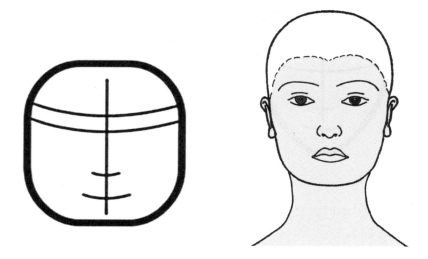

图1—8　正方形脸

特点：又称国字脸。特征为方额头、方下巴，脸较宽，脸的纵向距离比较短，且棱角分明，显得太过生硬，缺乏柔和感。其特点和圆形脸很像，但四面起"角"。

其设计方案如下：

①柔软、浪漫的卷发会让正方形脸的脸部线条看上去柔和许多。

②注意避免短发及直直的线条，应以两侧的头发自然地掩饰脸部鼓突出来的"刚硬"部分。

③为了使脸部显得长一点，可以增加头发的高度。顶部头发尽量蓬松，自然弯曲发梢的偏分刘海是修饰方形轮廓的最好办法，侧分的刘海可使脸部加长。侧分头发可偏向漂亮的一边，造就不平衡感，以弥补四方脸的缺陷。

④适合长方形脸的刘海也可以用在正方形脸上，不同的是，要使刘海的宽度变窄、变薄，且应使两侧的头发向内收拢，使整个脸形看起来变窄，这样会缓和正方形脸"刚硬"的轮廓线。中长的不对称式碎直发也适合这种脸形，让头发自然垂下，盖住脸部鼓突出来的"刚硬"部分，会让脸部变得曲线柔和。

⑤不适合悬在眉毛上面的齐刘海设计，那就像在一个大方形里画了一个小方形，只是面积小了一点而已，会加强正方形脸的刻板印象。

⑥染发时可围绕脸部四周进行间发染色。应注意由头发中段开始染发，而无须由发根开始。颜色不宜选择太深，否则轮廓的改变不易衬托出来。最后再配以片染或挑染的方法点缀发式。

⑦短发或男式发型的轮廓以呈现圆形为佳。

5）倒三角形脸（见图1—9）

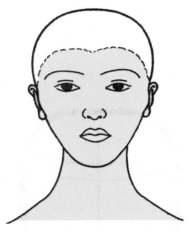

图1—9　倒三角形脸

特点：前额较宽，下巴尖窄，是较好设计的脸形发型设计应着重于缩小前额的宽度。

其设计方案如下：

①发型以低层次结构最为理想，头发长度在下巴处最为适合。

②烫发。靠近下巴的头发做成波浪，以增加下巴的宽度。短而柔软的刘海静静地服帖在额头上，可让尖下颏变得高贵而灵秀。

③若腮部线条不太过硬朗，可试着扎一个高高的马尾辫。

④短而斜分的刘海适合额头比较宽的倒三角形脸，再用一些使头发柔软服帖的乳液，用手指或宽齿梳做出有序兼动感的造型。

⑤将脸部两侧的头发梳到耳后，并且让发尾稍稍翘起，能够让下颏显得丰满。

⑥染色时，耳朵以上的头发染较深一点的颜色，额骨及其后下方的头发进行较浅色染色，以求得平衡，这样可使脸下部显得宽一些。外翘的发型，发尾染色处理是最好的方法，再加以片染或挑染的方法点缀发式，以求得平衡，这样可使脸下部显得宽些。

6）三角形脸（见图1—10）

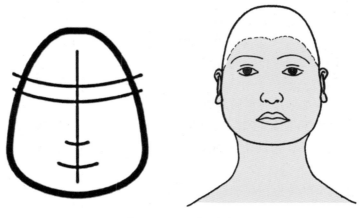

图1—10　三角形脸

特点：三角形脸的特征是额头窄、下巴宽。

其设计方案如下：

①为了掩盖其缺陷，可增加头发的高度及两侧上面头发的宽度和蓬松度，下巴部分则应减小宽度，以达到视觉上的平衡效果。顶部头发长度不宜过长，最好在20～25厘米，避免短发型。

②该脸形适合烫发，头发的上部要蓬松，下部要收缩，最不适合像瓜子脸那样做发型。可以用发型来遮挡腮部头发阴影线，使胖鼓鼓的腮部有变瘦的感觉。

③可以将头发往后梳成宽型，而在颈后留一点头发，以平衡脸形，使腮部看上去不那么宽大。切记：头顶的头发不能贴在头上，不能梳得紧紧的、光溜溜的。

④不适合高刘海，可留侧分刘海，刘海的面积可宽些，以改变额头窄小的视觉感受。头发长度要超过下巴。

⑤染色时，要在刘海处集中染色，或选用水平片染，以修饰额头的窄度，使前额看上去显得宽一些，视觉效果更柔和。脸颊两边头发则宜进行上轻下重色彩染色，发尾可用暗色挑染来处理，挑染设计会产生视觉转移效果。

⑥短发或男式发型，应避免头发过短的发型。

7）菱形脸（见图1—11）

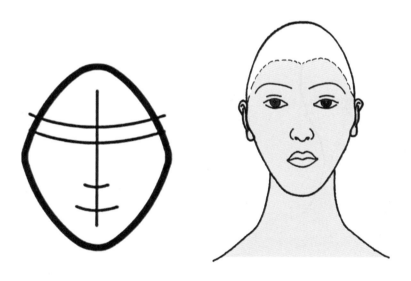

图1—11　菱形脸

特点：前额与下巴较尖窄，颧骨较宽。

其设计方案如下：

①应当着重于缩小颧骨宽度，增加两侧上面头发的宽度和蓬松度。

②菱形脸的女孩，看上去很厉害，年龄也容易显大，要想给人一种温柔的形象，最好用大的波浪或小的波浪做烫发处理，来去掉脸部尖尖的棱角。

③做发型时，靠近颧骨的头发应做前倾波浪，以掩盖宽颧骨；下巴部分的头发可吹得

蓬松些。

④应避免露出脑门，也不要把两边的头发紧紧地梳在脑后，如扎马尾辫或高盘。

⑤不宜梳高刘海。刘海也应尽量剪短些，并做出参差不齐的效果。露出隐约显现的额头，可以淡化头顶的尖窄，并且显得年龄较小。

⑥在染色上，顶部刘海的挑染尤为重要，要一直延续至太阳穴处，在离开发根3~4厘米处开始上色。可用柔和的棕褐色去填补腮部的空缺。

⑦短发或男式发型，要避免头发过短的发型，头顶头发长度在20厘米左右。

另外，短发或男式发型在鬓角的设计上需要注意：

短鬓角适合脸形较短、短发或寸头的人。

长鬓角适合脸形较长、头发较长的人。

长方鬓角适合脸形较方或大胡子的人。

厚鬓角适合脸形瘦长或发量较少的人。

薄鬓角适合脸形较胖或发量较多的人。

（2）侧面脸形的设计方法

从侧面脸形进行发型设计时要考虑侧面脸形的特征。侧面脸形一般有3种：凸侧脸、平侧脸、凹侧脸（见图1—12、图1—13、图1—14）。

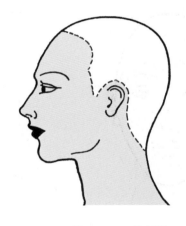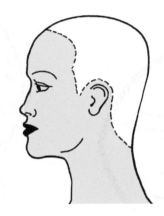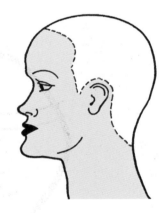

图1—12 凸侧脸　　　　　图1—13 平侧脸　　　　　图1—14 凹侧脸

1）凸侧脸。特点：小额头、大鼻子，轮廓感很强，具有欧美人种脸形的特点。

设计方案：针对这种脸形设计时，要增加前额头发的发量，这样会使脸看上去不是十分突兀。这种脸形适合搭配微卷的头发，纹理过于卷曲的头发只会让这一脸形的轮廓感显得更强。

2）平侧脸。特点：脸部侧面线条过于平直，没有太大的起伏。

设计方案：这种脸形一般头形也比较平，最好不用直发，否则，整个脸部看起来都是平的。可用卷发来缓解脸侧面的平直线条，而且卷发可以做得夸张一些，做成凌乱而有序的卷发更具时代感。

3）凹侧脸。特点：和凸侧脸正好相反，最显著的特点是它有一个突出、外伸的下巴。

设计方案：前额的头发不要太多，可采用略微前冲的刘海以及使后脑膨胀的发量，这样会使得突出、外伸的下巴柔和许多。

2. 发型与头形的关系

头形结构对于发型设计来说是非常重要的一部分，留意这个部分的一些因素，可以在设计上得到更高的精确度和满意度。针对头形结构的发型设计并没有一个特定的规则，因为发型设计除了需要全面考虑之外，还应该因人而异。发型设计的目的之一，就是利用头发形状的变化与安排，弥补头形的缺陷，尽量使脸形和头形的整体轮廓向椭圆形靠拢，产生椭圆形头形的效果。人的头形大致可以分为大、小、长、尖、圆、扁、凸等几种形状。

（1）大头形

头形大的人，不宜烫发；最好剪成中长或长的直发，也可以剪出层次；刘海不宜梳得太高，最好能盖住一部分前额；染色时应以窄长的挑染区域拉长其整体感觉。

（2）小头形

头发要做得蓬松一些，长发最好烫成蓬松的大花，但头发不宜留得过长；染色应以整体的染发或挑染区域去拉大其整体感觉。

（3）长头形

由于头形较长，故两边头发应吹得蓬松，头顶部不要吹得过高，而应使发型横向延展；染色应以圆弧状的挑染区域去拉宽其整体感觉。

（4）尖头形

因头形上部窄、下部宽，故不宜剪平头、剪短发或烫卷，发型顶部要压平一点，两侧头发应向后吹成卷曲状，使头形趋向椭圆形；染色时应将较深的区域设计在头顶上。

（5）短圆头形

刘海可以吹得高一点，两侧头发收紧；染色时应将较浅的区域（挑染设计区）设计在头顶上。

（6）扁头形

修剪时，应注意在后脑处进行量的堆积，或利用烫发对头形进行调整；染色应运用相对较浅的颜色。

（7）凸头形

应对凸出部位上下的头发进行蓬松处理，以调整头形。染色时应以厚重的色彩设计在凸起的位置上，来调整其厚度。

3. 发型与五官的关系

世界上没有一张完美无缺的脸，每个人脸部都或多或少存在着某些缺陷。不同的脸部特征将每个人区分开来。根据五官的条件来进行发型设计时，除了眼、耳、口、鼻外，还需要注意额头、颧骨、眉毛等条件。五官条件的好坏对发型设计有着直接的影响。五官的

缺陷，例如，颧骨、鼻子的高低，耳朵的大小，额头的宽窄等，应在发型设计中通过各种手段进行弥补。

（1）眼

眼睛的大小直接影响刘海的高低及发型的分边线。

1）眼距宽。头发应做得蓬松些，不宜留长直发；不应将头发平平地梳在脑后，这样会突出眼距宽的特点。留蓬松的侧刘海效果会更好一些。

2）眼距窄。发型的两侧可以做成不对称式，如：两侧的头发一边向前，另一边向后，或者两侧头发通过修剪来制造长短厚薄不同的效果。也可以将两侧头发向斜后方吹风成型，露出前额头，有增大眼距的感觉。

3）大小眼。可用不对称或倾斜的刘海式样来减弱对大小眼的视觉印象。

4）不漂亮的眼睛。刘海的线条要柔和，色彩上可以多一点混搭，来转移视觉焦点。

5）漂亮的眼睛。刘海的线条要有型，可以用厚重及简洁的色彩强调其特点。

（2）眉

眉毛的形状会影响刘海线条的形状特征。

1）眉毛是直线形时，设计刘海时需要用弧线来平衡眉毛的刚硬度。

2）眉形是弧线形时，设计刘海时需要用直线来平衡眉毛的弧度。

（3）耳

耳朵的高低及大小会影响发型两侧的长、短及厚、薄。

1）大耳朵。不宜剪平头或太短的发型，应留盖耳长的发型，且要蓬松。

2）小耳朵。不宜留太多、太厚的发型，发型的两侧应修剪得轻薄些。

（4）嘴

两侧鬓角的梳理方向可以协调嘴巴与发型的关系。

1）大嘴巴。在发型上要往后梳，这样大嘴巴就不会凸显了。

2）小嘴巴。在发型上要往前梳，这样小嘴巴就会显得更加可爱。

（5）鼻

鼻子跟嘴巴的设计原理一样，也是利用脸形的面积来修饰的。

1）大鼻子。头发可梳高或向后梳，避免中间分开；最好不要做发卷或刘海。做发型时，可将头发柔和地梳理在脸的周围，从侧面看可以缩短头发与鼻尖的距离。

2）小鼻子。头发绝不要向上梳，应将两侧的头发往后梳，使头发与鼻子距离拉长；刘海下垂，遮盖发线即可，不要蓄得过长。

3）小翘鼻子。适宜将头发往后梳理。

4）歪鼻梁。可用不对称式发型，以分散人们对鼻子的注意力。

5）扁鼻子。趋向于把脸拉宽，如果不是长脸形，就不适合齐刘海或齐耳短发。

（6）额头

额头的宽窄高低影响着刘海的变化，而刘海是发型设计中最重要的部分。

1）低额头。如果留刘海，就必须是短刘海。短的程度要考虑到头发的弹性。也可以运用下短上长的短层刘海。

2）高额头。可剪出厚重的刘海，用头发遮住一部分前额，或把头发向后梳。

3）窄额头。可以把两鬓吹蓬松并向后梳。如果要留刘海，刘海的宽度要大，可以延伸到太阳穴前边。也可以把刘海旁分，来增加脸形的长度及斜度。

4）宽额头。可以在太阳穴两侧做发卷或波浪，把额前的头发梳高，用卷曲的大波浪遮盖住一部分额角。也可用长而碎的刘海来缩短脸形的长度。

（7）颧骨

颧骨高会给人一种刚强的感觉，鬓角应保留一定长度，并以羽毛剪方式放在颧骨位置或附近，让脸形恢复柔和的感觉。

1）高颧骨。头缝不要中分，两鬓的头发可以吹蓬松并向前梳，盖住颧骨。刘海可略长些。

2）低颧骨。两鬓的头发应尽量向后梳，不要遮盖住耳朵。两鬓可以做出发卷，从中间分开。

学习单元2　发型外形设计

⊛ 学习目标

了解发型外形设计的特点
了解外形线五区九线的设计方法
掌握发型外形的设计变化方法

⊛ 知识要求

一、外形线条的特点

发型的外形形状包括外形轮廓形状和外形底线形状两方面，外形轮廓在上一单元已经讲解过。发型外形底线形状线条的特点是：外形底线大部分由发际周边自然下落的头发组成，发型的外形线的变化会给人最直观的视觉变化感受，因为发型的外形线受到上面头发的压制，又与下面皮肤相对应。外形底线一旦修剪成型它的可变性就会很小，头发修剪得越短外形底线越厚，可变性越小，视觉感也越强烈；相反，头发越长、外形底线越薄它的可变性就越大。即使有变化的可能，由于外形底线处于发型最边缘处，相对于顶部头发的动态变化，还是比较小的。相对来说，外形底线的形状变化比厚薄变化更具视觉冲击力。

1. 外形底线的设计主要是发型外围底线形状的设计。底线可以是单独存在于外围底线的（见图1—15），也可以是由内形线条延伸出来的（见图1—16）。

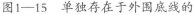

图1—15　单独存在于外围底线的　　　图1—16　由内形线条延伸出来的

2. 发型外形底线的形状、厚薄、曲直变化，起到分散（见图1—17）或集中（见图1—18）量感的分配作用。

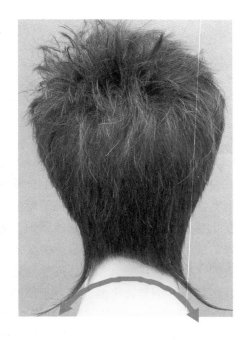

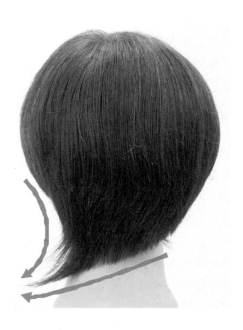

图1—17　分散量感　　　　　　　　　图1—18　集中量感

3. 外形底线表现不同的动态方向。例如，发型的鬓角因线条的形状不同所表达出的动态方向也不同：向前的动态方向（见图1—19）、向下的动态方向（见图1—20）、向后的动态方向（见图1—21）。

图1—19　向前的动态方向　　图1—20　向下的动态方向　　图1—21　向后的动态方向

4. 通过改变发型外形底线的形状来改变发型。从图1—22和图1—23这两张图片可以看到，因为刘海外形底线的变化，发型有着强烈的改变。

图1—22　斜刘海　　　　　　　图1—23　直刘海

二、外形底线产生的方法

外形底线的形状，受层次修剪、纹理调节和外线修整的影响，它决定着发型外形的形状、厚薄、方向和重量。

在发型设计和修剪中，一般由以下3点可以得到外形底线的形状。

1. 由自然生长的发际线所决定

发际线的形状是自然生长的，每个人都有不同的发际线形状，它是不可改变的（见图1—24）。

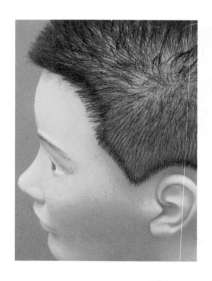 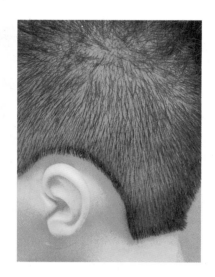

图1—24　发际线的形状

2. 由层次的结构所决定

层次的结构，就是修剪后头发自然下落所形成的底线线条，外线形状与层次的结构有着极大的关系。如图1—25所示为进行层次修剪，如图1—26所示是修剪后自然下落而形成的外形线条形状。

图1—25　进行层次修剪　　　　图1—26　修剪后自然下落而形成的外形线条形状

3. 由直接的线条修剪所决定

直接的线条修剪，就是重新修整已成型的发型的外线或发际线，来改变发型外线的形状。它的变化是多样的。如图1—27所示是直接对刘海进行形状的修剪，如图1—28所示是直接对鬓角进行形状的修剪。

图1—27　直接对刘海进行形状的修剪　　图1—28　直接对鬓角进行形状的修剪

三、外形线条的分类

外形线条可分为虚线和实线两大类。

无论虚线还是实线，都可单独分为水平线、垂直线、后斜线、前斜线、凸线、凹线，这6种线条的运用在外形上表现出不同的效果，可以增加发型的变化。

1. 虚线

可以通过高层次的修剪或大量地去除发量而得到，虚线在视觉上可以使外形线虚而无形，在消除外形重量的同时还有着缩短发长的视觉感受，还有虚化发型外形轮廓也包括面部轮廓的作用，如图1—29所示。

2. 实线

可以通过低层次的修剪或直接的硬线切取而得到，在增加外形重量的同时还有着增加发长的视觉感受，以及强化发型外形轮廓也包括面部轮廓的作用，如图1—30所示。

图1—29　虚线　　　　　　　　图1—30　实线

3. 水平线

运用在任何部位的水平线，可增加宽度的视觉感受（见图1—31），可使窄脸显得宽些。因为宽度的增加，也会产生重量下压的视觉感受。

4. 垂直线

在耳前或耳后单独出现下沉的垂直线（见图1—32），有着拉长脸形或颈长，使宽脸显窄的视觉感受。

图1—31　水平线

图1—32　垂直线

5. 后斜线

后斜线给人的视觉感受是向前向上冲，但重量却向后集中（见图1—33），在视觉上得以平衡。其适合各种脸形：脸形较小者，后斜线前端（额角处的头发长度）应短于嘴角；而脸形较大者，后斜线前端（额角处的头发长度）应长于嘴角。

6. 前斜线

前斜线给人的视觉感受是向后向上收，重量却向前向下分散（见图1—34），在视觉上得以平衡。其适合脸形较长较大者，斜线前线（靠近脸部）的长度应长于下巴。

图1—33　后斜线

图1—34　前斜线

7. 凸线

运用在任何部位的凸线，有着分散中间的重量、拉长两侧、拉长中间长度的视觉感受（见图1—35），适合体形较胖、颈部较短者。

8. 凹线

运用在任何部位的凹线，有着向中间集中重量和下坠的视觉感受（见图1—36），适合脸形或颈部较长者。

图1—35　凸线　　　　　　　　　　图1—36　凹线

四、外形底线的设计方法

发型外形底线具体怎样来设计，一直是困扰美发师的一个比较复杂的问题，这里提出的外形五区九线的设计方法，是外形底线设计上的一个全新的设计理念和设计思维方式，不但在外形设计中可以以此为依据，同样也可以把它运用在内形的设计中，来增加发型的设计变化。

在外形线的设计上，应从线条形状的设计和五区九线的设计来进行分析。

五区是固定的设计划分，它们是：①前左侧区；②头顶区；③前右侧区；④后左侧区；⑤后右侧区（见图1—37）。分成五区的目的是明确对九线的划分。

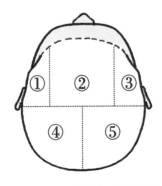

图1—37　五区固定的设计划分

在这 5 个区中，除了头顶区只有一条刘海的型线外，其他 4 个区都有两条型线，这样就形成了九线，如图1—38所示。

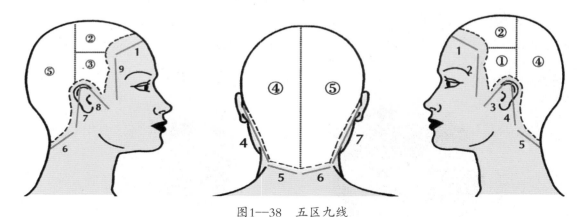

图1—38　五区九线

在外形的设计中，可以用任何一种几何线条来体现九线中的每一根线条或每一根连线的形状。

外形线的变化从整体上来说无非就是线条的虚与实、曲与直以及所处位置的变化。从设计的角度来说九线的设计可以是单独线条的设计，也可以是线条连接的设计；可以是对称的设计，也可以是不对称的设计。

1．单独线条的设计变化

单独线条的设计变化是九线最基础的变化，可以通过改变线条的虚实曲直来改变外形底线的形状。

刘海这条线可以修剪成9种形状的线条，再加上实线和虚线两种线条变化（见图1—39、图1—40），就有18种形状的变化。

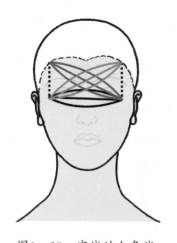

图1—39　实线的九条线

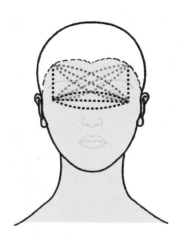

图1—40　虚线的九条线

（1）刘海是水平的虚线（见图1—41）。

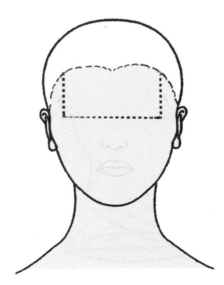

图1—41　水平的虚线

（2）刘海是向右的凹实线（见图1—42）。

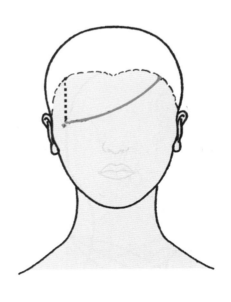

图1—42　向右的凹实线

2. 线条连接的设计变化

　　在设计中可以两线或三线连成一线，也可以八线或九线连成一线，加上连成的一线所设计的位置、虚实、形状的不同组合变化，可以给发型的外形设计带来无穷的变化。图1—43所示的后颈部四线连一线的实线的9种变化和图1—44所示的后颈部四线连一线的虚线的9种变化，共有18种变化。

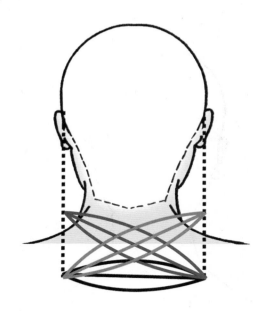

图1—43　后颈部实线的9条线

图1—44　后颈部虚线的9条线

　　侧面五线连一线的实线的9种变化（见图1—45）和侧面五线连一线的虚线的9种变化（见图1—46），共有18种变化。

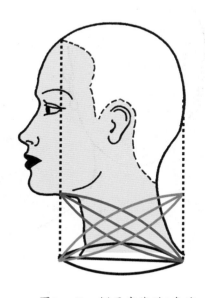

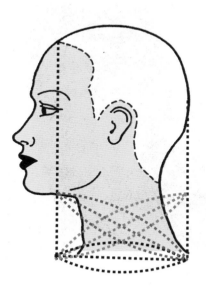

图1—45　侧面实线的9条线

图1—46　侧面虚线的9条线

　　3. 对称的设计变化

　　对称的设计是左右平衡的设计，可以在线条虚实、长短、形状、位置变化的基础上进行设计变化。如图1—47所示是3条线连成的一条对称的刘海凸实线的设计。

4. 不对称的设计变化

不对称的设计是指发型左右线条的虚与实、长与短的不同设计和位置安排，可以给发型的设计带来许多变化和视觉冲击，但在设计中一定要在不对称中寻求平衡感。图1—48所示是不对称的鬓角设计。

图1—47　对称的刘海设计　　　　图1—48　不对称的鬓角设计

5. 注意事项

（1）九线的变化可以直接体现出发型的变化，它是外形线的基本组成形式和总体框架。外形线的变化并不是只有九线的变化，其实九线中每一条线的形状变化也是多样的，例如，对侧面线条进行阶梯式的修剪，侧面的线条就由多根线条所组成（见图1—49）；对刘海线条进行阶梯式的修剪，刘海的线条就由多根线条所组成（见图1—50）。这样的设计可以大大地增加发型的变化。

图1—49　侧面阶梯式的修剪　　　　图1—50　刘海阶梯式的修剪

（2）从某种意义上来说，对发型的修剪就是对线条的修剪。因此，在修剪发型时，无论对外形还内形线条，一定要了解视觉的错位对发型的影响，要注意修正线条因视觉错位所产生的视觉变化。如图1—51所示的两条线其实是两条水平直线，但在中心圆形的视觉干扰下，看上去却是两条弧形线条。在实际操作中人们也经常发现，本想剪出一条水平线，可在最终完成后，看上去却是凹弧形的视觉线条。再看图1—52，其中的两条竖线其实是等长的，但在下面两条弧线的视觉影响下，看上去有长短不同的视觉效果，同样道理运用在形线上，凹线有缩短的视觉效果，而凸线有拉长的视觉效果。

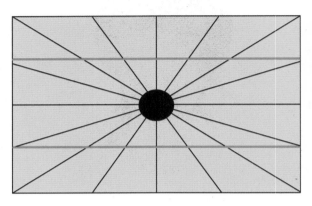  

图1—51　视觉变化效果图一　　　　　　图1—52　视觉变化效果图二

由此可见，当视觉错位出现时，需要通过适当的调整来修正。了解线条可能出现的视觉错位对修剪和调整发型有着极其深远的意义。

（3）视觉错位的修正方法

1）线条长短变化——放量处理。因为干发与湿发的弹性不同，头发的长短也有不同，还有虚化的外形线会比实际的长度看上去要短，这就需要在发型修剪时，视外形线的位置、头发弹性及虚化程度来决定放长多少。

2）线条曲直变化——"矫枉求正"。在发型修剪时要剪切出一条视觉上的水平线，在实际操作中，需要修剪出一条略带凸形的线条，才能达到视觉上所要求的水平线。

3）线条虚实变化——虚实结合。发型虚化的外形线，无论虚化的程度有多大，也要做形状的修饰，以达到虚而有形。同样，发型厚实的外形线，也要做虚化的修饰，以达到实中有虚。

（4）修剪好的层次

发际线的曲折变化会对外线的形状产生影响，外线的形状一般与发际线的形状相似，产生凸出或凹陷的线条。对于这种情况的修正方法有两种：

1）铲除法。先修剪层次结构，再修正连接外线的线条。此法多用于鬓角和后颈两侧凸出的头发。如图1—53所示。

图1—53　铲除法

2）放量法。先确定外线长度，再修剪层次结构。此法多用于额角和耳朵上凹陷处的头发。如图1—54所示。

图1—54　放量法

3）修整法。修剪外形线条时，干发要比湿发修剪出来的效果更加清晰准确，最终要在干发上完成外形线条的修剪。如图1—55所示。

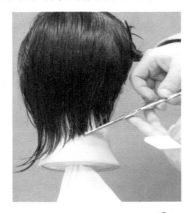

图1—55　修整法

学习单元3　发型内形设计

⊙ **学习目标**

了解发型内形的变化
掌握发型内形的设计方法

⊙ **知识要求**

发型是外形和内形的组合，只有外形的变化是不够的，需要与内形的变化相结合才能组合成发型的不同变化。内形主要是由头顶及周边裸露在外、外形底线以上容易产生动感的区域的头发所组成。无论头发长短，内形的活动空间与外形底线相比要大得多。也就是说，与外形相比，内形的范围是固定的，但它的自由度是活动的。

一、内形的形状

内形的形状不是指内形在修剪时的形状，而是指修剪完成后头发自然下落所产生的形状。它是对几何体（见图1—56）的借取、嫁接、变异。

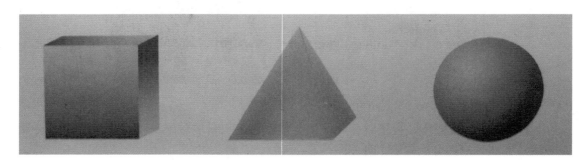

图1—56　几何体

1. 内形的层次结构组合形式

（1）连接组合

连接组合是传统的修剪方法，是通过一种或几种不同的层次结构进行连接组合，以达到具有连接的厚实的外形轮廓效果。

（2）不连接组合

不连接组合是现代的修剪方法，是通过几种不同的层次结构进行不连接组合，以制造空间感或断层的顿挫感，达到具有活动外形轮廓的效果。不连接的组合形式有两种视觉效果：

1）视觉连接的效果。视觉连接的效果是头发上下不连接的层次结构，头发上长下短，上长的层次越大、发量越多、头发长短相差不过大，视觉感越连接。

2）视觉不连接的效果。视觉不连接的效果是头发上下不连接的层次结构，头发上长下短，上长的层次越小、发量越少、头发长短相差过大，视觉感越不连接。

2. 内形在发型上所表现出来的各种形状及效果

（1）直线方形

无论形状的高低如何，内形有明显或消融的重量线，或重量区呈水平直线的方形形状，有拉宽设计区域和制造视觉重量的作用。如图1—57所示。

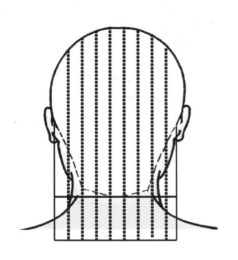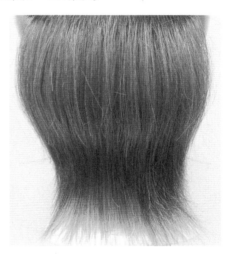

图1—57　直线方形

（2）正三角锥形

无论形状的高低如何，内形有明显或消融的重量线，或重量区呈倒V形，有外斜向下分散量感的作用。如图1—58所示。

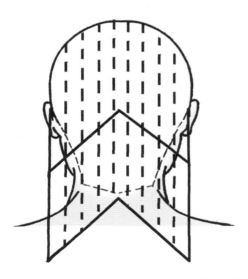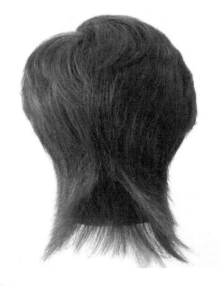

图1—58　正三角锥形

（3）倒三角锥形

无论形状的高低如何，内形有明显或消融的重量线，或重量区呈V形，有向下集中量感的作用。如图1—59所示。

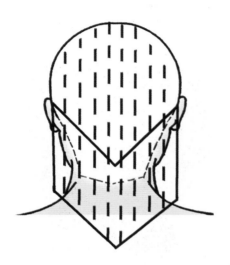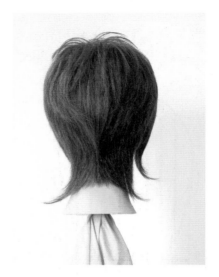

图1—59　倒三角锥形

（4）凹线外弧球形

无论形状的高低如何，内形有明显或消融的重量线，或重量区呈外弧形状，有量感下垂的作用。如图1—60所示。

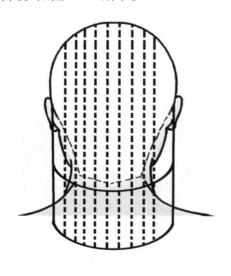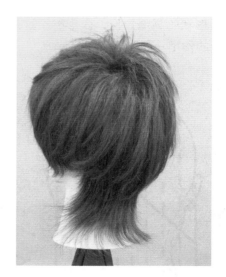

图1—60　凹线外弧球形

（5）凸线内弧球形

无论形状的高低如何，内形有明显或消融的重量线，或重量区呈内弧形状，有向两侧分散量感的作用。如图1—61所示。

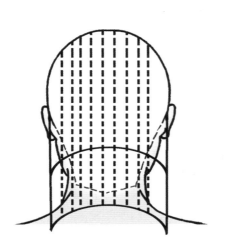 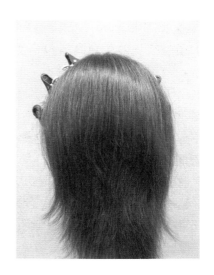

图1—61　凸线内弧球形

二、分区形状的设计

发型内形的变化，就是不同发区的形状在不同位置安排的组合形式的变化。它是发型变化的灵魂。

1. 固定分区

固定分区是根据头形的特点、发流的方向、发量分布大小，而对整个头部进行的整体性固定划分。固定分区基本是不变的，因头形的不同、发流的方向不同，可以进行细微的调整。了解这些特点对修剪发型有很大的帮助。如图1—62所示。

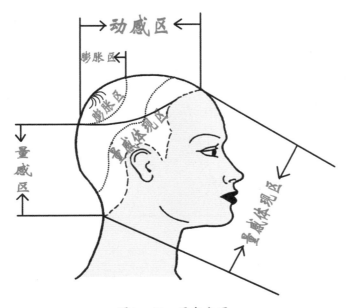

图1—62　固定分区

（1）顶部区域负担着发型的纹理与动态的调整，是内形的设计重点。顶部区域可划分为动感区和膨胀区。

1）动感区是前额角向后包括发旋在内的头顶区域，它影响着发型的纵向轮廓的高低。

2）膨胀区是发旋周围的区域，是发流方向的起点，也是头发中最具弹性的区域，它影响着发型的纵向轮廓的高低。

（2）周边区域负担着发型的量感与轮廓的调整，是外形的设计重点。周边区域可划分为量感区及量感体现区。

1）量感区是动感区以下的周边区域，它影响着发型横向轮廓的大小。

2）量感体现区是离发际线2～3厘米、发量较稀少的区域，它的厚薄及重量的变化，直接体现着发型外形的厚薄及重量的变化，同时也影响着发型横向轮廓的大小。

2．设计分区

设计分区是对整个头部进行的设计划分，其形状会影响到内形的形状。设计分区的形状是多变的，是根据不同的设计要求来进行划分的。

设计分区的形状是对几何图形的借取、嫁接、变异，可以是正方形、正三角形、圆形，如图1—63所示。

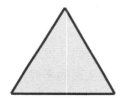

图1—63　正方形、正三角形、正圆形

也可以是变形的方形、三角形和椭圆形，如图1—64所示。

图1—64　变形的方形、三角形和椭圆形

（1）方形分区是直线区域划分，容易产生量感均匀的直线边线，因层次高低的不同，发量呈向下堆积或向上分散。头发的层次越低，所表现的分区形状效果就越明显。如图1—65所示。

图1—65　方形分区形状及低层次修剪完成效果

（2）正三角形分区可向下分散发流、拉伸轮廓宽度，在视觉上有缩短的效果。头发的层次越低，所表现的分区形状效果就越明显。如图1—66所示。

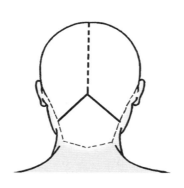
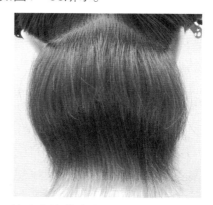

图1—66　正三角形分区形状及低层次修剪完成效果

（3）倒三角形分区可向下集中发流、收缩轮廓宽度，在视觉上有拉长的效果。头发的层次越高，所表现的分区形状效果就越明显。如图1—67所示。

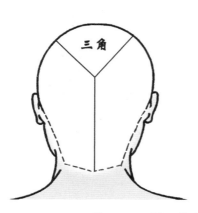
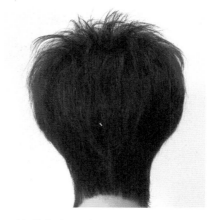

图1—67　倒三角形分区形状及修剪完成效果

（4）圆形分区。发区直径可大可小，多用于发旋处，向周边分散发流。头发的层次越高，所表现的分区形状效果就越不明显。如图1—68所示。

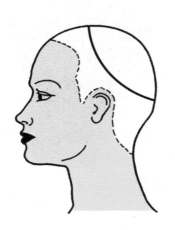
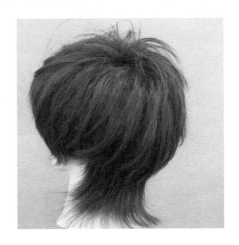

图1—68　圆形分区形状及修剪完成效果

三、内形的设计方法

内形的形状主要是由头发层次结构、头发长短，以及修剪的线条形状所决定的，层次结构的改变直接影响着发型内形形状的变化和纹理动静的变化，层次越高内形形状越不明显，层次越低或是断层的层次结构，内形的形状就越明显。内形的形状大多表现在发型的周边区域。

1. 内形形状可以是在外形形状线条上的一种提升（高角度修剪），有消融的重量线或重量区域，也可以是在外形形状线条上的一种堆积（低角度修剪），有明显的重量线或重量区域。也可以同于外形线的形状（0角度修剪）（见图1—69）。这类是比较常用的设计，有提升或堆积量感的作用。

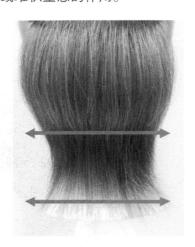
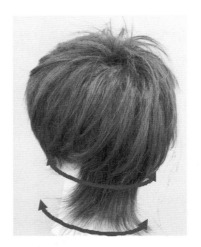

图1—69　外形线的形状（0角度修剪）

2. 内形形状线条可以是对不同于外形形状线条的其他形状的一种提升或堆积。如图1—70所示，内形线是凸形线条，不同于外形线的凹形线条。这类设计较有趣味。

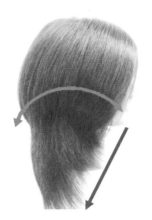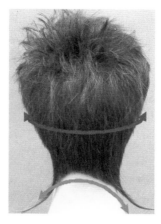

图1—70　内形线是凸形线条，不同于外形线的凹形线条

3. 内形形状线条既可以是与外形线条不连接的线条，也可以是与外形线条相连接的线条。如图1—71所示，内形形状线条是与外形形状线条相连接的一条线。这类设计有转移方向的视觉感受。

图1—71　内形形状线条是与外形形状线条相连接的一条线

四、注意事项

1. 修剪层次时所需的分区形状与内形轮廓的形成有着许多关联，甚至决定着外形线条的形状。

2. 修剪层次的角度越小，或者分区与分区之间头发长度是对比强烈的不连接的层次结构，那么分区所表现出来的形状就越明显，可带来强烈的视觉冲击。

3. 无论划分什么形状的设计分区，都要注意设计分区在固定分区所处的位置，了解设计分区与固定分区的特点和相互之间的关系，对发型设计有很大的帮助。

学习单元4   发型设计案例

⊙ **学习目标**

能够根据顾客整体形象和风格，通过外形和内形设计方法，设计出符合时代潮流的男女各式生活发型

⊙ **技能要求**

发型设计案例

顾客外形条件：倒三角形脸（见图1—72），后脑部扁平（见图1—73），长发。

案例1

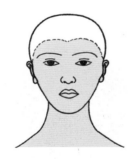

图1—72　倒三角形脸

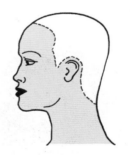

图1—73　后脑部扁平

顾客要求设计一款短发样式

发型设计应当着重于缩小前额的宽度，四六开的刘海是不错的选择，发型的修剪以低层次结构最为理想，可以在周边形成厚度。如图1—74所示。

图1—74　发型的修剪以低层次结构最为理想

1. 内形

高于后颈发际线的凸线内弧球形，可以在后脑处进行重量的堆积，以弥补后脑部扁平的缺陷，并向两侧分散量感。

2. 外形

前斜的外线在弥补脸形不足的同时，还可以提升后脑部的厚度。脸部两侧头发长度以略长于下巴最为合适。

案例2

顾客要求设计一款长发样式

厚重的齐刘海是不错的选择，发型设计应在保留头发长度的同时，以在后脑部形成低层次结构的内形为主，可以在周边形成厚度。如图1—75所示。

1. 内形

高于后颈发际线的凸线内弧球形，可以在后脑处进行重量的堆积，以弥补后脑部扁平的缺陷，并向两侧分散量感。

2. 外形

脸部两侧前斜的外线在弥补脸形不足的同时，还可以提升后脑部的厚度。头发长度以略长于下巴最为适合。

图1—75　后脑部以形成低层次结构的内形为主

第2节 发型绘画

发型设计是以美学为基础的造型设计，因此，作为设计师，绘画是发型设计的基本功。绘画可以将构想的发型用平面技术表现出来，更重要的是绘画可以清晰地表达出设计方案，为一个发型设计出结构图样，就如同建筑师的房屋结构比例图和立体效果图，服装设计师的服装制版结构图和穿着效果图。同样，作为设计师，发型设计师也需要发型绘画这种表现设计结构和效果的技术。另外，通过绘画技术的训练，发型师可从中掌握发型设计中的形状、结构、纹理、线条、比例、重量等设计元素。通过发型绘画，不仅掌握了设计的理论知识，还有了与客户沟通，以及和业界同行交流学习的有效工具。所以，发型绘画对于一个发型师是必备的重要技能之一。

学习单元1　发型结构图

⊙ 学习目标
掌握发型分解结构图的绘画知识和方法
掌握发型设计结构的分类

⊙ 知识要求

一、头部结构轮廓
头发以头部作为基础载体，发型是建立在头部基础之上的。了解头部结构，才能帮助美发师建立与客户头形相适应的发型结构。头部是一个球体结构，侧视是与垂直线倾斜的球体，正视是上阔下窄的球体，分布在上面的软组织和器官分散了球体的统一性，如图1—76所示。所以，头部轮廓线有凹凸起伏的不规则变化，发型的结构安排也要配合这些凹凸起伏的比例来调节。

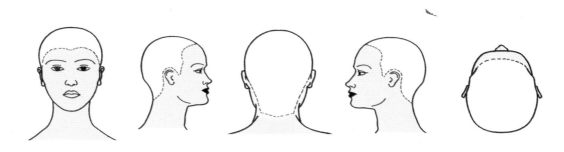

图1—76　球体的统一性

二、发型结构的组合

发型层次结构的相互组合，构成了发型的无尽变化。基本结构是发型设计的组织部件，在绘制发型结构的组合图时，要对每一种单一结构有准确的认知，才能在组合中严谨精确地画出结构的种类特点。层次结构组合中的基本结构可以是两种不同结构的组合，也可以是三种或更多结构的组合。例如，可以是垂直上下的组合方式，也可以是左右两边的组合方式，还可以是斜线上下的组合方式。这都是需要绘制图形的，且要表现准确。

在发型中加入了某种结构部件，该结构部件的效果就会在发型中显现出相应的形状、纹理、结构。同时，由于各结构部件组合在一起时，会产生相互影响，所以发型的效果并不像单一结构那样纯粹，而是综合的效果。了解各种结构的组合效果，便于在发型绘画中清晰地表现发型的细节构造。

1. 边沿结构/渐增结构组合（见图1—77）

上部安排的结构是上短下长的渐增结构，下部安排的是上长下短的边沿结构，最后的外轮廓形成上部圆弧形和下部斜线形的效果。

2. 固体结构/渐增结构组合（见图1—78）

上部安排的结构是上短下长的渐增结构，下部安排的是上长下短而且平行堆集在发层的固体结构，最后的外轮廓形成上部圆弧和下部平齐的效果。

3. 渐增结构/均等结构组合（见图1—79）

上部安排的结构是长短相符的均等结构，下部安排的是上短下长的渐增结构，最后的外轮廓形成上部圆形向下部延伸的圆弧形效果。

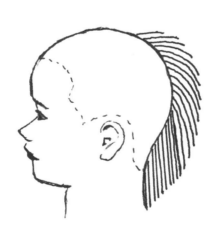
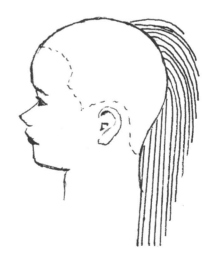

图1—77　边沿结构/渐增结构组合　　　　图1—78　固体结构/渐增结构组合

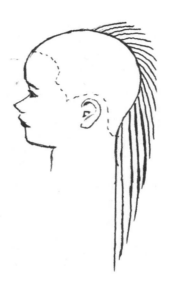

图1—79　渐增结构/均等结构组合

三、层次组合的分配比例和主导

不同的层次结构会组合出不同类型和效果的发型。其效果主导特性取决于各部件的结构比例，相同的组合方案如果比例运用的大小不同，最后的效果也会大相径庭。一般是比例大的层次结构在发型效果中占主导作用，该结构部件的形状效果会突出些，也就是说发型效果倾向性与所占比例是相关联的。在发型绘画中要准确表现出不同比例的效果变化。

发型绘画时除了要标准地表现发型中的结构种类外，在绘画设计中其精确比例也是至关重要的。在画图前要先在大脑中构思各种结构安排在头部的什么位置、每种结构在这个设计中占多大的比例，在动手绘制图形时才能严格控制比例，只有严格地控制比例，画出的发型效果图才能完美地表现出设计的效果。因此，比例的安排不同，发型的效果图差别会很大。如果画中的比例不严谨，还会造成发型设计的效果混淆。

1. 1/3的渐增与2/3的均等（见图1—80）

绘制的结构图中圆结构的比例是渐增结构的1倍，最终的发型轮廓效果以圆形为主导。

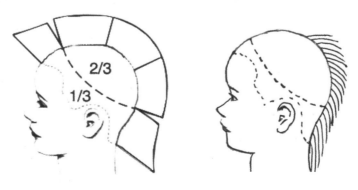

图1—80　1/3的渐增与2/3的均等

2. 2/3的渐增与1/3的均等（见图1—81）

绘制的结构图中圆结构的比例是渐增结构的1/2，最终的发型轮廓效果以延伸的圆弧形为主导。

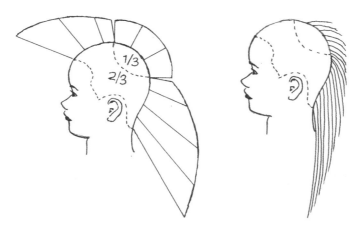

图1—81 2/3的渐增与1/3的均等

四、发型结构图的绘制程序

发型的结构造型要表现出发型的整体构成效果，发型的层次结构、形状、长度、方向、线条、重量、体积要全面体现在发型绘画效果图中。发型师要对这些因素有准确的认识和分析，才能准确地表达。发型结构图综合前面所有介绍到的发型结构图中的各项内容，是基于观察认知再分解复原的一个系统过程，是发型全方位立体效果的平面化展示。

发型的结构造型是发型设计师的设计流程，是工作过程，是分解和重组的过程，是将一个发型按照"具体实物→观察效果→分析结构→分解比例→修剪步骤"的流程进行由整体分解成零部件的过程，也是按照"设想效果→安排结构→计算比例→按步修剪→完美呈现"的流程由零部件到实物的重组过程。这个过程就是设计过程、绘画过程，也是发型呈现的过程。

对于观察发型而言，着重于观察发型的内部效果是发型绘画的第一步。通过观察，对发型的外观要有一个直接的印象和判断，这种印象是在绘画时要表达的目标，也是最后的效果参照。观察时的细心和全面是绘画的前提，要在观察的过程中收集到每一个点，每一个面的细节及整体特点的具体信息。

1. 认知

通过观察一个发型作品，要认识和了解发型作品的形状和纹理效果，比如发型作品的大小和外形（圆形、方形、椭圆形、三角形、菱形、矩形等），以及发型表现层次纹理的动态感还是静态感等，因为在绘制发型图时，是根据具体形态的认知过程来绘制图形的。

2. 分解

在观察和认知的过程中，要找出这种发型效果的具体细节及数据，比如发型的上部是什么结构、下部是什么结构、前面是什么结构、后面是什么结构，每种结构的比例是多少，长度在什么位置等。只有将发型作品分解透彻，发型绘画才能精确地画出原来的效果。

3. 复原/制作

在前三个程序中，已经掌握发型作品所包含的信息，但要具体复制、组建这个发型作品，还要有具体的修剪技术流程和标准，所以设计师要将这个技术流程用图画的方式绘制出来。这就好比建筑设计的施工蓝图，只有按照设计师画出的工程图标准，才能最终制造出与设计意图相一致的作品。如图1—82所示。

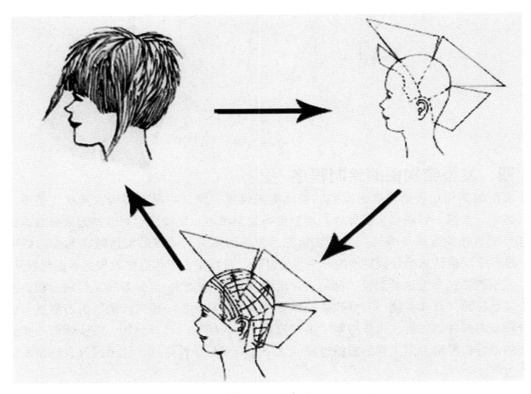

图1—82　作品

通过"观察→认知→分解→复原/制作"这一过程，发型师可以了解发型绘画对于发型设计的意义。

技能要求

一、操作准备

绘画本，HB铅笔，橡皮，卷笔刀。

二、操作步骤

技能1　头部结构图练习

步骤1　正视图的画法

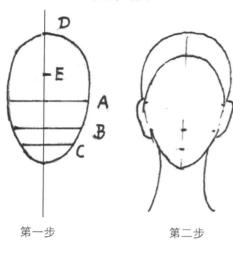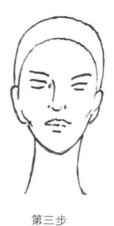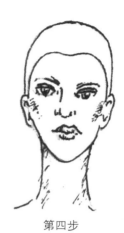

第一步　　　　　　　第二步　　　　　　　第三步　　　　　　　第四步

步骤1

步骤2　侧视图的画法

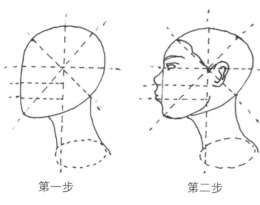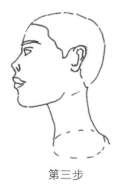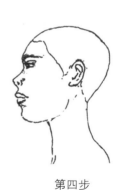

第一步　　　　　　　第二步　　　　　　　第三步　　　　　　　第四步

步骤2

步骤3　后视图的画法

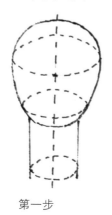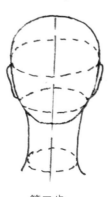

第一步　　　　　　　第二步　　　　　　　第三步

步骤3

步骤4　俯视图的画法

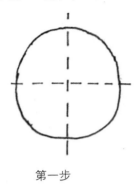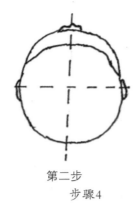

第一步　　　　　　　　　第二步　　　　　　　　　　第三步

步骤4

技能2　发型结构图练习

步骤1　固体结构的画法

正面图　　　　　　　　　　　　　　侧面图

步骤1

步骤2　边沿结构的画法

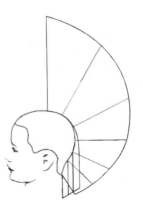

正面图　　　　　　　　　　　　　　侧面图

步骤2

步骤3　渐增结构的画法

正面图　　　　　　　　　　　侧面图

步骤3

步骤4　均等结构的画法

正面图　　　　　　　　　　　侧面图

步骤4

步骤5　组合层次的画法

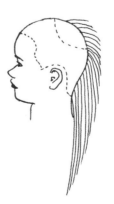

步骤5

三、注意事项

1. 注意比例是否协调。

2. 注意层次结构是否合理。

学习单元2　发型素描图

▶ **学习目标**
掌握人像素描、发型素描的知识和技能

▶ **知识要求**

一、人像素描的知识

1. 人像素描的特点

绘制人物在美发造型艺术中占有重要的地位。研究人物造型是发型素描的主要课题，了解人体的基本规律，是把握人体的形象特征的思想认识基础。

人物写生的练习项目有头像、胸像、带手半身像、全身人像、双人作业等，这些作业项目都可以用慢写和速写两种方式进行。慢写是速写的基础，慢写与速写应互相穿插进行，若要求明确、安排得当，它们可以起到互相促进的作用。

人物写生不仅要形似，更重要的是要以形写神，形神兼备，以达到深刻的表现效果。这就要求绘画者必须提高思想认识。提高思想认识的根本方法是观察、体验、研究、分析一切人物、一切生活形态，要深入生活，了解社会、了解时代。在这个循环往复的实践过程中不断地获得思想力量，这种思想力量会使美发师更敏锐地发现美好的形态，更深刻地观察、理解顾客，进而更好地去表现他们。

生活中的每一个人，都有自己的生理特征和个性特征，它们互不相同、永不重复，即使是孪生兄弟姐妹也有不同的特点，也可以说每个人都有自己的特殊性。在素描中要细心地观察这些特征，这样才能更好地把握人物的形、神，将发型的飘逸、美感、质感表现出来。

人物的精神面貌、发型的形象特征主要在头部反映出来，人物头像素描练习的重要意义不言而喻。

2. 人体五官的特点

先来了解一些人体的五官特征。下面是在发型素描中要掌握的要素。

眉毛：浓淡、疏密、长短、粗细、走向、形状、眉眼之间的距离。

眼睛：大小、形状、颜色、眼皮的单双、眼皮的薄厚、眼窝的深浅、眼角的高低、眼球的浓淡、眼神光的位置。

鼻子：长短、高低、鼻头的体积、鼻孔的大小和朝向。

口：嘴唇的薄厚、嘴唇边界的刚柔、嘴角的上下。

耳朵：大小、长短、耳轮的形状、耳垂的大小和薄厚。

人的五官，形态万千，特点因人而异，表现人的五官结构必须和整个面部的特征结合起来。通过线条和明暗关系表现人的特征时，必须明确人的结构特征是稳定的，明暗是可变的，明暗是突出人体特征的手段，而不是目的，要掌握主次关系。人的脸部都有一定的对称性，这被用于人的脸形的绘画或素描，如：

（1）测量从头顶到下巴的距离，眼睛永远都在中点上。

（2）两只眼睛瞳孔之间的距离等于鼻梁到鼻尖的距离。

（3）嘴巴位于脸到下巴全部距离的四分之一。

（4）耳朵的长度等于鼻子的长度，而且两者位于同一水平线上。

二、发型素描要注意的问题

在发型的素描中头发是主体，其他都是配合头发而表现的。

发型素描时，头发的表现很重要。头发是反映人物性格的一个重要方面，也是反映发型的重要方面，学习者要认真研究。头发在头部占的面积很大，并涉及人像轮廓的很大一部分。头发是发型素描中最重要的部分，头发的表现也确实有一些难度。它不像面部那样具有明显的结构，也不像五官那样具有"有意思"的细节，它附着在人的头部，或松散、或卷曲、或蓬松、或顺直、或乌黑、或彩色，使人辨不出哪是应该表现的重点。

1. 头发应该体现头部的形体特征

不管对象是何种发式，都要注意它的形体特征。它与脸部的结构是一个整体，同样有明暗交界线、反光和亮部。由于人的头发表面光滑，所以会出现高光，这些高光都是由一根根弯曲的头发集合而成的，表现时要注意它与一般的高光形式不同，画得不好，会呈现出"白斑"或灰白头。

2. 要注意头发外轮廓的变化

不同的发式对外轮廓会有一定的影响。简单的发式，外轮廓的变化也简单，反之则复杂。外轮廓的变化主要利用素描的虚实手法来处理。

3. 要注意处理头发与脸部的衔接方式

鬓角部分是一种过渡形式。发际部分具有一定的厚度，这种厚度会在额头上造成投影。

4. 发式反映人物性别，表现人物性格与喜好

发式不但可以反映人物的性别，而且也是表现人物性格与喜好的重要方面。发式的变化多种多样，无论何种发式，表现时都要注意头发的组织、穿插和结构的透视缩变。

5. 多角度地体现发型素描效果

通过正视图、侧视图的发型素描来多角度地体现发型素描的效果，能够较全面地反映发型的结构纹理。如图1—83、图1—84所示。

图1—83 发型正视图　　　　　图1—84 发型侧视图

技能要求

人像素描的练习

一、操作准备

1. 铅笔

在构图时，先用HB铅笔打底（打轮廓），然后用4B至6B等较软性的铅笔层层加深。在刻画各种明暗部分时，应选择与之相适合的铅笔型号。

2. 炭笔

用炭笔画出的线条沉着浑厚，适合表现男性的雄浑刚强，且色调丰富、自然流畅、肌理效果生动，比较适合在较短的时间内画人物头像和速写，用来搜集素材也极为便利。

3. 素描纸

素描纸质地较好、粗细适中，一般适合使用铅笔、炭笔，容易显示笔道的深浅浓淡和线条的紧密稀疏、明暗层次变化多，表现力较强，效果很好。

4. 橡皮

橡皮除了能擦掉笔迹外，还可以将深的部分擦淡，表现画面的调子，且不易损伤画面。橡皮可用于表现高光、反光、塑造块面等。

5. 布条或纸巾

在表现黑、白、灰三层次关系及大面积的暗灰层次时，用纸巾或布条轻轻擦一擦，其效果较为理想，前后有层次感；在需要加深的部位，再用铅笔加深，能加强质感效果。

6. 画架、画板

画架、画板是用于固定画纸的工具，便于绘画。

二、操作步骤

　　动笔前做好思想准备、构图定位置、确定基本轮廓、观察形体特征、深入观察尽量做到形和神的统一。

　　步骤1　画头像轮廓

　　先将头顶和下巴线定位，再找出左右位置，淡淡勾出头部外形，确定头像的动态；再从头顶和下巴之间找出眼睛的位置，由眼睛至下巴之间找出鼻子的位置，由鼻子至下巴之间找出嘴巴的位置，随后画出头像的动态线。

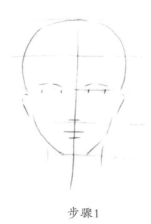

步骤1

　　步骤2　画发型轮廓

　　在头像轮廓基础上先勾画出发型的轮廓。头形确定之后，开始进行五官特征的描绘，运用平行线、垂直线修整造型，根据体积关系找出明暗交界线。在刻画时注意主次关系、虚实关系，再由五官开始画出暗部阴影位置以及各部位的体积关系。

　　进一步分析体积关系，比较各种关系并进行修整，从整体到局部，再从局部回到整体。尤其是结构关系，不能随便定位，务必准确。这一步的准确为下一步的铺调子创造了良好的条件。要注意，不要过分关注细节部分，要以整体为主。随后用横线、竖线、斜线修整造型，直至造型准确为止。

步骤2

步骤3　分出明暗部分

在造型基本准确的前提下，开始铺第一遍大调。应分出明暗两大部分，从明暗交界线开始往暗部铺，在明暗交界线处要铺重一些。铺完第一遍后，铺第二遍，还是从明暗交界线开始往暗部铺，接近后面部分时，用笔轻一些，这样暗部就有了透明度，否则容易画闷，也就是死黑一片。如果出现这种情况，不要急着用橡皮去擦，先分析一下暗部是否已经很深，如果不是很深，只要加强明暗交界线的层次，暗部就会透明起来。所谓明暗交界线，不要错误地理解为是一条线，应该理解成一个面，是融合在暗部里面的一个深层次，这样明暗交界线就不会简单地出现一条黑线。在铺调子的过程中要注意主次关系、虚实关系、轻重关系，不要上下左右面面俱到。只有这样，画面才会层次丰富、透明度高、整体感强，画面的空间关系才能拉开。

随着层次的不断深入，中间层次也应随后跟上。从明暗交界线往亮部画，不要孤立地在亮部中画灰层次，要紧紧围绕明暗交界线进行黑白灰的对比，把握住头发的层次关系、纹理走向。现在层次开始丰富起来，此时画面已完成一大半，但层次还不够丰富，须加强头发的层次；在丰富头发层次的时候，要注意不要画过头，否则容易画灰、画闷，缺乏动感。

步骤3

步骤4　调整各种关系，刻画五官

这是完成画面的最后一步，需要调整各种关系。首先，检查暗部之间、亮部之间、头发与头发之间的关系是否统一协调、所有层次是否按号入座，有没有占错位置。如果都准确无误，那就开始做最后的深入刻画。眼睛的细部，鼻子的细部，嘴巴的细部，发丝的纹理、层次、浓密等细节，都要仔细刻画。在刻画时，不要只注意局部，要随时和整体进行比较，否则局部太出跳，就缺乏整体感。其次，要注意每个局部的主次、黑白灰、虚实关系，各局部之间的关系要服从整幅画面的主次、黑白灰、虚实关系。通过这样的调整和深入刻画，画面会更丰富、更整体化。

步骤4

三、注意事项

1. 五官的表达要精细。

2. 整体的比例要协调。

3. 发型线条的表达要得当。

第3节 化 妆

学习单元1 化妆用品、用具知识

▶ **学习目标**

了解化妆品知识以及化妆工具的应用

▶ **知识要求**

美容化妆是通过化妆品、化妆工具和化妆技术三部分相结合共同完成的。充分了解和学习化妆品知识、化妆工具的应用，可以为学习化妆技术奠定基础。

一、化妆品知识

化妆品的分类有很多，要想达到化妆的理想效果，必须了解化妆品的分类、作用和使用方法。根据美容化妆的专业需求，化妆品可区分为洁肤类、护肤类、粉饰类三大类。

1. 洁肤类

（1）卸妆液

不含油分，适合卸淡妆。

（2）卸妆乳

性质温和，适合中度化妆或者特殊情况下临时使用。

（3）卸妆油

适用任何肤质，还能深层清洁毛孔，适合卸浓妆。

（4）洗面乳

乳状质地，性质温和，对皮肤无刺激。

2. 护肤类

（1）化妆水（见图1—85）

补充皮肤的水分、软化角质、平衡皮肤的pH值、收缩毛孔，并可起到二次清洁作用。除了以上的作用外，在化妆时还起到避免脱妆的作用。

（2）润肤霜（见图1—86）

滋养皮肤、提供营养，保持皮肤的水分平衡，避免化妆品对皮肤的直接接触，并增加粉底对皮肤的亲和力，在化妆中起到保护皮肤的作用。

图1—85　化妆水

图1—86　润肤霜

3. 粉饰类

（1）粉底（见图1—87）

1）作用：调整肤色、遮盖瑕疵、改善皮肤的质感，使皮肤更加光滑细腻。

2）种类：粉底的种类很多，在化妆中常用的有以下几种：

①粉底液。遮盖力较差,适用于生活妆。

②粉底霜。遮盖力较强，适用于生活妆。

③粉条。遮盖力强，适用于浓妆。

④粉饼。遮盖力较差，适用于个人日常生活妆或补妆。

⑤遮瑕膏。遮盖效果非常强，局部修饰时使用较多。

3）颜色

①肤色粉底。应根据肤色深浅选择与肤色接近的颜色。

②咖啡色粉底。适合脸部需要缩小或需要凹陷的位置。

③白色粉底。用于脸部需要突出或凸起的位置。

④淡绿色粉底。适合发红的皮肤或有红血丝的皮肤。

⑤紫色粉底。适合黑黄或黑红的皮肤。

⑥粉色粉底。适合苍白没有血色的皮肤。

（2）蜜粉（散粉）（见图1—88）

1）作用：吸收皮肤表面的汗液和油脂，固定妆面防止脱妆，减小妆面的油腻感，增强彩妆的吸附力。

2）种类：有肤色蜜粉、透明蜜粉、彩色蜜粉、荧光蜜粉4种。

①肤色蜜粉。加强粉底色，补充底色的不足。根据妆型的需要使用。

②透明蜜粉。维持粉底原色，增加皮肤的透明度和肤质感。适用于生活妆或摄影妆。

③彩色蜜粉。具有彩色粉底同样的功效，可以调整、修正肤色。适用于生活妆或各种

妆型，需调整肤色时局部使用。

④荧光蜜粉。增加妆容的华丽感和时尚感。适用于新娘妆、晚宴妆、时尚妆、舞台妆。

图1—87　粉底

图1—88　蜜粉（散粉）

（3）腮红（也称胭脂）（见图1—89）

1）作用：改善肤色、修正脸形、呼应妆面。

2）种类：有粉状、膏状两种。

（4）眼影（见图1—90）

1）作用：美化眼睛、调整眼形，加强眼部的立体效果，增强面部色彩。

2）色彩选择与注意事项：选择眼影一定要考虑妆型、妆色、服装色彩等整体因素。

图1—89　腮红（也称胭脂）

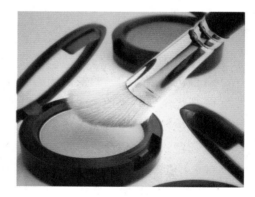

图1—90　眼影

（5）眼线（笔、液、膏）（见图1—91）

1）作用：都是用于描画美化眼线的化妆品，可调整眼形，增强眼睛的神采。

2）颜色选择与应用：眼线笔、眼线液、眼线膏的颜色大多以黑色、棕色、深灰色为主。黑色适合瞳孔色较深的人，也是浓妆最常用的颜色；棕色适合浅色瞳孔或发色较浅的人使用；深灰色适合褐色或冷色瞳孔的人。

（6）眉（笔、粉、膏）（见图1—92）

1）作用：都是用于描画眉毛的化妆品，可以帮助弥补眉毛自身生长的不足，可增强眉色，增加眉毛的立体感和生动感。

2）颜色选择与应用：常用色有不同深浅的黑、棕、灰。它们可单独使用也可混合使用，选择颜色时可根据妆型、发色、年龄、肤色等因素。

图1—91　眼线（笔、液、膏）　　　　　　图1—92　眉（笔、粉、膏）

（7）睫毛膏（见图1—93）

1）作用：可以修饰睫毛，使其更浓、更密、更纤长，弥补睫毛淡、细、短的不足。

2）种类：有自然型、浓密型、加长型、防水型、彩色型。

3）颜色选择与应用：睫毛膏的颜色有多种，可根据化妆需要和自身睫毛生长的情况进行选择。

4）使用方法：用睫毛刷蘸取睫毛膏后，从睫毛根部向上、向外涂刷，待睫毛膏干后再眨眼睛。

（8）唇膏、唇彩（见图1—94）

1）作用：调整、修饰唇部色彩和光亮度，滋润嘴唇。

2）颜色选择与注意事项：选择颜色时，应注意与唇线为同一色系，并要同妆色相协调。

（9）唇线笔（见图1—95）

1）作用：主要用于调整、修饰唇部轮廓，防止唇膏外溢。

2）颜色选择与注意事项：选择唇线笔颜色时，应注意与唇膏为同一色系，且略深于唇膏色，以便使唇线和唇膏色相协调。

图1—93　睫毛膏　　　　　图1—94　唇膏、唇彩　　　　　图1—95　唇线笔

二、常用化妆工具的选择与使用

成功的化妆，一方面靠对美的理解和娴熟的化妆技术，而另一方面还要有高质量的化妆品和化妆用具。学习化妆的过程也是熟悉化妆用具的过程，本节重点是对化妆工具进行全面系统的认识，并能熟练、灵活、正确地使用化妆工具，使化妆技艺得到更好的发挥和表现。

1. 化妆海绵

化妆海绵用来涂抹粉底，可使粉底涂抹均匀。化妆海绵质地柔软而细密、有弹性，形状大小多样，可依据需要选择，如图1—96所示。

2. 粉扑

粉扑是用来扑散粉定妆的。它可以扣在小指上做支撑用，在化妆时，既不会擦坏妆面，同时也起着支点的作用，如图1—97所示。

图1—96　化妆海绵

图1—97　粉扑

3. 化妆套刷

化妆套刷是由多种刷子组成的，有粉刷、修容刷、腮红刷、眼影刷、眉刷、眼影棒、眉梳、睫毛刷、眼线刷、唇刷等，如图1—98所示。

图1—98　化妆套刷

4. 眉钳

眉钳是修整眉毛的工具，也可用来粘美目贴和假睫毛。常见的有斜头、方头、圆头形，可根据个人喜好选择，如图1—99所示。

5. 修眉刀

修眉刀用于修整眉形及发际处多余的毛发。常见的有普通型和防护型，如图1—100所示。

图1—99　眉钳

图1—100　修眉刀

6. 眉剪

眉剪用于修剪眉毛的长度以及杂乱下垂的眉毛，也可用于修剪假睫毛，如图1—101所示。

7. 睫毛夹

睫毛夹是用来夹卷睫毛的化妆用具，如图1—102所示。

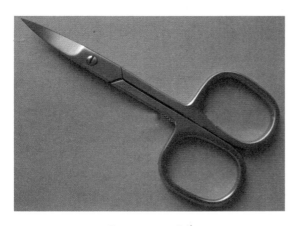

图1—101　眉剪

图1—102　睫毛夹

8. 假睫毛

假睫毛可用来增加睫毛的长度和浓度，增加眼部的光彩，有完整型和零散型两种，如图1—103所示。

9. 美目贴

美目贴是塑造双眼睑和矫正眼形的化妆工具，有黏性胶质、纱质等。通常有胶带状和成品两种包装，如图1—104所示。

图1—103　假睫毛　　　　　　　　　　　　图1—104　美目贴

10. 胶水

胶水用来粘贴假睫毛，也可用于将小饰品粘贴在脸上，如图1—105所示。

11. 棉棒

棉棒主要用于修整化妆时不小心造成的多余痕迹，如图1—106所示。

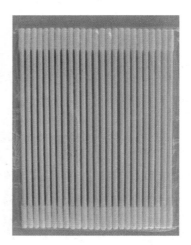

图1—105　胶水　　　　　　　　　　　　图1—106　棉棒

学习单元2　化妆概念与脸形基本知识

▶ **学习目标**

了解化妆的概念

掌握各种脸形的特征和修正方法

▶ **知识要求**

一、化妆

化妆是人们在日常生活和社交活动中，通过化妆品、化妆工具的应用和艺术描绘手法修饰自己，烘托面部的美感，适当地弥补和掩盖面部不足的行为，可达到振奋精神、美化生活的目的。

二、面部的基本比例（见图1—107）

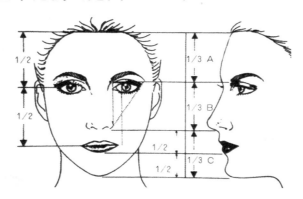

图1—107　面部的基本比例

人的五官千姿百态，各有不同，很少人具有一张完美的脸。从某种意义上来说，五官位置与脸形的比例才是最为主要的。美学家根据脸部的研究划分了黄金比例分割线：三庭五眼。五官的比例一般以"三庭五眼"为标准。"三庭五眼"是对脸形的精辟概括，对面部化妆有着重要的参考价值，也是矫正妆容的参照标准。

1. 三庭

三庭是指脸的长度，即由前发际线到下颏三等分，故称"三庭"。

"上庭"是指前发际线至鼻根，"中庭"是指鼻根至鼻尖，"下庭"是指鼻尖至下颏，它们各占脸长的三分之一。

2. 五眼

五眼是指脸的宽度。以眼睛长度为标准，将从左耳孔到右耳孔的面部宽度五等分，两眼的内眼角之间的距离应是一只眼的长度。

三、各种脸形的修正方法（见图1—108）

1. 椭圆形脸

化妆宜保持其自然形状，突出脸部最动人的部位，不必通过化妆改变脸形。

2. 圆形脸

应在视觉上对脸部进行拉长，使面颊、两腮收窄，凸出T字部位。

3. 长形脸

应在视觉上收缩面部长度，增加面颊的丰满。

4. 倒三角形脸

应收缩两额角的宽度和下巴的长度，增加脸颊的丰满度。

5. 方形脸

应在视觉上减少两个额角和两颌骨的棱角，加强面部柔和度。

6. 菱形脸

应在视觉上降低颧骨的高度，收缩下颌的长度，增强颧弓骨下方的丰满度。

7. 正三角形脸

增加两额角的宽度，收缩两腮的宽度，增加下巴的长度。

圆形脸　　　　　长形脸　　　　倒三角形脸

方形脸　　　　　菱形脸　　　　正三角形脸

图1—108　各种脸形

学习单元3　基面妆化妆技术

▶ **学习目标**
掌握基面妆的化妆步骤和技术

▶ **知识要求**
　　基面妆由"洁肤→润肤→修颜→遮瑕→定妆"5个步骤组成，是画好各种妆型的重要环节。

一、洁肤

　　清洁皮肤是化妆的基础。在清洁皮肤时加上适当的按摩，可舒展皮肤的张力，加快局部血液循环，增强细胞活力。在这种状态下化妆，妆面更牢固，并可增强化妆品与皮肤的亲和力。

　　1. 清洁皮肤的重要性
　　清洁皮肤在化妆中是非常重要的，是化妆的前提和基础。清洁皮肤可以去除面部皮肤多余的油脂、灰尘、粗厚的角质，让面部皮肤更为光滑。

2. 常用的皮肤清洁用品

常用的皮肤清洁用品有卸妆液、清洁霜、洗面乳、去角质啫喱等。

3. 皮肤清洁的方法

（1）消毒双手

在清洁皮肤前，一定要先用75%的酒精棉球对双手进行消毒，预防手与皮肤的交叉感染。

（2）洗面

将根据皮肤性质选择好的洗面乳涂于皮肤，按照皮肤纹理方向轻轻按摩，待污垢溶解后，用棉片或纸巾擦拭，再用清水洗净。

（3）去角质

选用温和性和水性较强的去角质啫喱，涂在T字部和面颊有粗厚角质的地方，轻轻地按摩，把角质去除，再用一次性的毛巾擦拭干净。

二、润肤

1. 涂化妆水

涂化妆水有再次清洁皮肤、软化角质、补充皮肤水分、平衡皮肤pH值的作用。在化妆中可以柔化皮肤，避免脱妆。

2. 涂润肤霜或乳液

涂润肤霜或乳液有滋润皮肤、保护皮肤的作用，可隔离化妆品对皮肤的侵害，增强化妆品对皮肤的亲和力。

3. 清洁皮肤的方法

（1）涂化妆水

应根据化妆对象的皮肤性质选择相适应的化妆水，用化妆棉或手指将化妆水轻轻拍在皮肤上，使其充分渗透。

（2）涂润肤霜或乳液

应根据化妆对象的皮肤性质选择相适应的润肤霜或乳液，用挑棒挑出产品，再用手分为5点（额头、鼻子、脸颊两侧各一点、下巴）涂在面部，顺着皮肤纹理肌路的生长方向涂抹，直至皮肤充分吸收。

三、修颜

修颜可调整肤色，改善肤质，增强皮肤的光泽。应根据化妆对象的肤色或妆型选择相应的粉底，再用化妆海绵顺着皮肤纹理肌路的生长方向用按压的方式涂抹。

四、遮瑕

遮瑕可增强皮肤光滑感，让肤色更均匀。应根据化妆对象皮肤瑕疵的轻重情况选择合适的遮瑕产品，用遮瑕笔或针对瑕疵进行局部遮盖。

五、定妆

定妆可减少粉底在皮肤上的油光感，防止妆面脱落和走形。应根据修颜用的粉底颜色来选择散粉的颜色，用粉扑轻轻按压的方式均匀地涂抹面部，再用粉扫扫去浮在面部多余的散粉。

学习单元4 基点妆化妆技术

> ## 学习目标

了解基点妆涵盖的内容
了解化妆部位的生理结构和标准位置

> ## 知识要求

一、眉毛的化妆技术

1. 认识眉毛

眉毛由眉头、眉峰、眉尾三部分相连组成。它的存在给予整个脸部一个匀称的比例，是平衡脸部、改变脸形的关键一环。眉毛的化妆对整个面部表情，特别是对眼睛的烘托，起着绝妙的作用。眉毛的形状、色调可展示人的个性和情绪，也是区别妆型的部位。如图1—109所示。

标准的眉形是两眉之间的间距为一只眼睛的距离，眉与眼之间大约一眼之隔；眉头在鼻翼和内眼角的垂直延长线上，眉峰位于眉毛2/3的部位，当眼睛平视时在黑眼球的外侧；眉尾位于从鼻翼、外眼角斜连线与眉相交处；眉头与眉尾基本呈水平线，眉尾略高于眉头。如图1—110所示。

图1—109 眉的化妆

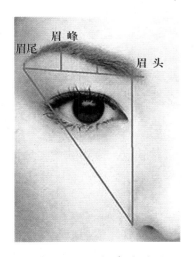

图1—110 标准的眉形

2．常见的眉形

（1）一字眉。一字眉呈水平的直线，有的粗而短，有的粗而长，看上去青春、可爱。

（2）弧形眉。弧形眉眉峰弯曲柔和，凸显女性温和柔美的一面。

（3）垂眉。垂眉眉头高于眉尾，看上去人缺乏精神。

（4）挑眉。挑眉眉头低、眉峰高。眉峰的挑度不同，显得人气质也不相同：自然挑起显得精明能干；高高挑起显得人冷艳。

（5）刀眉。刀眉眉头细、眉峰粗。看上去人比较硬朗、刚毅。多见于男士。

3．各种脸形眉毛的画法

（1）椭圆形脸。画标准眉形即可，也可根据妆型需要选择。

（2）圆形脸。眉峰取1/2处，向上挑，略带棱角。眉尾画短些，不宜画长。

（3）方形脸。眉头画粗些。眉峰取1/2处，略微高挑，画圆。眉尾画短些。

（4）长形脸。眉峰取2/3处，画平直。眉尾画长些，略带弧形。

（5）倒三角形脸。眉头画粗些，眉峰取2/3处，画一字眉。

（6）正三角形脸。眉峰取1/2处，画细眉，就是俗称的"柳叶眉"。

（7）菱形脸。眉峰取1/2+0.5厘米处，画平直。眉尾略带弧线，长短要适中。

二、眼睛的化妆技术

眼睛的修饰主要由眼影的描绘、眼线的勾画和睫毛的强调三部分组成。眼睛的结构比例及眼形与人种、遗传有密切关系，很难说哪种眼形是标准眼形，眼睛的形状只有与脸形和五官比例均匀、协调一致才有美感。

1．眼影

眼影的修饰是运用不同颜色的眼影粉在眼睑部位进行涂抹，通过晕染手法和眼影色彩的协调变化，达到增强眼部神采和丰富面部色彩的目的。同时也可以矫正不理想的眼形和脸形。

（1）涂眼影的正确位置

在涂眼影时先要确定正确的位置。一般眼影涂抹的位置多在眼睑处，根据需要可局部或全部覆盖在上眼睑。涂抹时，要与眉毛留有一些空隙，眉尾下部要完全空出。有时下眼睑也画眼影，位置在下睫毛根部，晕染面积小。

（2）上眼睑眼影的涂抹方法

通常眼影的晕染有立体晕染法、单色晕染法两种。两种方法没有绝对的界限，只是它们表现的侧重点不同。立体晕染中也常常包含表现色彩变化的内容，单色晕染时要考虑到眼部的凹凸结构。

1）立体晕染法。立体晕染法通过色彩的明暗变化来表现眼部的立体结构。将深暗色涂于眼部的凹陷处，将浅亮色涂于眼部的凸出部位，暗色与亮色的晕染过渡要自然柔和。如图1—111所示。

图1—111 立体晕染法

2）单色晕染法。单色晕染法只用一种颜色描画，在睫毛根部涂一种颜色后逐渐向上晕染。此法比较适合单眼皮和淡妆的妆型。如图1—112所示。

图1—112 单色晕染法

（3）下眼睑眼影的涂抹方法

通常用眼影棒或小号眼影刷沿着睫毛边缘从外眼角向内眼角的方向晕染，使眼睛显得富有立体感。

2. 眼线

眼线可以增加眼睛的深邃感，还可以改变眼睛的形状，弥补眼睛的缺点。

（1）标准的眼线

眼线画在睫毛根部，上下眼线从内眼角开始紧贴着睫毛根部至外眼角由细到粗，上眼线粗，下眼线细，上下眼线的比例为7：3。

（2）眼线描画方法（见图1—113）

眼线的描画要格外细致，一般使用软笔芯，下笔要轻。画眼线时，闭上双眼，用拇指和食指撑住眼皮，由内眼角向外眼角方向画出倾斜上扬的柔美利落的线条。画下眼线时，头向上向后倾，睁开眼睛向上看，然后从外眼角向内眼角进行描画，不要画满，画到2/3处收笔。

图1—113　眼线描画

3. 睫毛

睫毛除具有保护眼睛的功能外，对美化眼睛也起着重要作用。修饰睫毛通过夹睫毛、涂睫毛膏和粘睫毛来完成。如图1—114、图1—115所示为粘睫毛前后的变化。

图1—114　未粘睫毛　　　　　　　　　　　　图1—115　粘睫毛后

（1）夹睫毛（见图1—116）

夹睫毛时，眼睛向下看，把睫毛夹轻贴在睫毛根部。卷曲睫毛时一般分为3步：先夹睫毛根部，再夹睫毛的中部，最后夹睫毛的尖部，这样卷出的睫毛弧度自然。

（2）涂睫毛膏（见图1—117）

涂上睫毛时，眼睛向下看，睫毛刷由睫毛根部向下向外转动来回刷。涂下睫毛时，眼睛向上看，把睫毛刷子竖起来一根一根地刷。刷完睫毛后，如有睫毛结块现象，应用眉梳梳开。

图1—116　夹睫毛　　　　　　　　　　　图1—117　涂睫毛膏

（3）粘假睫毛

1）作用。粘假睫毛可以使睫毛又密又长，使眼睛更具神采、更妩媚，并且在视觉上能使眼睛更大，从侧面看更有立体感。

2）方法。把专用的乳胶刷到假睫毛底部边缘，等到乳胶快干时，把假睫毛紧贴在上下真睫毛的根部上。如图1—118、图1—119所示。

图1—118　粘假睫毛

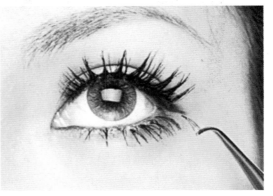

图1—119　粘假睫毛后的效果

三、鼻子的化妆技术

鼻子居于脸部正中，突出醒目。鼻子的高低、长短、宽窄与面部的其他部分要和谐一致，达到视觉平衡，才有美感。

1. 标准鼻形

标准鼻形的鼻梁挺拔、鼻尖圆润、鼻孔微露，鼻翼宽于内眼角、窄于嘴角，鼻长为面部的1/3。

2. 常见鼻形的特征与修饰方法

（1）鼻子过长

特征：长度大于面部的1/3，使鼻子显细、脸形显长。

修饰方法：用阴影色从内眼角旁的鼻梁两侧向下晕染，鼻根向下的2/3部位用亮色染宽些，鼻尖再用深色晕染。

（2）鼻子过短

特征：鼻子短于面部的1/3，使五官显得集中。

修饰方法：从眉头至鼻头中间加亮色，鼻梁两侧加深色，画窄些。

（3）鼻子太高

特征：鼻子高应认为漂亮，但过高会使五官比例失去平衡。

修饰方法：在鼻子中间用比粉底微深的暗色，在鼻侧和鼻翼用深色。

（4）鼻子太低

特征：鼻根低，鼻梁与眼睛平，使面部中央凹陷，脸部缺少立体感。

修饰方法：在鼻根部和中间加亮色，在鼻梁两侧用暗色。

（5）大鼻头

特征：鼻根低，鼻梁窄，鼻尖平，鼻翼肥大。

修饰方法：鼻根至鼻尖涂亮色，鼻梁两侧用暗色。

（6）鹰钩鼻

特征：鼻根高，鼻梁窄而突起，鼻尖呈钩状向前探，使人显得冷酷。

修饰方法：鼻梁用亮色，鼻尖用深色，鼻中隔用亮色。

3. 鼻子化妆的重点

鼻子的化妆手法着重明与暗、深与浅的对比效果，以衬托鼻子的挺直自然。画鼻影时要与眼影相接，应注意鼻影与眼影的连贯性，不可"各自为政"，否则会显得不自然而产生相反的效果。

四、唇部的化妆技术

嘴唇和眼睛一样，是脸部最具表情色彩和表现美感的重要部位，极易吸引人的注意力。如图1—120所示。

图1—120　唇部的化妆效果

1. 标准唇形

标准唇形的轮廓清晰，唇峰凸起，唇角微翘，上唇薄、下唇厚，比例为1：2。

2. 常见唇形的修饰重点

无论修饰何种唇形，都要用粉底遮盖住原有唇的轮廓线后，再重新描画唇的轮廓线，避免出现双重唇线。

（1）厚唇

应保持嘴形本身的长度，将唇的轮廓线沿内侧勾画。宜选择偏冷色和深色唇膏，使其厚度收敛，不宜选择亮色或鲜艳色。

（2）薄唇

用唇线笔将唇轮廓向外扩展，上唇的唇峰要描画得圆润，下唇增厚。

（3）嘴角下垂

用唇线笔描画唇的轮廓线，唇峰压低，唇角略提高，唇角向内收敛。画下唇时，唇角向上、向内收敛，与上唇线交汇。涂抹唇膏时，唇的中部颜色浅些，唇角颜色深些。

（4）嘴唇突出

嘴角向外延伸，嘴唇中部上下轮廓线都尽量画直，收敛过于突出的唇。

（5）平直唇

勾画上唇线描出唇峰，下唇线画成圆形或半椭圆形。

（6）弓形唇

因弓形唇的上唇峰尖，所以在描画时，可扩大上唇两边，过于棱角的唇峰描出具有圆度的唇线。

（7）不对称唇

这种唇的唇形不够端正，在修饰唇形时，要先注意脸形是否对称。如脸形不对称，就先修饰脸形的对称性，再修正唇形。

五、面颊的化妆技术

红润光滑的面颊是健康、美貌的标志。通常人们用腮红来修饰面颊。腮红不但可以用来美化肌肤，在化妆中还可以起到修饰脸形的作用。

1. 腮红的标准位置

腮红的标准位置应在颧骨上，以椭圆形脸为例，即微笑时面颊隆起的部位。一般刷腮红时，向上不可高于眼角的水平线，向下不得低于鼻尖的水平线，向内不得超出眼睛1/2的垂直线。也可根据妆型的具体情况来变化腮红的位置。

2. 各种脸形腮红的刷法（见图1—121）

（1）圆形脸

从颧骨处向耳边方向斜向上刷成上扬的长圆形，在视觉上可以拉长脸的长度、缩短脸形的宽度。

（2）长形脸

从颧骨处向耳边方向斜向上刷成平行的圆形，在视觉上可以缩短脸的长度，增加面颊的丰满。

（3）倒三角形脸

从颧骨处向耳边方向平刷成椭圆形，在视觉上可以增加脸部的丰满度，看上去更秀美。

（4）方形脸

从颧骨处向耳边方向斜向上刷成上扬的椭圆形，在视觉上可以缩短脸形的宽度，增加脸部的柔和度。

（5）菱形脸

从颧骨处向耳边方向斜向上刷成平圆形，在视觉上可以增加面颊的丰满。

（6）正三角形脸

从颧骨处向耳边方向斜向上刷成上扬的斜圆形，在视觉上可以拉长脸，收缩面颊的丰
满度。

圆形脸　　　　　长形脸　　　　倒三角形脸

方形脸　　　　　菱形脸　　　　正三角形脸

图1—121　各种脸形腮红的效果

学习单元5　生活妆的化妆程序和化妆技术

▶ 学习目标

掌握生活妆的化妆程序

了解生活妆的妆型特点和操作技巧

（⊙）知识要求

一、生活妆的特点

生活妆也称为淡妆，用于一般的日常工作和生活中。其特点是清新淡雅、自然协调，对面容有轻微的修饰与润色作用，能充分展示在自然光和柔和的灯光下。

二、生活妆的化妆程序

对化妆对象的询问和目测应同时进行。通过询问化妆对象参加的场合和服装的颜色，来决定妆型的浓淡和妆色，同时也要注意观察化妆对象的脸形和五官比例，为化妆做好前期铺垫。完成询问和目测后就需要进行以下程序：局部清洁→修眉→面部清洁→涂化妆水→涂润肤霜→涂粉底→定妆→画眉→眼部化妆（眼影、眼线、睫毛）鼻影→晕染腮红→画唇→修整妆面→梳理发型。

三、生活妆的操作重点

1. 涂粉底

粉底色与肤色要协调，粉底质感与皮肤性质、季节、妆型特点要协调，涂抹要均匀，薄厚要适当，以自然为原则。

2. 定妆

扑粉要薄而均匀。

3. 画眉

要正确画出与化妆对象脸形相匹配的眉形，描画要自然柔和、左右对称。

4. 眼部化妆

（1）眼影

色彩运用柔和，搭配简洁。

（2）眼线

眼线要描画得浅淡、自然。

（3）睫毛

睫毛的颜色尽量选择黑色或深咖啡色。

5. 晕染腮红

涂抹应均匀自然，并与眼影、唇色、肤色相匹配。

6. 画唇

不宜特意强调唇形，用色要自然得体，并注意同妆型色彩相协调。

7. 修整妆面

对整个妆面进行适当的修整。

8. 梳理发型

梳理好因为化妆而弄乱的头发。

技能要求

技能　化妆的基本操作

一、操作准备

1. 询问和目测。

2. 局部清洁。

3. 修眉。

4. 面部清洁。

5. 涂化妆水。

6. 涂润肤霜。

二、操作步骤（见图1—122）

步骤1　涂粉底。

步骤2　定妆。

步骤3　画眉。

步骤4　眼部化妆。

步骤5　涂睫毛膏。

步骤6　晕染腮红。

步骤7　画唇。

完成效果。

步骤1　　　　　　步骤2　　　　　　步骤3

步骤4　　　　　　步骤5　　　　　　步骤6

步骤7 　　　　　　　　完成效果

图1—122　具体步骤图

三、注意事项

1．涂粉底

涂抹粉底时要有整体感，与面部相连接的裸露部，如颈部、手臂、肩、背等，都要涂抹。

2．定妆

选择的散粉要细致透明。

3．眼部化妆

（1）眼影

肿眼泡、黑眼圈或肤色偏黑者禁用红色。

（2）眼线

不要为了强调眼形而过于夸张。

（3）睫毛

必须先夹好睫毛再涂睫毛膏，不可涂得过厚，也不宜粘假睫毛。

（4）画眉

不要画得过浓、太夸张。

4．晕染腮红

面部潮红和红血丝严重者不宜涂腮红。

5．画唇

尽量不要选择刺眼的唇膏颜色。

第4节 形象设计

学习单元1 整体形象设计知识

▶ **学习目标**

了解整体形象设计所包含的知识

▶ **知识要求**

一、整体形象设计的方法

形象设计并不仅仅局限于适合个人特点的发型、化妆和服饰，也包括内在性格的外在表现，如气质、举止、谈吐、生活习惯等。从这一高度出发的形象设计，是绝非化妆师或服装设计师所能完成的。

随着社会的日益现代化，人们的生活质量也在不断提高，越来越多的人开始认识到，真正的形象美在于充分展示自己的个性，创造一个属于自己的、有特色的个人整体形象才是更高的境界。人们对美的关注也不再仅仅局限于一张脸，而开始讲求从发型、化妆到服饰的整体和谐以及个人气质的培养。因此，要根据不同年龄、不同职业、不同阶层、不同场合为客户量身定制不同的形象设计方案。

形象设计作为一门综合艺术学科，正走进人们的生活。人们急于提高自我形象设计能力，但也感到力不从心，往往是投入较大而收效甚微，甚至适得其反，导致这一情况最重要的原因是忽略了形象设计的艺术要素。掌握了形象设计的艺术原理，也就等于找到了开启形象设计大门的钥匙。

整体形象设计应该从以下几个要素入手：体形要素、发型要素、化妆要素、服装要素、饰品要素、个性要素、心理要素、文化修养要素。

1. 体形要素

体形要素是形象设计诸要素中最重要的要素。完美的体形会给形象设计师施展才华留下广阔的空间。完美的体形固然要靠先天的遗传，但后天的塑造也是相当重要的。日常的强身健体、饮食合理、性情宽容豁达，将有利于长久地保持良好的体形。体形是形象设计很重要的因素，但不是唯一的因素，只有在其他诸要素都达到统一和谐的情况下，才能得到完美的形象。

2. 发型要素

随着科学的发展、美发工具的日益更新，各种染发剂、定形液、发胶不断推出，为塑造千姿百态的发型式样提供了便利，而发型的式样和风格又能明显地体现出人物的性格及精神面貌。

3. 化妆要素

化妆是传统、简便的美容手段，化妆在形象设计中起着画龙点睛的作用。由于化妆用品和化妆理念的不断更新，过去的简单化妆发展到了当今的个性化妆，使化妆有了更多的内涵。淡妆高雅、随意，彩妆艳丽、浓重，施以不同的妆容，加上与服饰、发式的和谐统一，将更好地展示自我、表现自我。

4. 服装要素

服装造型在人物形象中占据着很大的视觉空间，成为形象设计中的重头戏。选择服装的款式、比例、颜色、材质时还要充分考虑视觉、触觉与人的心理、生理反应。服装能充分展示年龄、职业、性格、时代、民族等特征。一个形象设计师除了要熟练掌握美发美容工艺外，还要了解服装的造型设计原理及服装的美学和人体工程学的相关知识。当今社会人们对服装的要求已不仅仅是干净整洁，而是增加了众多的审美因素。服装在造型上有A字形、V字形、直线形、曲线形，在比例上有上紧下松、下紧上松型，在类型上有传统的含蓄典雅型、现代的外露奔放型，在形象设计中运用得当、设计合理，既能展示人的形象美，还能使人的体形扬长避短。

5. 饰品要素

饰品的种类很多，颈饰、头饰、手饰、胸饰、帽子、眼镜、鞋子、包袋等都是人们在搭配服装时常用的，能充分体现人的品位和修养。由于饰品的材质和色泽不同，造型设计也是千姿百态，能使灰暗变得亮丽，给平淡增添韵味，从而恰到好处地点缀服装和人物的整体形象。

6. 个性要素

设计师在进行整体形象设计时，要考虑一个重要的要素，即个性要素。回眸一瞥、开口一笑、站与坐、行与跑都会流露出人的个性特点。忽略人的气质、性情等个性条件，一味地追求服装的时髦、佩戴的华丽，只会被人笑为"臭美"。只有当"形"与"神"达到和谐统一时，才能创造出自然得体的形象。

7. 心理要素

人的个性有着先天的遗传和后天的塑造因素，而心理要素完全取决于后天的培养和完善。高尚的品质、健康的心理、充分的自信，再配以得体的服饰效果，是人们迈向成功的第一步。

8. 文化修养要素

人与社会、人与环境、人与人之间是有着相互联系的。在社交中，人的谈吐、举止与外在形象同等重要。良好的外在形象是建立在自身文化修养基础之上的，人的完美个性及健康心理也要靠丰富的文化修养来充实。只有具备了一定的文化修养，自身的形象才能丰满、完美。

在形象设计中，如果将体形要素、服饰要素比为硬件的话，那么文化修养及心理素质则是软件。硬件可以借助形象设计师来塑造和美化，而软件则要靠自身的不断学习和修炼。"硬件"和"软件"合二为一时，才能达到形象设计的最佳效果。

二、发型设计的知识

发型的设计在整体形象设计中也是很重要的,其特征是突出个性。发型千姿百态,一个符合个性气质的发型能增添个人与众不同的风采,发型设计要因人而异,不能随大流。

1. 发型设计的基础要素

（1）发质

发质是指头发的粗细、软硬、多少及健康情况,一款发型不是任何发质都适合的。

（2）发长

发长是指现有的头发长短,新的发型必须在现有的头发长短里完成。

（3）头形

发型应针对头形的方圆、平尖做出相适应的选择。

（4）脸形

发型的设计多数是以脸庞的大小、形状为参考进行扬长避短的设计。

（5）颈长

发型的长短和形状应根据颈部的长短做出相应的调整。

（6）肩宽

肩宽对发型的外轮廓造型有着直接的影响,有时肩背的厚度也会对发型有影响。

（7）头旋

头旋的位置和方向决定着头发的自然流向,有时也会影响到发型的最终效果。

2. 发型设计五步法

第一步:了解。设计前在与顾客的交谈中,了解顾客对发型的要求和愿望。

第二步:观察。观察顾客的脸形、头形、五官、发质等外在特征及年龄、性格等。

第三步:思考。对沟通和观察到的结果进行分析,针对顾客的审美原则勾勒出设计方案,快速在头脑里建立操作程序。

第四步:沟通。将设计方案与顾客沟通,通过专业的表达,以取得顾客的认可。

第五步:操作。通过自己的专业技术将设计方案表现出来。

3. 发型与身材

（1）高瘦型

这种体形的人容易给人以细长、单薄、头部小的感觉。

发型要生动饱满,避免将头发梳得紧贴头皮或过分蓬松,造成头重脚轻的感觉。一般来说,高瘦身材的人比较适合留长发、直发,避免短发。中长发的长度在下巴与锁骨之间较理想,且要使头发显得厚实、有分量。长发应避免将头发削剪得太薄,底线形状可修饰成V形。染色应以较浅或多色彩的设计去增加其肩膀的宽度。

（2）矮小型

短小丰满体形者不适合留长发,尤其是烫得蓬松的长发,因为这样会更加突出矮胖的形象。身材与头颈都顾长的人比较适合留披肩长发,蓬松些更好。个子矮小的人给人一种小巧玲珑的感觉,在发型选择上要与此特点相适应。发型应以秀气、精致为主,避免粗犷、蓬松，否则会使头部与整个身体的比例失调，使人产生头大身小的感觉。身材矮小者不适宜留长发，因为长发会使头显得大，破坏人体比例的协调；烫发时应将花式、块面做得小巧、精致一些；盘头也给人身高增加的感觉；比较适合偏冷色调的设计，强调拉长的感觉。

（3）高大型

该体形给人一种力量美，但对女性来说，缺少苗条、纤细的美感。为适当减弱这种高大感，发式上应以大方、简洁为好。一般选择直发，或者是大波浪卷发，头发不要太蓬松。总的原则是简洁、明快，线条流畅。底线形状可修饰成水平线，避免将头发削剪得太薄。染色应以较自然及深色彩去修饰或掩饰其肩膀的宽度。

（4）矮胖型

矮胖者显得健康，要利用这一点塑造一种有生气的健康美。矮胖者一般脖子较短，因此不要留披肩长发，也避免留过宽的发型。尽可能让头顶头发蓬松、修剪出显露脖颈的A型外线短发，有拉长高度的效果。

4. 发型与职业

发型设计除考虑头形、脸形、五官及身材以外，必须考虑顾客的职业特点。发型要根据职业的需要在不影响工作的情况下，努力呈现最完美的效果。

（1）企业职工

企业职工发型不要做得太复杂，应尽量剪成短发或是长发扎辫子。

（2）运动员

因运动员的职业特点，适合留轻松活泼的短发型，易梳理。

（3）销售、公关人员

女销售、公关人员头发最好留长一些，以便能经常变换发型；男销售、公关人员以短发为主，但必须干净整齐。

（4）教师、公务员

教师、公务员适合留简洁、明快、大方、朴素的发型，能体现出淡雅、端庄的感觉。

（5）文艺界、时尚界

文艺界、时尚界人士头发长短皆宜，适合个性特点鲜明、新颖前卫的发型。

5. 发型与性格

选择的发型要和性格相协调，才能表现出和谐美。

（1）性格内向的人

性格内向的人发型以简单为主，应选择自然式样的发型，避免张扬凌乱的发型。外形轮廓线条以柔和为主，不要有棱角。

（2）性格开朗的人

性格开朗的人可选择长波浪式的微卷发型。发型不可过于复杂凌乱，头发层次不宜过低。

（3）性格天真的人

性格天真的人宜选择直发发型或刘海平齐的童花式的发型或梳辫。

（4）性格文静的人

性格文静的人适合微卷或长直发式的发型，不宜留短发，头发层次不宜过高。

（5）性格豪爽的人

性格豪爽的人一般配以富有动感的短发或张扬凌乱的发型。

6. 发型与发色

发色应参考以下4种基本条件，发型才能有协调的美感表现。

（1）肤色

肤色是决定染发色彩的重要条件。皮肤的颜色是由褐色、黄色和红色三种原色组成的。东方人皮肤颜色的深浅是以褐色的多寡来决定的，而深色皮肤的人应选择偏红或者橙色系以调和出褐色。

（2）眼睛

眼睛与眉毛也会影响发色的协调感。当眼球是深褐色的时候，选择的色彩就不能太浅，这样会呈现太强烈的对比，让人感觉眼神太强悍而失去美感；而中褐色或浅褐色的眼球就应选择比较浅的色系。

（3）性格

人的性格也影响对发色的选择。比较开朗的性格适合比较鲜明的色彩，如铜红色、红宝石色等，但要注意自然色色度深浅的控制；而个性比较安静内向的适合比较柔和的色彩，如深金咖啡色、中紫红等色，让整体不至于有太冷酷的感觉；个性比较稳重成熟的适合比较沉稳但带点柔和的色彩，如自然色系中的中褐色。

（4）年龄

年龄也是选择发色时需考虑的因素之一。前卫的年轻人或者歌星适合强烈及亮丽的色彩，25～35岁之间的人可以加强色彩的光泽度和明亮感，让其增加一些潮流感和动感；35～50岁的人可以选择一些比较稳重成熟的颜色，让其在稳重中带点柔和感；50岁以上的人比较适合自然色系为主的颜色，也可掩盖白发。

三、化妆设计的知识

化妆能表现出女性独有的天然丽质，使其焕发风采，为其增添魅力。成功的化妆不仅能唤起女性心理和生理上的潜在活力，增强其自信心，使其精神焕发，还有助于其消除疲劳、延缓衰老。

化妆首先是一门视觉艺术，它运用绘画的手段，利用颜色等产生一种视觉上的美感。

如果脸宽、眼睛肿，可以通过在眼睑涂上灰色眼影、脸部打上适当阴影的方法进行修饰，这样脸看上去就显瘦了、眼睛不那么肿了，这就是色彩造成的视觉效果。因此，化妆需要一定的绘画功底，懂得基本的色彩原理以及视觉心理学知识；另外，化妆是一门整体的造型艺术，包括对面部、发型、服装一种整体的修饰与造型。化妆没有规则、没有模式、没有固定程序、没有固定的颜色搭配，它是一种对美的挖掘与发现，它跟随时尚，取决于个人的审美观与艺术修养。化妆是为了更美，那么对化妆的理解与眼光就不能仅仅局限在对五官的描画上。试想：一个五官描画精致的女孩身着低领曳地的礼服，却披头散发，穿着拖鞋招摇过市，我们能说她美吗？美是一种和谐，一种统一，一种整体的感觉，因此，化妆还要讲究时间、场合，要求完整设计。化妆体现的应是一个人的整体素质，因而化妆又需要懂得一定的美学、服饰与发型知识。

成功的化妆是以一定的美学与心理学为基础的，利用绘画的手段与色彩原理，融汇了服装造型、发型设计等完成的对人的一种完整的整体塑造。当然，化妆同时又是一项具体操作，狭义地讲，它是利用材料和技术手段对人的头面部及全身按一定标准或要求进行的塑造。因此，化妆需要掌握一定的技巧，需要有熟练的操作手法，需要懂得各种脸形、眉形等的画法，需要了解国际流行的颜色，以及如何选用化妆品等。化妆是一个涉及广泛知识的领域。

四、服装设计的知识

服装的搭配主要以色彩的搭配为主。它可以分为三种：第一种为纯粹追求美的服饰配色，第二种为重视实用功能或者是特殊服饰的配色，第三种为介于美与实用之间的服饰配色。

1. 服装的风格

服装的款式、色彩和造型之间有着紧密的有机联系。在此，简要分析不同风格的服装特点。

（1）经典风格

经典风格的服装典雅大方、线条简洁流畅，带有传统服装的特点，也是被大多数女性接受的、讲究穿着品质的服装风格。经典风格对于其他流行风格来讲趋于保守，受流行影响较小，稳定性较好。

（2）前卫风格

前卫风格具有超前流行的设计元素，追求的是标新立异、彰显个性的服装风格，与经典服装风格背道而驰。在色彩的处理上，往往不受限制，用色大胆，具有比较强的视觉冲击力。

（3）运动风格

运动风格是指借鉴运动装的设计元素，具有比较强的都市气息的服装风格。在色彩方面，多选用鲜艳明亮的颜色，白色以及各种高明度的红色、黄色、蓝色在运动风格的服装中经常出现。

（4）休闲风格

休闲风格是近年来盛行的一种风格，其舒适性和随意性适合不同的阶层，它的色彩明朗单纯，往往具有某种特征。

（5）民族风格

民族风格是具有民俗服饰元素、复古和怀旧情调的服装风格。它以民族服饰为蓝本，

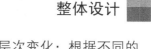

以不同地域文化作为灵感的来源，注重服装穿着方法和长短内外的层次变化；根据不同的地区、不同民族的风土人情与色彩搭配特点，选用比较浓艳和对比强烈的情调色彩。

2. 服装的色彩

在服装色彩与各种因素的协调关系中，肤色是决定因素，肤色是服装色彩设计意识中的主题依据。人的皮肤大致分为黑色、黄色、白色三种，每种肤色中也有明度的差异，如中国人为黄种人，都是黄色皮肤，但也有偏向白皙的肤色，也有偏向黄黑色的肤色，也有白粉色、棕色等明度变化。不同明度的肤色配上适当的服装色彩会产生美的效果。一般情况下，人的肤色、发色、眼睛色是从父母那里遗传下来的不变的特征。但严格地说，自然界的四季变化也会改变人的肤色。例如，春天阳光明媚，在暖融融的环境中，人的肤色相应呈现出粉黄色，像盛开的花朵，所以人们选择春装的色彩时应以清馨的杏黄色为基调，如桃红色、淡蓝色等，都与春天的基调相协调。

在整体服装色彩的构成中，一般以肤色的明度变化为主色调，以服装色彩的色相、纯度和面料的肌理、面积、形状等因素为副色，构成综合对比的色彩效果。

3. 服装的配饰

配饰色彩是局部的点缀色彩，起调整和辅助的作用，使服装色彩更加完美、更具魅力，因此，服装色彩与配饰色彩的关系是主从关系，是整体与局部的关系，也就是说，离开总体服装色彩的配饰色彩是不存在的。然而，配饰色也具有倔强的个性，不会随便依附于任何主体，乱用配饰、不适当地夸大配饰物，会造成色彩关系的混乱，产生杂乱的效果。但配饰也不是可有可无的，色彩敏感的人可以体会到，得体的配饰可使人充满青春的活力；反之，会使人黯然失色、缺乏朝气。配饰的作用如此重要，用与不用确实大不一样。

学习单元2　整体形象设计案例

⊙ **学习目标**
能够掌握整体形象设计的方法

⊙ **知识要求**

形象设计师要将顾客的年龄、职业、身高、体形、头形、头发长短、发质、脸形、脖子长短、瞳孔颜色、眉形、眼睛形状、嘴形、鼻子形状、下巴形状、肤色、肤质、生活方式、兴趣爱好、性格特征、本人意愿及季节等方面进行记录，详细分析后进行设计。其中：

1. 年龄、身高、体形、季节、职业决定着服装的设计和用色范围。

2. 头形、头发长短、发质、脸形、脖子长短及瞳孔颜色决定着发型的设计和头发的用色范围。

3. 脸形、眉形、眼睛形状、嘴形、鼻子形状、下巴形状及肤色、肤质决定着妆面的设计和用色范围。

4. 季节、职业、生活方式、兴趣爱好、性格特征决定着其他相关的设计。

5. 未做设计意愿决定的可根据本人自身条件进行形象定位和设计，做出设计意愿决定的要根据本人意愿进行形象定位和设计。

技能要求

案例1 运动风格形象设计

姓名：王小姐 年龄：18岁

1. 身高：普通，158厘米。

2. 体形：健壮。

3. 设计季节：初冬。

4. 头形：正常。

5. 头发长短：长发。

6. 发质：中性。

7. 脸形：圆脸。

8. 瞳孔颜色：黑色。

9. 眼睛：圆、双眼皮。不足之处：眼角有些下垂。

10. 眉毛：浓密、细长。

11. 鼻子：普通形。

12. 嘴：轮廓清晰、饱满，嘴角略向下垂。

13. 下巴：正常，特征不明显。

14. 脖子长短：一般。

15. 肤色：偏黄。

16. 肤质：混合型，易发"青春痘"。

17. 职业：学生。

18. 生活方式：很规律。

19. 兴趣爱好：户外活动。

20. 性格特征：活泼、开朗，性格较为外向。

21. 本人设计意愿：未做决定。

通过形象定位和以上信息，经过形象选择，将其定位在活泼、可爱的青春型形象范围内。

步骤1 妆面设计

（1）根据其肤质、肤色的特点，选用比肤色略深的粉底，以掩盖发红凸起的青春痘，在视觉上创造出柔和、平滑、粉嫩的诱人肌肤效果。

（2）运用眼线、眼影和眼睫毛的配合，尽量将眼尾上提以改变眼形，突出眼部神采。

（3）眉毛修饰干净即可。

步骤2　发型设计

（1）头发层次结构不需要进行修剪。

（2）扎起高高的马尾，不但有拉长脸形的作用，还符合其性格活泼开朗的特点。

（3）适合黑色的发色，显得自然、有朝气。

步骤3　服装选择

（1）服装：选择酱红色的轻松舒适的运动休闲服装，酱红色在调整肤色的同时还能给人一种健康的印象。

（2）内衬：圆领T恤衫。

（3）鞋：白色运动鞋。

步骤4　配饰选择

（1）配以大大的浅色运动双肩包，适合其学生身份和好动的外向性格。

（2）配以无顶运动帽，将马尾甩在外面，适合其爱运动的特性。

案例2　知识女性形象设计

姓名：程小姐　年龄：30岁左右

1. 身高：偏高，163厘米。

2. 体形：一般骨架，偏胖。

3. 设计季节：秋季。

4. 头形：正常。

5. 头发现状：中长发。

6. 发质：中性。

7. 脸形：较方，脸盘偏大。

8. 瞳孔颜色：褐色。

9. 眉毛：浓密、短粗。

10. 眼睛：近视，圆而无神。

11. 鼻子：普通形。

12. 嘴：唇形明显。

13. 下巴：正常，无明显特征。

14. 脖子：一般。

15. 肤色：偏白。

16. 肤质：混合型，皮肤表面较多黄褐斑。

17. 职业：教师。

18. 生活方式：比较规律。

19. 兴趣爱好：看书。

20. 性格特征：安静。

21. 本人设计意愿：未做决定。

通过形象定位和以上信息，经过形象选择，将其整体形象设计定位在经过精心修饰的知识女性范围内。

步骤1　妆面设计

（1）根据其肤质、肤色的特点，选择深色粉底和自然妆面。

（2）用遮瑕膏遮盖其脸部的黄褐斑。

（3）眉毛修饰成略微高挑的形状，画圆，眉尾画短些。

（4）用咖啡色眼影强调眼睛的神采，用黑色睫毛膏将睫毛一根根刷起。

步骤2　发型设计

（1）头发层次结构经过均等层次的修剪，变成短于肩部的长度。

（2）柔软、浪漫的卷发会让脸部线条看上去柔和许多，还可以增加头发的高度。

（3）发色染成棕褐色，会显得更年轻。

（4）自然弯曲发梢的偏分刘海是修饰方形脸轮廓的最好办法。先用侧分的刘海使脸部加长，分头发可偏向漂亮的一边，造就不平衡感，可缓解方形脸的缺陷。

步骤3　服装选择

（1）服装：选择深色职业套装，不选择过于淡浅的颜色，避免直线形、可爱、中庸、随意的服饰风格。

（2）内衬：白色衬衣。

（3）鞋：黑色低跟皮鞋。

步骤4　配饰选择

（1）配以无框金丝边眼镜，以体现知识女性的特征。

（2）配以明亮的水晶胸针，可以给职业套装增加亮点，给人和蔼可亲的感觉。

案例3　休闲旅游形象设计

姓名：李小姐　年龄：25岁

1. 身高：高，175厘米。

2. 体形：一般骨架，较苗条。

3. 设计季节：春季。

4. 头形：凸形。

5. 头发长短：长发。

6. 发质：中性。

7. 脸形：长。

8. 瞳孔颜色：浅褐色。

9. 眉毛：细长、淡。

10. 眼睛：大小适中，双眼皮，眼窝有点凹陷。

11. 鼻子：高挺。

12. 嘴：大小适中，唇形明显。

13. 下巴：偏尖。

14. 脖子：细长。

15. 肤色：偏黄。

16. 肤质：中性。

17. 职业：模特。

18. 生活方式：生活不规律。

19. 兴趣爱好：运动。

20. 性格特征：随和，不张扬。

21. 本人设计意愿：休闲旅游的形象设计。

通过形象定位和以上信息，经过形象选择，将其整个形象设计定位在能与郊游时的春色相称的形象。

步骤1　妆面设计

（1）淡淡的自然妆面，强调自然的腮红，给人一种健康的感觉。

（2）眉毛修饰成平直略带弧形，眉尾画长些。

（3）用绿色眼影和黑色眼线强调眼睛的神采，用咖啡色睫毛膏将睫毛刷起。

步骤2　发型设计

（1）头发层次结构进行较高层次的修剪，外线成V形来配合瘦削的肩宽。

（2）烫成蓬松卷曲的头发，突出脸的宽度，特别是中部的宽度，改变长脸形的印象。

（3）选择一些明亮、艳丽的发色，会显得更年轻。

（4）可以选择将后发区的头发随意地扎起，两侧的头发自然地下落。

步骤3　服装选择

（1）上装：印有花卉图案的女性味浓的浅绿色长袖T恤衫，以配合春天的气息，或以红色外套搭配更容易成为绿色春意中的焦点。避免太多曲线成分的性感装扮。

（2）下装：深色修身牛仔裤，体现高挑身材。

（3）鞋：帆布运动鞋，以满足休闲活动的需要。

步骤4　配饰选择

（1）配以浅色的帆布腰带，可与深色修身牛仔裤形成反差和呼应。

（2）配以可拎可挎的草编包，有融于自然的感觉。

（3）若阳光强烈，配上一顶花边草帽也是不错的选择。

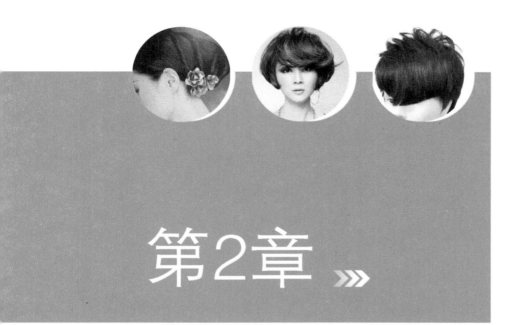

第2章 >>

发型制作

第1节　发型修剪

学习单元1　不同风格发型的修剪

⊙ **学习目标**

能够运用不同的修剪手法和技巧进行各类发型的修剪

能够修剪不同风格并富有个性和美感的发型

⊙ **知识要求**

一、动感类发型的特点

动感类发型的修剪和造型具有强烈的线条感，有着反地心引力的动态方向，在视觉上能够产生强烈的动感，发型乱却有序，给人以强烈的视觉感受。如图2—1、图2—2所示。

图2—1　女士动感类发型　　　　　图2—2　男士动感类发型

二、块面类发型的特点

块面类发型与动感类发型截然相反，发型的修剪和造型基本上是向着地心引力方向的，在视觉上，能够产生强烈的沉静感，发型整洁有序、安静文雅。如图2—3、图2—4所示。

图2—3　单一块面类发型　　　　　图2—4　叠加块面类发型

三、对比类发型的特点

　　对比类发型具有块面类发型与动感类发型并存的发型层次区域的安排，发型处于刚柔并存的状态，能够产生强烈的视觉反差和视觉吸引。如图2—5、图2—6所示。

图2—5　前后不对称对比类发型　　　　图2—6　左右不对称对比类发型

四、渐变类发型的特点

　　渐变类发型的特点是，层次结构由高向低，或头发由长向短、由直向卷，或由动向静逐渐变化、平和过渡。发型的变化处于平缓过渡的状态，能够在视觉上产生移动感。如图2—7、图2—8所示。

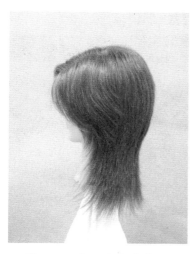

图2—7　女士渐变类发型

图2—8　男士渐变类发型

五、创意类发型的特点

　　创意类发型的特点是，各区域的发型层次结构变化较大，能产生断层或不连接的视觉效果，发型处于刚柔相济的平缓过渡状态，能够产生强烈的视觉冲击。如图2—9、图2—10所示。

图2—9　动态不连接创意类发型

图2—10　静态不连接创意类发型

技能要求

技能1　动感类发型的修剪

一、操作准备（见表2—1）

表2—1　操作准备

序　号	工具用品名	单　位	数　量
1	剪发围布	条	1
2	干毛巾	条	1
3	围颈纸	张	1
4	剪发梳	把	1
5	剪刀	把	1
6	牙剪	把	1
7	夹子	只	6
8	喷水壶	只	1
9	掸刷	只	1

二、操作步骤（见图2—11）

步骤1　模特原发型。

步骤2　从后底发区开始垂直取份，间隔地挑出大小均匀的发束进行修剪。

步骤3　发片形成内外两个层次并相互交融，依次完成左右侧头发的修剪。

步骤4　对上面的发区以同样的方法进行修剪。

步骤5　对顶发区以同样的方法进行修剪。

步骤6　对右侧发区的向后斜向下修剪并确定长度。

步骤7　分片进行内外双层次修剪。

步骤8　以同样的方法完成左侧发区的修剪。

步骤9　顶区的头发向后定线修剪。

步骤10　倾斜分片进行内外双层次修剪。

完成效果。

步骤1

步骤2

步骤3

步骤4

步骤5

步骤6

步骤7

步骤8

步骤9

步骤10

完成效果

图2—11 操作步骤图

三、注意事项

在最后进行束状纹理修剪时，要根据顾客的发量来决定去除发量的多少。发量多的去除的发量不能过少，发量少的去除的发量也不能过多。

技能2　块面类发型的修剪

一、操作准备（见表2—2）

表2—2　操作准备

序　号	工具用品名	单　位	数　量
1	剪发围布	条	1
2	干毛巾	条	1
3	围颈纸	张	1
4	剪发梳	把	1
5	剪刀	把	1
6	牙剪	把	1
7	夹子	只	6
8	喷水壶	只	1
9	掸刷	只	1

二、操作步骤（见图2—12）

步骤1　分区。

步骤2　将后发区的头发右斜向下定线修剪。

步骤3　修剪此区头发的底线。

步骤4　将右侧发区的头发水平向后定线修剪。

步骤5　使左侧发区的头发自然下垂定后斜线修剪。

步骤6　以同样的方法修剪前发区的头发。

步骤7　将刘海的头发与右侧区连接。

完成效果。

步骤1	步骤2	步骤3

步骤4　　　　　　　　步骤5　　　　　　　　步骤6

步骤7　　　　　　　　　　　　完成效果

完成效果

图2—12　操作步骤图

三、注意事项

1. 发型底线的线条形状，弧度要自然流畅，要从各个角度进行观察，以便修整。

2. 要在吹干的头发上对发型的底线形状做最后的修整。

技能3 对比类发型的修剪

一、操作准备（见表2—3）

表2—3 操作准备

序 号	工具用品名	单 位	数 量
1	剪发围布	条	1
2	干毛巾	条	1
3	围颈纸	张	1
4	剪发梳	把	1
5	剪刀	把	1
6	牙剪	把	1
7	夹子	只	6
8	喷水壶	只	1
9	掸刷	只	1

二、操作步骤（见图2—13）

步骤1 单独分出量感体现区，将右鬓发区的头发前斜向下梳出，定线修剪。

步骤2 将右后发区的头发前斜向上梳出，以鬓角的长度为引导定点修剪。

步骤3 将左鬓发区的头发前斜向下梳出，定线修剪。

步骤4 将左后发区的头发前斜向上梳出，以鬓角的长度为引导定点修剪。

步骤5 将刘海区的头发垂直向下定点修剪。

步骤6 刘海区完成效果。

步骤7 将量感体现区以上的头发修剪成均等层次的定弧形面。

步骤8 后发区做束状纹理处理。

步骤9 头顶区做束状纹理处理。

完成效果。

步骤1

步骤2

步骤3

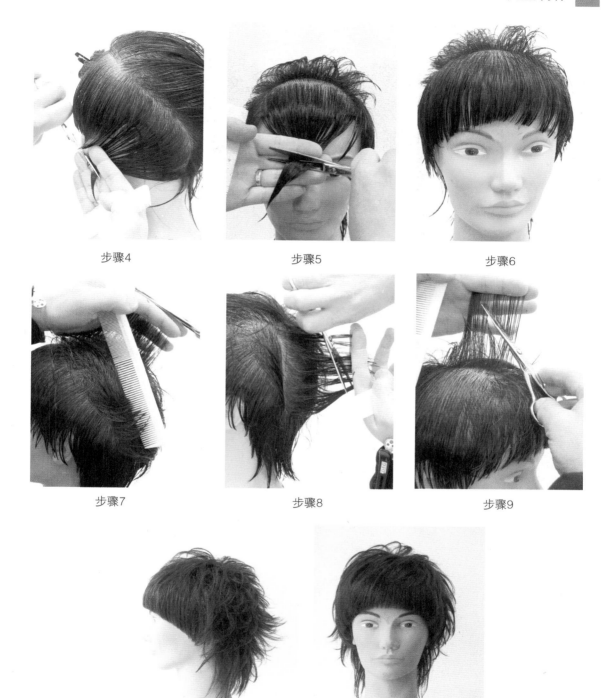

步骤4

步骤5

步骤6

步骤7

步骤8

步骤9

完成效果

完成效果

图2—13 操作步骤图

三、注意事项

1. 发型的对比要明显，小范围的对比很难体现对比效果。

2. 发型的动静对比之间过渡范围要小而自然。

技能4 渐变类发型的修剪

一、操作准备（见表2—4）

表2—4 操作准备

序　号	工具用品名	单　位	数　量
1	剪发围布	条	1
2	干毛巾	条	1
3	围颈纸	张	1
4	剪发梳	把	1
5	剪刀	把	1
6	牙剪	把	1
7	夹子	只	6
8	喷水壶	只	1
9	掸刷	只	1

二、操作步骤（见图2—14）

步骤1　将发区呈X形分区。

步骤2　将右侧发区的头发向前定前斜线修剪。

步骤3　将后发区的头发以右侧发区底部的头发长度为引导向左侧垂直定线修剪。

步骤4　将左发区的头发水平向下定线修剪。

步骤5　将左发区的头发以后发区的头发长度为引导定面修剪。

步骤6　将刘海区头发向左上以左侧发区上面的头发长度为引导定线修剪。
完成效果。

步骤1　　　　　　　　步骤2　　　　　　　　步骤3

步骤4　　　　　　　　步骤5　　　　　　　　步骤6

完成效果

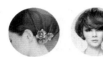

完成效果

图2—14　操作步骤图

三、注意事项

1. 发型层次结构和底线的落差要明显。

2. 刘海的发量处理一定要轻、薄，便于与两侧的视觉效果衔接。

技能5　创意类发型的修剪

一、操作准备（见表2—5）

表2—5　操作准备

序　号	工具用品名	单　位	数　量
1	剪发围布	条	1
2	干毛巾	条	1
3	围颈纸	张	1
4	剪发梳	把	1
5	剪刀	把	1
6	牙剪	把	1
7	夹子	只	6
8	喷水壶	只	1
9	掸刷	只	1

二、操作步骤（见图2—15）

步骤1　分区。

步骤2　将左下后发区的头发向下右斜定线修剪。

步骤3　将此区的头发向前定线修剪。

步骤4　将右上后发区的头发左斜向下定线修剪。
步骤5　将右侧发区的头发水平向前定斜线修剪。
步骤6　以后发区的头发为引导将左侧发区的头发水平向后定线修剪。
步骤7　将左侧发区的头发水平向前定线修剪。
步骤8　将膨胀区的头发垂直向上定线修剪。
步骤9　将顶发区的头发水平向左前斜定线修剪。
步骤10　将顶发区的头发水平向右向后定线修剪。
完成效果。

步骤1

步骤2

步骤3

步骤4

步骤5

步骤6

步骤7

步骤8

步骤9

步骤10

完成效果

完成效果

图2—15 操作步骤图

三、注意事项

发型要根据顾客的自身条件进行创作。

学习单元2　修剪手法与技巧

> ⊙ **学习目标**
> **能够熟练掌握各种修剪手法和技巧**

> ⊙ **知识要求**

一、各种修剪手法的作用和效果

1. 削剪

在修剪头发时运用削剪可以在确定发长的同时去除一定的发尾重量，让头发呈现一种轻微的连接感和方向感，在运用时应注意头发的流向控制。

削剪操作的技巧有以下几点：

（1）用剪刀削发时，手指要紧紧夹住发片，以便把头发削下。剪刀刀刃要张开，将手指夹住的头发放在两片刀刃的后部，刀刃略带斜角，用刀刃在头发上下边剪边移动，将头发削剪断。削剪时手指控制剪刀的力度要恰当，力度过重会削去过多头发，力度过轻则削不下来头发。操作流程如图2—16所示。

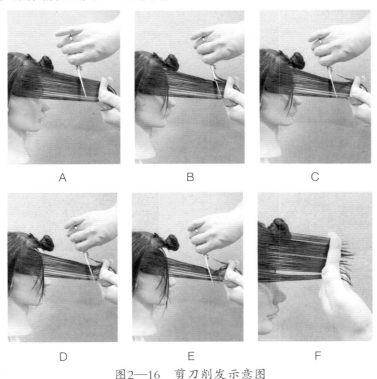

图2—16　剪刀削发示意图

（2）削剪时要掌握剪刀刀刃在头发上下滑动的幅度，以决定削去头发的多少。滑动的幅度大，容易形成较碎的发尾；滑动的幅度小，容易形成较重的发尾。

1）长削。剪刀滑动的幅度大，削去的头发多，形成的发尾较轻（见图2—17）。

2）短削。剪刀滑动的幅度小，削去的头发就少，形成的发尾较重（见图2—18）。

图2—17　轻柔的发尾

图2—18　厚重的发尾

2．内外双层次修剪

该技巧适合中等长度以上的头发。用剪刀或牙剪对发片的内外进行两个层次的修剪，在保留发长的同时，因内层次的不同会提升或去除头发的量感，呈现具有凌乱动感的发丝形态（见图2—19、图2—20）。

图2—19　修剪方法

图2—20　完成效果

在内外双层次修剪中，分为垂直取份内外双层次修剪、水平取份内外双层次修剪两种。

（1）垂直取份内外双层次修剪

1）膨胀轮廓的方法。即内层次是低层次的处理方法（见图2—21、图2—22）。

图2—21　修剪方法

图2—22　完成效果

如果外层次高低不同，就会产生不同的效果。

①高层次内做低层次去量，能提升量感和膨胀度，并产生飘逸的发尾（见图2—23）。

②低层次内做低层次去量，能提升量感，产生最大膨胀度（见图2—24）。

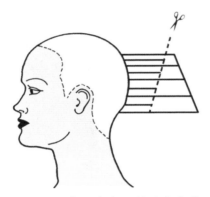

图2—23　高层次内做低层次去量

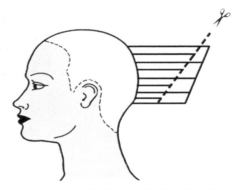

图2—24　低层次内做低层次去量

2）收缩轮廓的方法。即内层次是高层次的处理方法（见图2—25、图2—26）。

图2—25　修剪方法

图2—26　完成效果

同样，如果外层次高低不同，也会产生不同的效果。

①低层次内作高层次去量，能降低量感，缩小膨胀度（见图2—27）。

②高层次内作高层次去量，能降低量感，产生最小的膨胀度和最飘逸的发尾（见图2—28）。

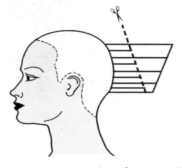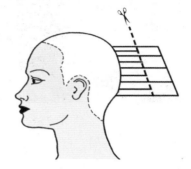

图2—27 低层次内做高层次去量　　　　图2—28 高层次内做高层次去量

（2）水平取份内外双层次修剪

此方法可以制造具有方向感的束状纹理（见图2—29）。

修剪过程　　　　　　　　修剪完成　　　　　　　　完成效果

图2—29 水平取份内外双层次修剪示意图

注：具体案例可参考本章第1节学习单元1技能1 动感类发型的修剪。

3. 托剪

托剪适合中等长度的头发。将需要处理的发片放在手掌上，在不给头发任何拉力的情况下由发尾剪入，剪切的方向、深度可按要求随意控制（见图2—30）。

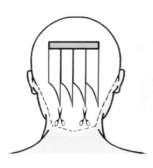

结构图　　　　　　　修剪后部　　　　　　修剪顶部　　　　　　完成效果

图2—30 托剪示意图

4. C字形修剪

C字形修剪适合中等长度的头发，运用的是削剪的剪切技巧，发片的剪切不再是直线而是中间下沉得很深的C字形线，可在头发下落时以短发支撑长发产生凌乱透空感，由下向上是高层次向内层次过渡的层次组合。如图2—31所示。

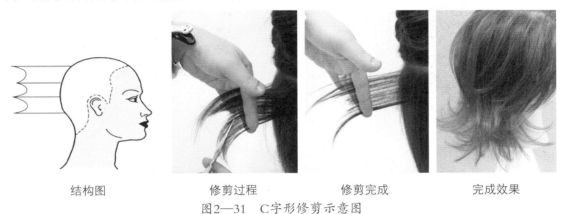

结构图   修剪过程   修剪完成   完成效果

图2—31　C字形修剪示意图

5. 十字交叉法纹理处理技巧

该技巧适用于短发，是将需要处理的发区先由右向左梳出发流，每隔1.5厘米左右由右向左顺发流沿发根剪入，再以同样的方法由左向右剪入，形成十字交叉的束状纹理（见图2—32）。

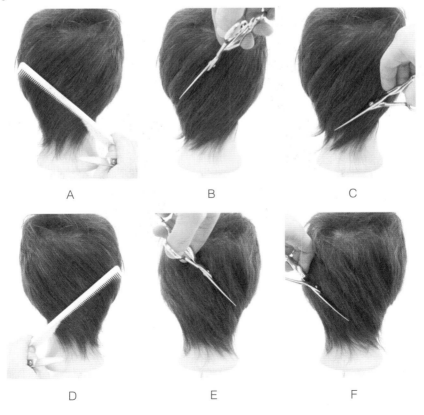

A   B   C

D   E   F

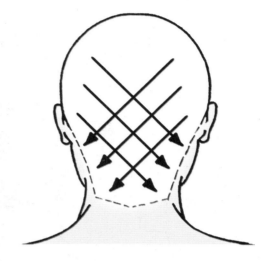

| G 完成效果 | H 修剪线路图 |

图2—32 十字交叉法纹理处理组合图

二、手内剪与手外剪的运用范围

无论是何种修剪手法，都可以分为手内剪与手外剪两种。

手内剪是在手掌内修剪层次或调整头发薄厚，如图2—33所示。

手外剪是在手掌外修剪层次或调整头发薄厚，如图2—34所示。

| 图2—33 手内剪 | 图2—34 手外剪 |

1. 层次修剪

进行层次修剪时通过手指夹住头发的部位来确定留发的长度进行直接修剪，修剪的切口平整、有重量，具有很强的直观性，修剪出的层次切口比较明显。

（1）手内剪适合头发周边区域的修剪（见图2—35）。

（2）手外剪适合头发顶部区域的修剪（见图2—36）。

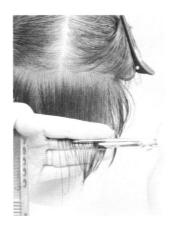 

图2—35　手内剪头发周边发区　　　　　图2—36　手外剪头顶发区

2. 调整薄厚

调整头发薄厚是减少头发发量和减小头发密度的修剪技巧,同样可分为手内剪和手外剪两种。

（1）发尾运用手外剪进行修剪（见图2—37）。

（2）发中长发运用手外剪进行修剪,短发运用手内剪进行修剪（见图2—38）。

（3）发根运用手外剪进行修剪（见图2—39）。

  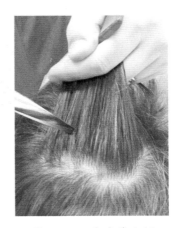

图2—37　手外剪发尾　　　　图2—38　手内剪发中　　　　图2—39　手外剪发根

学习单元3　发型动态方向调整

⊙ 学习目标

了解发型修剪角度的变化对发型动态方向的影响

⊙ 知识要求

在现代发型的修剪操作中,层次的修剪只是完成发型框架结构的第一步,而发型的最终效果需要通过纹理的缔造和调节来完善。纹理的缔造是建立在层次框架基础上的对发型的整体线条、形状、动态的细化调整。调节发型层次框架的形状、薄厚，可体现纹理的线条、方向发型的最终设计效果。

在发型的设计中，纹理分为静态纹理和动态纹理两种。静态纹理是安静的、没有变化的结构，而对纹理的动态调整却是多种多样的，需要通过不同的技巧来缔造。

一、静态纹理的特点

静态纹理表现出的是具有重量感、光洁度的发丝形态，静态纹理与层次结构的修剪有着密切的关系（见图2—40、图2—41）。静态纹理发型的结构和形态有以下几点共性特征：

（1）发型层次较低。

（2）发型表面头发长度较长。

（3）发型形态结构较为紧密。

（4）发型外形底线形状清晰。

（5）头发呈自然下垂状态。

图2—40　静态纹理的效果一　　　　　　图2—41　静态纹理的效果二

二、动态纹理的特点

发型的纹理是通过间隔地去除部分头发来制造的，因为去除发量的间隔大小不同，头发所产生的疏密安排也会不同，产生的动态变化也不同，对比强烈的头发长短和断层的层次修剪所表现的动态会更加强烈，加以在不同梳理方向及造型方法的表现下，发型所表现出的形状、线条、方向也各不相同。动态纹理是在发型整体大层次结构下，通过修剪而制造出的许多个细化的层次组合，细化层次的多少、相互之间间隔的大小，决定着纹理线条的细腻和粗犷。其变化是多样的，在处理纹理时，运用不同的工具和方法可制造出不同粗细的动态纹理，其形状、大小、方向感都会引起不同的视觉感受。

1. 产生动态纹理的方法

（1）在视觉上，明暗是产生动态纹理的基本要素。

（2）在技术上，发长是长发与短发以及厚与薄的组合形式。

（3）在取份上，取份是在确定修剪层次和缔造纹理时对设计分区进行再分区的设计划分，大致可分为水平取份调节、垂直取份调节、放射取份调节、斜向取份调节。

1）水平取份多用于左右调节动态方向。

2）垂直取份多用于上下调节动态方向。

3）放射取份多用于聚散调节动态方向。

4）斜向取份多用于倾斜调节动态方向。

（4）在结构上，在取份内按照不同大小的间隔去除一部分头发，来制造许多个细化的层次组合。

（5）在操作上，牙剪纹理处理——去除发量、柔化轮廓，多用于制造细腻的柔和纹理。剪刀纹理处理——制造线条、强化方向，多用于制造粗犷的束状纹理。

1）用牙剪处理的效果。可以产生细腻柔化的纹理，能收缩轮廓，表现出轻柔、活动的发丝形态。可以在各种层次上，均匀细腻地去除发量。纹理的细腻度与牙剪的粗细有着密切的关系。如图2—42、图2—43所示。

图2—42　用牙剪处理的效果一　　　　图2—43　用牙剪处理的效果二

宽齿的打薄牙剪去除的发量较多，可以增加头发的断层效果，让发型有明显的飘逸感；细齿的打薄牙剪去除的发量较少，可以精确地调整头发的发量，让发型的层次感更加柔和。

2）用剪刀处理的效果。可产生粗犷的纹理，有体现线条、强化方向的作用，可表现出具有动感的发束形态，可以在各种层次上做长短交替的纹理。长发可以加强纹理的印象，带来跳跃的视觉感受；短发可以带来凌乱的视觉感受，这与头发长短、间隔大小和深度的安排有着密切的关系。如图2—44、图2—45所示。

图2—44　用剪刀处理的效果一　　　　　　　图2—45　用剪刀处理的效果二

2. 发流方向的调整方法

　　发流方向可以是头发自然的流向，也可以是通过吹风造型而产生的头发动态方向，而发流方向的调整就是利用自然流向的头发来制造出许多短发向长发逐渐过渡的组合来进行的调整。在取出的发束中，剪刀下刀方向和位置决定着发束中由短到长的方向，从而调整发型的动态方向。单一的具有方向的发束，其动态方向的效果是不明显的；但如果是大面积、一致方向的发束，所产生的动态方向效果是明显的，更加便于造型的变化。

　　（1）靠近发尾的浅度处理

　　此法适用于较长的头发，是在发束中制造出的长发与短发都没有支撑力的情况下所产生的柔化发尾和长压短走的动态方向。如图2—46、图2—47所示。

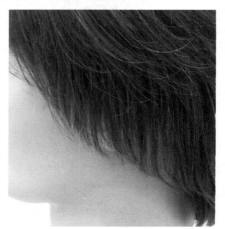

图2—46　浅度修剪　　　　　　　　　　图2—47　完成效果

　　（2）靠近发根的深度处理

　　此法所制造出的发束长发没有支撑力，而短发却有支撑力。在这种情况下产生的是短推长的动态方向，可体现出纹理的线条感。如图2—48、图2—49所示。

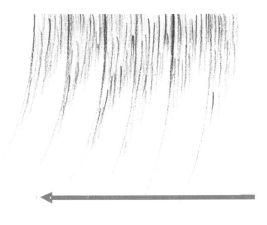

图2—48 深度修剪   图2—49 完成效果

（3）牙剪调整方法

在不同的取份内用牙剪可制造出许多个细小、长短不一的层次结构，从而制造出轻薄细腻的纹理。

1）水平递减处理。可以柔化发尾，由下剪的位置向发尾逐渐加大发量的去除，可以起到长发收缩轮廓厚度、短发减轻发量但膨胀轮廓厚度的效果。如图2—50所示。

2）斜向递减处理。可制造出具有方向感的柔化纹理。短发可产生明暗的效果，长发可以调节头发的纹理走向，可产生不同的动态方向。如图2—51所示。

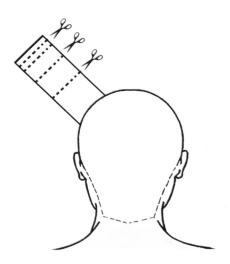

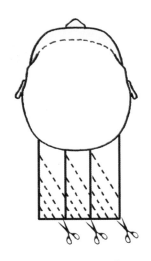

图2—50 水平递减处理   图2—51 斜向递减处理

（4）剪刀的调整方法

对发型动态方向的调整，同时也是对发型纹理的缔造。修剪时取出的发束以方形为主，剪刀下刀的方向可分为8类（见图2—52）。

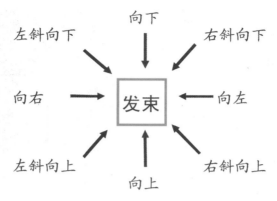

图2—52　剪刀下刀的方向

1）向上的动态方向。适合中等长度以下的头发，发束中短发对长发的支撑力产生发尾向内扣的动态方向，下刀位置越靠近发根，动态方向越明显（见图2—53、图2—54、图2—55）。

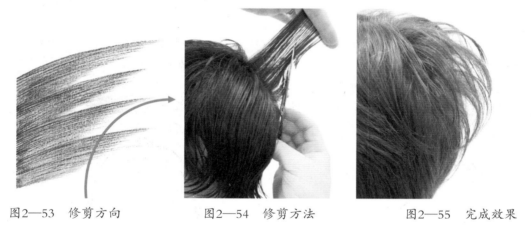

图2—53　修剪方向　　　　　图2—54　修剪方法　　　　　图2—55　完成效果

2）向下的动态方向。适合中等长度以下的头发，发束中短发对长发的支撑力产生发尾向上翘起的动态方向，下刀位置越靠近发根，动态方向越明显（见图2—56、图2—57、图2—58）。

图2—56　修剪方向　　　　　图2—57　修剪方法　　　　　图2—58　完成效果

3）倾斜向下的动态方向。适合中等长度以上的头发，可以从左上角或右上角下刀，是以发束中短发向侧向下对长发产生短推长走、比较自然的动态方向，下刀位置越靠近发根，动态方向越明显（见图2—59、图2—60、图2—61）。

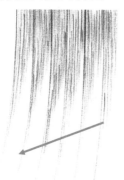  

图2—59　修剪方向　　　图2—60　修剪方法　　　图2—61　完成效果

4）倾斜向上的动态方向。适合中等长度以上的头发，可以从左下角或右下角下刀，是以发束中短发向侧向上对长发产生短推长走、倾斜内扣的动态方向，下刀位置越靠近发根，动态方向越明显（见图2—62、图2—63）。

图2—62　右下角修剪方法　　　　　图2—63　左下角修剪方法

5）向左或向右的动态方向。适合中等长度以上的头发，是以发束中短发向左或向右对长发产生短推长走的动态方向，强化发尾的走向，下刀位置越靠近发根，动态方向越明显（见图2—64、图2—65、图2—66、图2—67）。

图2—64　向左的修剪方向　　　图2—65　向左的修剪方法

图2—66 向右的修剪方向   图2—67 向右的修剪方法

6）左右活动的动态方向。适合中等长度以上的头发，是把取出的发束修剪成笔尖样的束状形状，产生可以左右活动的动态方向，下刀位置越靠近发根，左右活动的动态方向越明显（见图2—68、图2—69）。

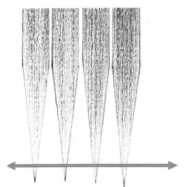

图2—68 修剪方向   图2—69 修剪方法

3. 层次结构与纹理结构的关系

下面对不同深度的纹理处理带来的不同视觉感受进行分析（见图2—70、图2—71、图2—72、图2—73）。

图2—70 不做纹理调节的头发整   图2—71 靠近发尾做纹理调节的头发整
        体呆板厚重   体比较柔和

图2—72　靠近发中做纹理调节的　　　　图2—73　靠近发根做纹理调节的头
　　　　　头发整体轻盈有动感　　　　　　　　　　　发整体凌乱有张力

　　从上面的图片可以了解纹理变化所产生的效果，这说明纹理如果处理不好可能会破坏修剪好的层次框架。纹理与层次结构存在相互依存、不可分割的关系，调节纹理时可能会因为去除部分发量而改变修剪好层次后的发型轮廓。所以在修剪发型时必须要协调好层次修剪和纹理缔造两者之间的因果关系，整体考虑去除发量对层次结构可能产生的影响。

第2节　造型

学习单元1　发型造型特点与手法

▶ **学习目标**

能够综合运用各种造型手法和技巧设计制作各类发型

▶ **知识要求**

在剪、吹、烫后，对头发进行细化的形状打理称为造型，包括产品打理、吹风、梳理、盘包等造型方式。造型可细分为生活类、宴会类、新娘类、舞会类、舞台类、民族类、商业类、艺术类等。

生活类发型。其特点是简单自然、实用大方，尽量减少琐碎复杂的设计，发型形状较传统、不夸张。此类发型要根据客户的年龄、职业等进行设计。

宴会类发型。此类发型是专为出席宴请或晚会、社交场合而设计的发型。在设计时要配合个人的气质、宴会的主题，同时结合新古典（新古艺术并用）造型理念塑造出顾客的高贵典雅。

新娘类发型。此类发型要展现新娘最美丽的形象，加以鲜花或饰物做搭配，营造出喜庆的气氛。在设计造型时宜用柔和手法，可稍夸张，最好能与众不同，但不能过于繁复和怪异。因要配合摄影录像的需要，所以造型要有立体的效果，给人以纯洁秀丽、端庄大方的感觉。

舞会类发型。此类发型是专为参加舞会和社交等活动而设计的发型。这种造型应以表现活泼、浪漫、炫耀、夸张等效果进行操作。

舞台类发型。此类发型按表演的主题进行设计，配合服装、化妆、个性、摄影录像等，在造型上以正面为主，要增加发型高度，同样可稍做夸张，但有时简单时尚的发型也同样合适。

民族类发型。此类发型是具有民族特点的发型，如日本包髻、法国盘髻、中国苗族包髻、中国新疆维吾尔族多辫子造型等。

商业类发型。此类发型是按个性的需要而设计的时尚发型。随着时代的进步，商业性的发型需求越来越多。商业发型的设计要从客户的角度去考虑，根据客户的需求和特点去设计。

艺术类发型。以比赛发型为代表，造型、颜色、形状要夸张和创新，要与服装、化妆、假发及头饰搭配，是极具观赏性的发型。

造型是美发的最后一道工序，是运用造型工具，使头发按照设计的发式要求成型的过程。发式成型效果，虽然与头发的长短、层次结构、纹理形态有着密切的关系，但最终也体现在造型技巧这一工序之中。造型的方法和技巧在初、中、高级培训教程中均有详细说明，这里只进行简单的技术归纳。

在现代造型过程中，一般都要经过4个步骤的技巧运用才能完成整个造型，包括：工具造型技巧、梳理造型技巧、固定造型技巧、徒手造型技巧。这4个造型技巧在实际运用中缺一不可。在造型时，因造型所要表现的效果不同，常常会着重于某两个技巧的运用，而另外两个技巧只是作为辅助手段，但如果遗漏或忽视这两种技巧的运用，对发型最终的完整性也会产生较大的影响。

一、工具造型的方法和技巧

工具造型是造型的第一步骤。通过改变发丝的形状来改变发型的整体形状，需要运用不同工具和使用技巧。在实际操作中，可以选择不同的造型工具来控制头发的长短和方向，从而改变发型的形状和调整发丝的流向。比如，做直发可以用吹风机吹直，也可以用夹板夹直；做卷发可以用吹风机吹卷，也可以用电棒做卷。无论运用什么工具，最终需要的效果才是选择工具的关键。根据不同的造型选择不同的工具，并正确合理地运用工具，才能制作出完美的效果。吹风造型作为一种工具造型最常用，也是最具技巧性的造型方法。

1. 吹风造型的技术要点

吹风造型是在吹风机与梳子的配合下进行的。吹风造型时的温度、角度、距离、时间也有一定的技巧性，主要有以下几点：

（1）选择合适的发梳

吹风机必须与发梳配合，才能吹出完美的效果，而不同的发型需要不同的发梳。

1）长发。可选用大号的天然猪鬃毛圆滚梳，其可有效保存热量，有助于拉直头发和吹卷头发，能让热风更快更均匀地吹送至头发，也可令不受控制的发丝顺服。滚梳的大小也可根据头发的长度和设计的卷曲度来选用。

2）中长发。可选用中号的天然猪鬃毛圆滚梳，也可根据头发的长度和设计需要来选用其他大小的滚梳或排骨梳。

3）短发。可选用排骨梳，也可根据头发的长度和设计需要来选用小号的天然猪鬃毛圆滚梳。

（2）正确掌握送风的角度

在吹发根时，吹风机口应与头皮平行并与头发保持一定距离，这样可以避免高温对头皮的伤害。

在吹发中及发尾时，吹风机口应大于头皮角度，这样可以完全避免高温对头皮的伤害；吹风机口与头皮保持一定角度，还可使热风全部吹在头发上，使头发容易成型。如图2—74、图2—75、图2—76所示。

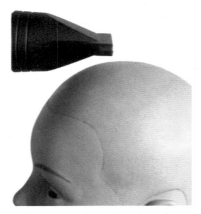

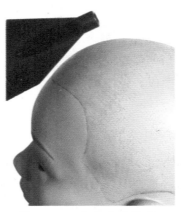

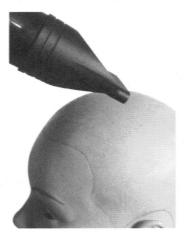

图2—74　平行于头皮的角度（正确）　　　图2—75　大于头皮的角度（正确）　　　图2—76　小于头皮的角度（错误）

（3）正确掌握送风的时间

吹风时的送风时间要根据发质、发丝卷曲形状而定。时间要恰到好处，过长会使头发僵硬而失去自然状态，过短则发丝不能成型和持久。

（4）充分冷却

因为头发受热后延伸性会增强，从而改变头发的方向和曲直，并且在一定时间内头发仍保持在温暖的状态，任何细微的活动如换衣服、头部的转动或微风的吹过，甚至头发本身的重量，都会使刚吹好的发型变样。所以当吹出理想的发型后，用冷风冷却头发可起到"凝固"的作用，达到持久的效果。要维持理想的发型，冷却过程必不可缺。

（5）左右手的配合

吹风时，左右手要能灵活使用吹风机与梳子。一般情况下，站在顾客左边则左手拿吹风机，站在顾客右边则右手拿吹风机。吹风机不能在一个部位停留时间过长，要随时调整吹风的方向和角度。

（6）吹理的顺序

吹理的顺序为：从后向前、从下向上，最后吹刘海。

（7）发型的轮廓控制

靠近发际线的头发（刘海除外）要自然服帖；发际线以上周边发区的头发要自然蓬松，蓬松的程度要根据脸形的宽窄而变化；顶部区域要圆润饱满，头发的高低要根据脸形的长短而变化。

（8）发丝的控制

1）吹发根：牢固度的控制。

2）吹发中：蓬松度的控制。

3）吹发尾：光洁度的控制。

（9）吹风造型的操作程序和方法

1）适当吹干头发。

2）分区、分头路。

3）吹梳后部头发。

4）吹梳两边头发。

5）吹梳顶部和刘海头发。

6）吹梳周围轮廓。

7）检查修整。

8）定型。

2. 直发吹风技巧

吹风机与排骨梳的配合适用于直发或卷发吹直，可以用来改变头发的形状和轮廓。通过发梳不同的使用技巧，可有效地控制发根的立起度、发中的蓬松度及发尾的光洁度，从而吹塑出更鲜明的立体感和层次感。

（1）翻

翻作用于整个发丝，强调发丝的流向。

1）外翻。用于吹理发尾，呈外翘效果。如图2—77、图2—78所示。

图2—77　操作方法　　　　　　　　图2—78　完成效果

2）内翻。用于吹理发尾，呈内扣效果。如图2—79、图2—80所示。

图2—79　操作方法　　　　　　　　图2—80　完成效果

（2）压

压作用于发中，可改变发丝的走向。发梳压的高低决定膨胀度的大小。如图2—81、图2—82所示。

图2—81　操作方法　　　　　　　　　图2—82　完成效果

（3）推

推作用于发根，用来改变发根的走向，使发根直立有弹性。如图2—83所示。

原来效果　　　　　　　　操作方法　　　　　　　　完成效果

图2—83　推的示意图

（4）刷

梳子在发区上来回刷，用于压低发区的膨胀度并改变头发的整体流向。如图2—84、图2—85所示。

图2—84　操作方法　　　　　　　　　图2—85　完成效果

（5）拉

由发根送风至发尾，多用于吹干并拉直长发。

1）吹发根：可以控制头发的蓬松度（见图2—86）。

2）吹发尾：可以控制头发的方向感（见图2—87）。

图2—86　吹拉发根

图2—87　吹拉发尾

3. 卷发吹风技巧

吹风机和圆滚梳的配合适用于卷发或直发吹卷，可吹塑出卷曲的纹理。卷曲头发就是运用圆形的工具，例如圆滚梳、电热棒等改变发丝的形状来塑造的。在不同方向和位置使用圆形工具，可以产生不同的卷曲效果，制作出不同的发型。

（1）滚梳水平运动（见图2—88、图2—89）。

图2—88　操作方法

图2—89　完成效果

（2）滚梳垂直运动（见图2—90、图2—91）。

图2—90 操作方法

图2—91 完成效果

（3）滚梳斜向运动（见图2—92、图2—93）。

图2—92 操作方法

图2—93 完成效果

（4）滚梳旋转运动（见图2—94、图2—95）。

图2—94 操作方法

图2—95 完成效果

4．注意事项

（1）吹风时圆滚梳的排列和方向组合以及取份的大小和角度，可参考烫发设计中的内容。

（2）圆滚梳及电热棒的使用，与烫发设计中讲到的角度与取份的设计原理相同，提升角度大，发根就会直立，发型就越蓬松。

二、梳理造型的方法和技巧

梳理操作是梳理技术和造型技术相结合的艺术，有较强的技术性，发式能否成型、能否符合发型设计的要求、能否持久，都取决于梳理工序。梳理造型是整理发型的必要手段，可根据需要的效果来选择不同的梳理工具和方法。

在实际操作中，头发梳理的方向是多样的，日常生活发型中披散类发型主要是以向下的梳理方向为主，而扎盘类发型的梳理方向是多变的，在这种情况下发型的变化也是多样的。

无论梳理的方向如何变化，都可分为顺梳和倒梳两种。

1．顺梳的方向和技巧

顺梳就是由发根梳向发尾的梳理技巧。梳理的方向包括直线方向和曲线方向两种。

（1）直线方向

直线方向是刚性线条的表现方式，多用于直发类发型。其又可分为以下三种：

1）水平方向。向前或向后梳理头发（见图2—96）。

2）垂直方向。向上或向下梳理头发（见图2—97）。

3）倾斜方向。斜向前或斜向后梳理头发（见图2—98）。

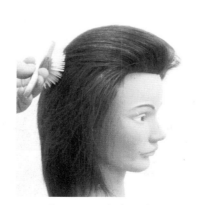

图2—96　水平方向　　　　图2—97　垂直方向　　　　图2—98　倾斜方向

（2）曲线方向

曲线是动感极强的线条，它包含的空间和容量是多样的，是线条柔美的体现。可分为以下三种：

1）C形方向。C形曲线给人以年轻、朝气、轻快、活泼的感觉。如图2—99所示。

图2—99　C形方向

2）S形方向。S形是由正反两个C形的连接所组成的，S形曲线给人以流畅、含蓄、高贵、圆润的感觉，在传统长波浪的梳理和大赛发型吹塑中最为常用。如图2—100所示。

正C形梳理　　　　　　　　　反C形梳理　　　　　　　　完成效果

图2—100　S形方向

3）旋涡曲线。给人以华丽、迷人的感觉，常用在艺术类发型中。如图2—101、图2—102所示。

图2—101　旋涡曲线示例一　　　　　　图2—102　旋涡曲线示例二

2. 倒梳的作用和技巧

（1）倒梳的作用

倒梳就是由发尾或发中梳向发根的梳理技巧。倒梳打毛技巧是把一个发区的头发分成若干片进行打毛，是盘梳造型的基本技巧。打毛时运用倒梳的手法把发片中的短发反方向压向发根，来制造出蓬松的效果，以便于头发的固定和造型。倒梳打毛技巧在造型上的运用十分广泛，倒梳的作用有以下几点：

1）软化头发，消除头发本身的"弹力"和"重量"。

2）使头发产生一种具有膨胀感的立体效果。

3）改变头发的流向，使发根更有支撑力。

4）更容易使松散和分开的头发聚在一起，连成一片。

5）能在视觉上增加发量。

（2）倒梳的技巧

倒梳打毛的基本手法有均匀倒梳法和局部倒梳法两种。

1）均匀倒梳法是把发片从发根到发尾都均匀地打毛，多用于发片的造型处理。如图2—103所示。

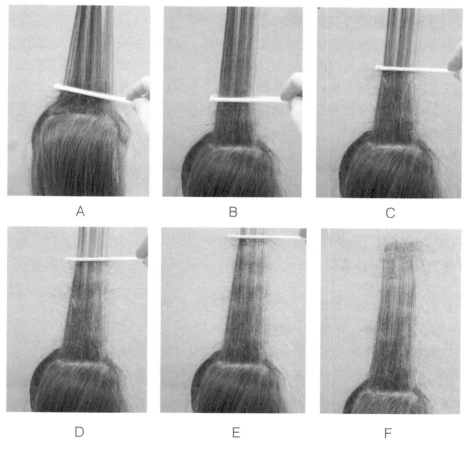

图2—103　均匀倒梳法示意图

2）局部倒梳法是在发片的局部位置上进行打毛。打毛的位置可以在发根，来增加头发的牢固度和蓬松度，也可以在发尾或发中。如图2—104、图2—105所示。

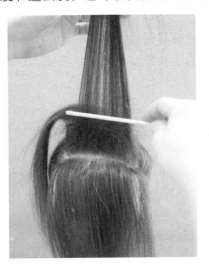

图2—104　发根局部倒梳

图2—105　完成效果

三、固定造型的方法和技巧

当发型基本造型完成后还需要对造型进行固定，这样才能更好地保持发型的形状。固定造型的方法很多，发胶可以固定梳理好的发型发式；发蜡可以在固定头发的同时，体现发型的纹理走向和发束感；夹针可以在盘发中用来固定梳理好的头发形状。这些都是固定造型的用品，在造型时要根据需要来选择相应的用品，固定造型方法的对错会直接影响发型的效果和持久性。

1．发型固定方法

造型产品会在头发上形成一层保护膜，可使头发保持效果理想和持久的发型。在选用造型产品时要根据发质、发型选择相应的造型产品，如定型的、体现纹理的、保湿的等。造型产品选择不当，做出来的发型便会像石膏雕塑般坚硬，或者起不到定型的效果。

（1）喷洒类造型产品使用技巧

均匀地施放是喷洒类造型产品使用的关键，以距头发20～30厘米少量多次地喷洒为好。

此类造型产品有发胶、啫喱水、喷发油等（见图2—106）。

1）发胶适用于干发，有直观、较强的定型作用。

2）啫喱水适用于干发或半干发，起定型和体现纹理的作用。

3）喷发油适用于干发或半干发，起体现纹理的作用。

图2—106　喷洒类产品使用

（2）涂抹类造型产品使用技巧

局部均匀、少量多次地施放是膏状造型产品使用的关键。使用时，可先在手掌上抹开，再涂进头发里，由内向外涂抹在头发的发中和发尾上，但不适合涂抹在发根上（特殊要求除外）。涂放时可以与徒手造型相配合，运用在短发和中长发上。短发可以加强头发的支撑力，体现头发的束状感；中长发可以体现发丝的流向、强化纹理的线条。此类产品有摩丝、膏状啫喱、发蜡等（见图2—107、图2—108）。

1）摩丝、膏状啫喱适用于干发或湿发，能加强头发的纹理感并有一定的定型作用。

2）发蜡可分为有光发蜡和哑光发蜡两种，适用于干发，是常用的造型产品，能加强头发的纹理感并有一定的定型作用。

①有光发蜡适用于皮肤黑、面相刚强、体形魁梧的人。

②哑光发蜡适用于皮肤白净、长相文雅、眉目清秀的人。

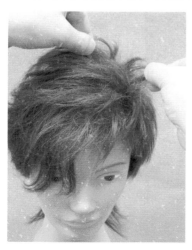

图2—107　涂抹方式一　　　　　　　图2—108　涂抹方式二

2. 夹针固定方法

用夹针固定头发是盘发造型中最常用的固定头发的方法。单个夹针起到的固定作用是有限的，多个夹针的组合运用是牢固地固定头发造型的关键。

（1）十字对夹用来固定一小片头发，可以避免发片左右滑落。如图2—109所示。

（2）井字夹用来有效地固定收紧大片区域的头发。如图2—110所示。

（3）十字连环夹用来固定大片区域的头发。如图2—111所示。

图2—109　十字对夹　　　　　图2—110　井字夹　　　　　图2—111　十字连环夹

注意：U形夹主要用来暂时固定头发，是配合发夹使用的，同时它还可以用来改变发束及发尾的方向，盘发时要注意U形夹和发夹的配合使用。

3. 橡皮筋固定方法

用橡皮筋固定头发是束发造型中最常用的固定头发的方法。正确的使用方法是：把两个夹针穿在橡皮筋上，一根夹针插入梳好的发束根部，然后在发束根部缠绕橡皮筋，最后把另外一根夹针插入发束的根部。使用这样的方法，在拆除橡皮筋的时候也十分方便，只要把夹针抽出来即可。如图2—112所示。

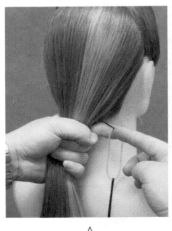

A　　　　　　　　　　　　B　　　　　　　　　　　　C

图2—112　橡皮筋固定方法示意图

四、徒手造型的方法和技巧

徒手造型是指对基本成型的发型进行细化的调整或在盘束造型时编、卷的制作，能使发型最终的造型更精致、更美观。徒手造型的手法很多，凡是运用手的技巧来打理发型形状的，都可称为徒手造型。在造型时徒手造型是需要手法与定型方法（包括发品定型和吹风定型）配合使用的。下面就列举一些徒手造型的手法。

1. 手指造型的手法

常用的手法有梳理、拎拉、揉、压、拧、抓。

（1）梳理

梳理是指以手指做梳理，顺着发丝制造粗线条纹理线条。如图2—113所示。

用手指梳理　　　　　　进行细节调整　　　　　　完成效果

图2—113　梳理手法示意图

（2）拎拉

拎拉是指用手拉出头发，以调整发型轮廓和发丝流向。如图2—114所示。

原来发型　　　　　　进行细节调整　　　　　　完成效果

图2—114　拎拉手法示意图

（3）揉

揉是指手呈弓形顺发流做旋转运动，并随时送风。此方法可膨胀轮廓，制造较凌乱的发丝流向。如图2—115、图2—116所示。

图2—115　手指旋转运动

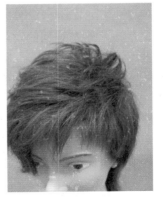

图2—116　完成效果

（4）压

压是指用手压住头发，起收缩轮廓并固定发丝流向的作用。如图2—117所示。

原来发型

压缩调整

完成效果

图2—117　手压示意图

（5）拧

拧是指将发区的头发拧转，并在发杆处送风，可使发丝直立并制造出凌乱的效果。如图2—118、图2—119所示。

图2—118　手指拧转运动

图2—119　完成效果

（6）抓

抓是指手指五指分开抓弯头发并随之送风，再加以造型产品来强化其效果。

1）正抓可以制造膨胀的发根（见图2—120、图2—121）。

图2—120　手指正抓运动

图2—121　完成效果

2）反抓可以制造外翘的发尾（见图2—122、图2—123）。

图2—122　手指反抓运动

图2—123　完成效果

2. 编辫造型的手法

（1）编辫的方法

编辫的方法很多，其原理大同小异，都是利用若干股发束，采用不同交织方法来形成形态各异的交织形状。

1）扭辫（见图2—124）。扭辫也称麻花辫，是将两束头发分别进行扭转，再绞拧在一起而成型。

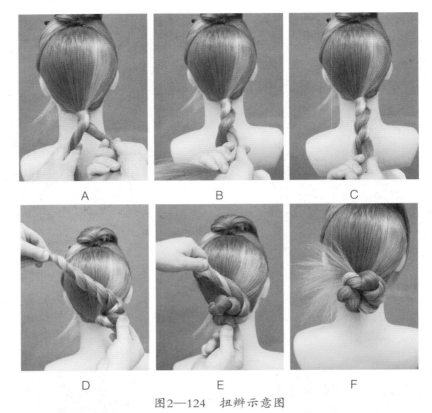

图2—124 扭辫示意图

2）拧辫。拧辫是将一束头发进行拧转造型的方法。固定拧辫需要较高的技巧。拧辫方法分为以下四大类：

①单拧法（见图2—125）。单拧法就是把一束头发拧转后进行造型。

②顺拧法（见图2—126）。顺拧法就是顺着设定好的区域进行拧转造型。

③反拧法（见图2—127）。反拧法就是沿着设定好的区域进行反拧造型，发尾留出。

④拧束法（见图2—128）。拧束法就是把一束头发拧转成束状的造型，发尾可以收起，也可以留出。

图2—125 单拧法

图2—126 顺拧法

图2—127　反拧法

图2—128　拧束法

3）编辫。编辫是用两股以上的发束进行编织，变化较多。发束越多，编织难度就越高。可分为以下三大类：

①单编法。单编法就是按照设定好的编织方法从发根编至发尾，中间不添加或减去头发，可以编织单辫（见图2—129）或多辫（见图2—130）。

图2—129　单辫

图2—130　多辫

②加编法。加编法就是按照设定好的编织方法中间不断地添加头发进行编织。分为双向加编法（见图2—131）和单向加编法（见图2—132）两种。

图2—131　双向加编法

图2—132　单向加编法

③减编法。减编法就是按照设定好的编织方法中间不断地留出发束进行编织。分为双向减编法（见图2—133）和单向减编法（见图2—134）两种。

图2—133　双向减编法　　　　　　图2—134　单向减编法

（2）卷筒的制作

卷筒的种类很多，都是利用发片不同方向的弯曲来制造形态各异的样式，它的作用是用最少量的头发来制造最大的头发体积。

1）层次卷筒。利用一片发片来制造大小两个层次的卷筒。如图2—135所示。

A　　　　　　　　　　　B　　　　　　　　　　　C

图2—135　层次卷筒示意图

2）立卷。制造一个站立的卷筒。如图2—136所示。

A　　　　　　　　　　　B　　　　　　　　　　　C

图2—136　立卷示意图

3）双卷。利用一片发片来制造两个卷筒。如图2—137所示。

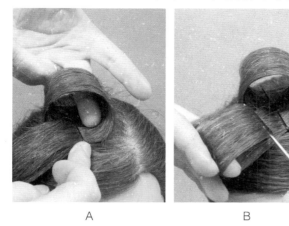 

| A | B | C |

图2—137　双卷示意图

技能要求

前面讲到的造型包括生活类、宴会类、新娘类、舞会类、舞台类、民族类、商业类、艺术类等。生活类的各种造型技法在初、中、高级技能培训教程中有详细的讲解，在技师培训教程中主要对宴会类、舞会类、舞台类的造型进行讲述。

技能1　宴会类造型

一、操作准备（见表2—6）

表2—6　操作准备

序　号	工具用品名	单　位	数　量
1	剪发围布	条	1
2	干毛巾	条	1
3	围颈纸	张	1
4	挑梳	把	1
5	包发梳	把	1
6	发胶	支	1
7	剪刀	把	1
8	牙剪	把	1
9	发夹	只	若干

二、操作步骤（见图2—138）

步骤1　分区。

步骤2　将中心发区的头发编三股辫。

步骤3　将后发区的头发由外向内绕在辫子上。

步骤4　依次将分好的发束绕在辫子上固定。

步骤5　打毛刘海。

步骤6　拧转并固定刘海。

完成效果。

步骤1

步骤2

步骤3

步骤4

步骤5

步骤6

完成效果

图2—138　操作步骤图

三、注意事项

宴会类造型要大方得体、干净整洁，不可夸张、另类。

技能2　舞会类造型

一、操作准备（见表2—7）

表2—7　操作准备

序　号	工具用品名	单　位	数　量
1	剪发围布	条	1
2	干毛巾	条	1
3	围颈纸	张	1
4	挑梳	把	1
5	包发梳	把	1
6	发胶	支	1
7	剪刀	把	1
8	牙剪	把	1
9	发夹	只	若干

二、操作步骤（见图2—139）

步骤1　分区。

步骤2　将中心发区的头发拧转盘卷固定。

步骤3　将前侧发区的头发分成若干束向上拧转。

步骤4　固定在中心发区。

步骤5　前发区完成效果。

步骤6　将后发区的头发分成若干束向上拧转固定。

步骤7　打毛刘海。

步骤8　拧转固定刘海。

完成效果。

步骤1　　　　　　　　　　步骤2　　　　　　　　　　步骤3

步骤4

步骤5

步骤6

步骤7

步骤8

完成效果

图2—139　操作步骤图

三、注意事项

舞会类的发型造型要显得活泼可爱，可以选用镭射类发夹固定头发，在舞会灯光的照耀下发型会更显亮丽。

技能3　舞台类造型

一、操作准备（见表2—8）

表2—8　操作准备

序　号	工具用品名	单　位	数　量
1	剪发围布	条	1
2	干毛巾	条	1
3	围颈纸	张	1
4	挑梳	把	1
5	包发梳	把	1
6	发胶	支	1
7	剪刀	把	1
8	牙剪	把	1
9	发夹	只	若干

二、操作步骤（见图2—140）

步骤1　模特原发型。

步骤2　从头顶处分出一区头发。

步骤3　将头发顺时针拧转并用夹针固定。

步骤4　将左侧的头发向上向前拧转并固定。

步骤5　将右侧的头发向后向上拧转并固定。

步骤6　将左侧头发的发尾在前额处做出向上的束状刘海。

步骤7　将右侧头发的发尾做出向前的束状发花。

步骤8　将后发区上部的头发向上拧转并固定。

步骤9　将头发的发尾做出向上的束状发束。

步骤10　将后发区右下部的头发向上拧转固定并将发尾做出束状发花。

步骤11　将后发区左下部的头发向上拧转固定并将发尾做出束状发花。

完成效果。

步骤1

步骤2

步骤3

步骤4

步骤5

步骤6

步骤7

步骤8

步骤9

步骤10

步骤11

完成效果

图2—140 操作步骤图

三、注意事项

舞台类发型造型可以适度地夸张，发型的线条可以做有序的凌乱处理，发型的内外轮廓必须相协调。

学习单元2　发饰品的制作与运用

⊙ 学习目标

掌握各类发饰品的制作方法和技巧

⊙ 知识要求

一、发饰品的分类

发饰品可分为真发饰品和装饰饰品两大类。

1. 真发饰品所用的材料是真发，用真发制作的头发饰品能与顾客本身的头发完美地融合，填补发型的缺陷和不足，达到以假乱真的效果。

2. 装饰饰品所用的材料繁多，如羽毛、绸带、亮片、亮粉、纱网、铁丝、玻璃等。

二、发饰品的作用

1. 真发饰品

因为真发饰品与顾客本身的头发材质一样，可以完美而巧妙地与真发融合在一起，填补发型的缺陷和不足，达到以假乱真的效果。

2. 装饰饰品

装饰饰品不但可以填补发型的缺陷和不足，还可以为发型增加视觉亮点。小范围的运用，可以为体现发型特点和美感起到画龙点睛的作用；大范围的运用，可能会掩盖发型本身的特点和细节。

三、发饰品的制作方法与运用范围

1. 发饰品的制作方法

（1）发饰品零件的塑形方法

1）修剪塑型。根据饰品的设计形状对真发材料或饰品材料进行修剪，以符合饰品设计的大小或长短要求。如图2—141所示。

原型

初步修剪

修剪成型

图2—141　修剪塑型示意图

2）梳理塑型。根据饰品的设计形状对真发材料或饰品材料进行梳理和定型，以符合饰品的设计要求。如图2—142所示。

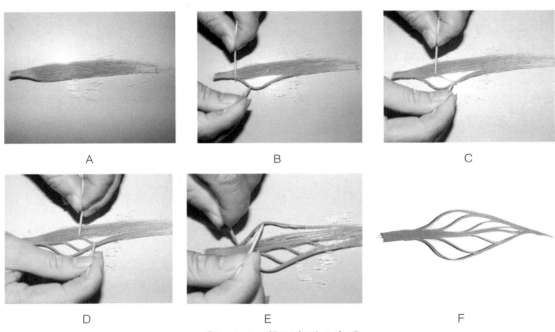

图2—142　梳理塑型示意图

（2）发饰品零件的拼装方法

1）黏结法。黏结法是指运用物理黏合剂或化学黏合剂对饰品零件进行黏合的方法。热溶胶是常用的物理黏合剂，502胶水是常用的化学黏合剂。如图2—143所示。

2）扎结法。扎结法是指运用绳线的缠绕扎结对饰品零件进行扎结的方法。细铁丝或细棉线是常用的扎结材料。如图2—144所示。

图2—143　黏结法　　　　　　　　图2—144　扎结法

2. 发饰品的运用范围

发饰品在发型中的运用范围很广，例如，生活类发型中常用的发卡、发箍；盘束类发型中常用的鲜花、小皇冠、小礼帽；观赏类发型中特别制作的以体现发型美感的饰品等。生活类和盘束类型的发饰品在普通的商品市场都可以购买到，而观赏类发型因其独特性，其发饰品也会因发型的不同而需要进行独特的设计，这就需要自己动手制作发饰品。

（1）在生活类发型中的运用

生活类发型中发饰品的运用，以简单、明快、实用为特点，饰品使用具有单一性，如各种花式发卡、发箍、绸带丝巾等。使用时要避免多种饰品的叠加。如图2—145所示。

（2）在盘束类发型中的运用

盘束类发型中发饰品的运用，以高雅、大方、美观为特点，饰品使用具有多样性，如羽毛、鲜花、纱网等。常用1～2种饰品进行搭配组合使用，使用时要注意色彩的协调和统一。如图2—146所示。

（3）在观赏类发型中的运用

观赏类发型中发饰品的运用，以夸张、美观、瞩目为特点，饰品使用具有多样性和伸展性，可以使用任何可用的材料进行多样的搭配组合使用，色彩变化丰富，但要注意节奏的变化。用头发制作的发饰品可以假乱真，更具艺术感染力。如图2—147所示。

图2—145　在生活类发　　　　图2—146　在盘束类发　　　　图2—147　在观赏类发
　　　　　　型中的应用　　　　　　　　　　型中的应用　　　　　　　　　　型中的应用

技能要求

技能　用真发制作玫瑰花饰品

一、操作准备（见表2—9）

表2—9　操作准备

序　号	工具用品名	单　位	数　量
1	漂染扎结好的发束	条	若干
2	啫喱膏	支	1
3	电棒	把	1
4	挑梳	把	1
5	玻璃板	块	1
6	胶枪	把	1
7	剪刀	把	1
8	牙剪	把	1

二、操作步骤（见图2—148）

步骤1　把上好啫喱膏的发束向一侧梳开、压平。

步骤2　用梳子整理好形状、晾干（需要6~8片）。

步骤3　用小号电棒卷出花蕊形状。

步骤4　完成效果。

步骤5　用小号电棒卷出花瓣形状。

步骤6　与花蕊进行黏合。

步骤7　继续进行花瓣制作和黏合。

步骤8　外部用中号电棒卷出花瓣形状，进行黏合。

完成效果。

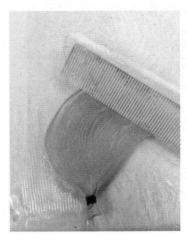

步骤1　　　　　　　　　步骤2　　　　　　　　　步骤3

步骤4

步骤5

步骤6

步骤7

步骤8

完成效果

图2—148　操作步骤图

三、注意事项

1. 玫瑰花瓣所用的发片中间小，向外逐渐放大。

2. 制作玫瑰花瓣的发片中间立起，向外逐渐散开。

学习单元3 假发配合真发造型

▶ 学习目标

了解各种类型假发的特点
掌握假发配合真发造型的方法和技巧

▶ 知识要求

假发凭借其造型快、容易梳理、易摘戴和取材于真发的绝对优势，在发型造型艺术中被广泛应用。现代的假发和传统的假发有所不同，传统的假发材料大多以尼龙化纤为主，式样也比较单一，以整体套头为主；而现代的假发大多以真发为主，可吹可洗，使用方式以局部嫁接为主，式样繁多，颜色有深棕、浅棕等时髦色，造型也十分时尚，尤其是韩式的空气烫长卷发、假刘海作为一种扮靓工具被很多女孩子所喜爱。如今喜欢戴假发的人士越来越多，是因为假发有以下特点：

第一，假发款式多变，颜色亮丽。

第二，假发质地精美，越来越逼真，也更人性化。

第三，假发可节省打理头发、转换发型的时间。

第四，假发造型不伤发质。

第五，假发可以反复利用，任意修改。

另外，脱发或头发稀疏的人也常通过假发使自己的头发看上去较浓密，其中一些局部假发就是专为局部脱发的人而设计的。

一、假发的分类

假发在发型设计方面使用广泛，用以弥补有些造型对头发的额外需求，比如夸张夸大某种效果的造型，或头发长度量感不足、需要某种色彩的临时搭配等时，都会运用假发来补充造型所需。了解并巧妙运用假发，可使造型效果完美表达，是专业发型师必需的技艺。

1. 填充类

填充类假发在盘发中需要起大的支撑作用时使用，填充的假发要全部隐藏，不露填充痕迹。这类填充物大多是由剪下的头发或其他化学纤维加工而成的。

2. 塑形类

成品类的塑形假发，形状大多为锥形、圆条形、环状、体积大和可变性是其主要特点。这类假发大多是成品，也可自制，用于超大体积的盘发造型，与真发相互融合，不需要全部隐藏。

3．造型类

造型类假发同样是制成品。这类假发大多用于弥补真发的发量不足和长度不够。这类假发大多块面较大，分直发和卷曲发两类。

4．接发类

这类假发在生活中常用，可增加头发长度、量感和增加头发的装饰色彩。接发类假发多为束状、片状。

二、假发配合真发造型的方法和技巧

1．延伸隐藏法

延伸隐藏法是把假发用卡扣固定、钳接固定或绳接固定的方法固定在真发里面，达到延伸头发长度或改变头发局部颜色的效果，适用于日常造型。

2．堆积隐藏法

堆积隐藏法是把假发运用堆积固定、延伸固定的方法固定在真发上面，达到增加头发高度或改变头发局部颜色的效果，适用于舞台造型。

3．点缀凸显法

点缀凸显法是把用假发制作的发饰品运用在真发造型上面，达到点缀造型效果、丰富造型色彩的目的，适用于晚会造型。

三、假发配合真发的造型

1．舞台类假发的运用

在舞台秀场上，假发在频繁出现的蓬松凌乱、极具视觉冲击力的夸张发型中的作用是功不可没的。如图2—149、图2—150、图2—151所示。

图2—149　舞台类假发造型一　　图2—150　舞台类假发造型二　　图2—151　舞台类假发造型三

2．比赛类假发的运用

比赛用假发可增加发型艺术线条的延伸，填补发型的造型缺陷，制造夸张的艺术效果。如图2—152、图2—153、图2—154所示。

图2—152　比赛用假发造型一

图2—153　比赛用假发造型二

图2—154　比赛用假发造型三

技能要求

技能　大赛类假发的运用

一、操作准备（见表2—10）

表2—10　操作准备

序　号	工具用品名	单　位	数　量
1	漂染好的发束	条	1
2	漂染好的发片	条	2
3	发胶	瓶	1
4	发油	瓶	1
5	挑梳	把	1
6	U形针	个	若干
7	夹针	个	1
8	剪刀	把	1

二、操作步骤（见图2—155）

步骤1　吹塑好的大赛创意发型。

步骤2　漂染好的发片需要添加的位置。

步骤3　运用漂染好的发片制作出的晚宴造型。

步骤4　将发片固定在前额，分成大小两束。

步骤5　将大束发片做大卷固定，发尾拉向头顶。

步骤6　将小束发片做小卷固定，发尾留出。

步骤7　用留出的发尾做中卷固定，多余的头发藏在大束下面。

步骤8　把发花和发片固定在头顶部。

步骤9　将发片围绕在发花根部。

步骤10　打散发花。

步骤11　将大束和头顶发片的发尾固定在后脑部。

步骤12　将发片固定在后颈部。

步骤13　发片围绕在发花根部固定，发尾留出。

步骤14　后颈部完成效果。

完成效果。

步骤1

步骤2

步骤3

步骤4

步骤5

步骤6

步骤7　　　　　　　　　　步骤8　　　　　　　　　　步骤9

步骤10　　　　　　　　　步骤11　　　　　　　　　步骤12

步骤13　　　　　　　　　步骤14　　　　　　　　　完成效果

图2—155　操作步骤图

三、注意事项

1. 真假发的色彩要统一。

2. 假发的固定位置要不露痕迹。

3. 最后要用剪刀将多余的头发修剪干净。

第3节　漂、染发

◉ **学习目标**

能够运用多种漂、染发技术渲染出多层次发色，增强发型的时尚感

◉ **知识要求**

一、各种漂、染发技巧及特点

只有了解各种漂、染发技巧所适用的范围，才能准确地使用这些技巧，让漂、染发技巧表现在最适合的位置，使之相互配合制作一个漂亮的发型。

1. 斜线式片染法

斜线式片染是在水平的长弧形分区内进行的斜线分片染发，能表达高层次发型的自然感。染发时分片的方向应该与发流的方向相反，如发流的方向往前垂落时，分片就要从前往后，这样才能明显呈现挑染的部分。总之，斜线式片染法是根据发型的需要在不同的角度挑出发片染发。如图2—156、图2—157所示。

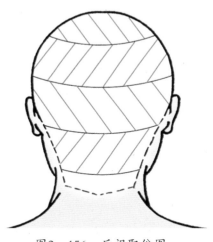

图2—156　后视取份图　　　　　　　　图2—157　侧视取份图

2. 放射式片染法

放射式片染是以顶部为中心来表现发型的圆弧度的，适合多种发型，如齐长发式、BOB式等。在分区时要找到顶部头发的生长方向，进行上尖下宽分区。要注意顶部的挑染距离至少要超过1厘米。如图2—158 、图2—159所示。

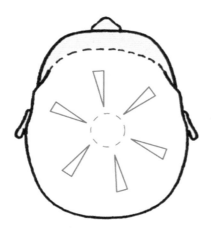
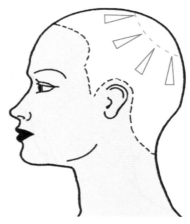

图2—158 后视取份图   图2—159 侧视取份图

3. 人字形片染法

这种染法比较适合中短发，从头顶部以十字形把头发分为4个区域，在头顶部位保留薄薄的一层不染，在下面以人字形片染形式依次交叉往下染。这种染法是以最少的挑染达到最多的挑染效果。如图2—160、图2—161所示。

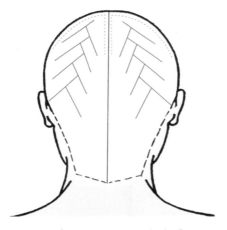
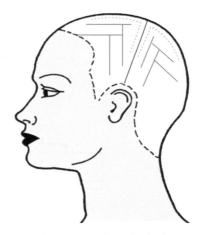

图2—160 后视取份图   图2—161 侧视取份图

4. Y字形片染法

Y字形片染是指把头发从后面分为左右两个部分，从枕骨下以所需的角度交叉地以Y字形呈片状往顶部染，刘海根据层次高低以斜片形式染色。Y字形片染把明显的颜色隐藏在里面，这样即使染了较另类的颜色，也不会感到很明显，比较适合多数顾客使用。如图2—162、图2—163所示。

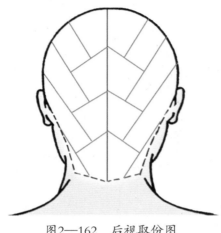

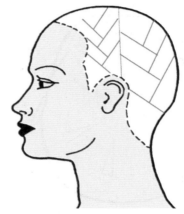

图2—162　后视取份图　　　　　　　　图2—163　侧视取份图

5．段染上色技巧

段染就是在头发上进行分段上色，以达到所需的效果，所染的颜色不同，所产生的效果也不同。

（1）过渡色的染色技巧

此法用于在头发的发根、发中、发尾上分别染由深到浅的颜色。

方法：先将头发漂浅至9级，然后把头发分成若干片，先在头发的中部用中度色半永久染膏，再在根部用深色永久性或半永久染膏，上色时两种色彩要有一点交融，最后统一再漂浅发尾。如图2—164所示。

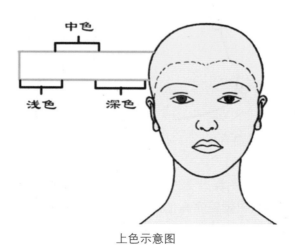

上色示意图

先涂抹发中　　　　　　　　　　再涂抹发根　　　　　　　　　　完成效果

图2—164　过渡色的染色示意图

（2）双向过渡（光照色）的染色技巧

此法对裸露在头顶周边的头发进行分段染色，浅色的头发存在于两段深色之中并逐渐向深色过渡，好似光照效果。适合较低层次结构的发型。如图2—165、图2—166所示。

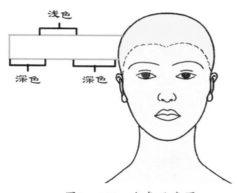

图2—165　上色示意图　　　　　　　　　图2—166　完成效果

6.　发束扎结染色技巧

此法适用于发尾的染色，是将头发分块进行发束扎结，特意不染发根，对留出的发尾进行漂色或染色处理，达到看似染发后两三个星期又生长出新发来的效果，可产生自然柔美、阴影般的效果。如图2—167、图2—168所示。

图2—167　发束扎结图　　　　　　　　　图2—168　完成效果

7. 沐浴染色技巧

（1）洗发沐浴法

洗发沐浴法是将色膏与洗发水混合，以洗发的方法在漂浅的头发上染浅色色调。要注意当达到所需颜色时应及时冲水。如图2—169所示。

原发色　　　　　　　　　上色　　　　　　　　　完成效果

图2—169　洗发沐浴法示意图

（2）冲淋沐浴法

做白发时，先将原发色退浅至9～10度，在清水中兑入一点点蓝紫色的半永久染膏，调开，变成浅蓝紫色的液体，用这种液体冲洗头发多次，来对冲头发上的黄色调，直到接近白色即可。

8. 束感纹理的染色技巧

取头缝两侧各1寸宽的头发，分别取薄薄的发片，距离发根2～3厘米进行片染，每片头发相隔2～3厘米，这样可以达到挑染的视觉效果，而且即使改变头缝也不会影响视觉效果。但染发时要离发根3～4厘米进行染色，这样出来的效果才显得自然。如图2—170、图2—171所示。

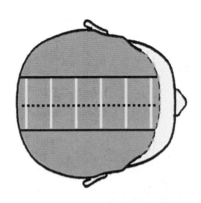

图2—170　上色取份示意图　　　　图2—171　完成效果

9. 多面幻彩的染色技巧

多面幻彩染色是指在头顶区域利用交替、递进的设计方法进行区域染色。头发色彩可以根据头缝或梳理方向的变化而变化，从而产生变化的色彩。颜色一般是在同色系或互补色中选择，色度可相差2度以上，例如，3—××、5—××、7—××。如图2—172所示。

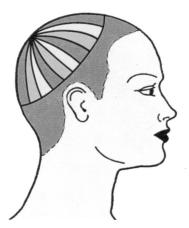

图2—172　上色取份示意图

染发的整个操作过程是一个多种漂、染发剂相互混搭体现色彩的过程，要避免混淆颜色，在操作时一定要有顺序地去操作每一种颜色的漂、染发剂的涂抹，并在做完颜色之后在其上覆盖一层锡纸，以避免操作时混淆颜色，影响效果。染色步骤完成后，洗头的时候也要注意，应该用最快的速度将所有的漂、染发剂冲洗干净。

10. 卷杠隔离法的染色技巧

传统的挑染或片染是把需要染色的头发一片一片地包裹起来，这样染出来的颜色是不均匀的。卷杠隔离法是用卷杠把不需要染色的头发先卷起来，并用锡纸包裹住，再把已挑出的发片或发束一起上色，这样可以得到均匀的染色效果。卷杠隔离法适合5～6厘米及以上的头发长度，只适用于单独的束染或片染，不适合混染。如图2—173、图2—174所示。

图2—173　用卷杠隔离头发

图2—174　染色

11. 整体过渡染色技巧

此法适合头发整体颜色的明度由上至下或由前向后逐渐变化的设计，以突出设计的亮点。一般通过"之"字形的分区方法进行划分；染膏颜色的调配一般是在同色系或相近色

系中选择，一般选择相邻的色度，例如：4—AB、5—AB、6—AB或3—BC、5—BC、7—BC。如图2—175、图2—176、图2—177所示。

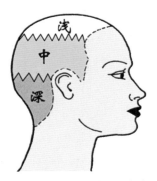
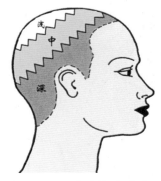
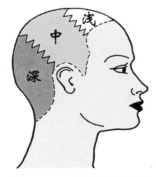

图2—175　水平整体过渡　　　图2—176　前斜整体过渡　　　图2—177　后斜整体过渡

二、各种漂染发技巧的运用范围

如今，人们和国际社会的接触越来越多，顾客的见识越来越广，对发型的要求也越来越高。在染发颜色方面，已经有许多特别的染色效果被广大顾客接受。现在的漂染方法已经不再是单纯的全染、挑染或片染，而是把挑染、片染、块染等各种染色技巧搭配使用，再配以不同的目标色，以达到发色更多、更具时尚感的效果。

染发设计中的挑染、片染、块染的染色取份，就是以点、线、面为设计元素进行的设计划分，染发分区中点、线、面的运用是体现发型的线条、层次、形状的关键。

1. 挑染

挑染是以点为设计中心而进行的取份，是从头发里均匀地取出或多或少的发束进行染色处理，有体现内形纹理、突出线条设计、产生视觉亮点的作用，增强了发型的立体感，使发型效果更加突出。如图2—178所示。

图2—178　挑染取份及效果示意图

挑染的适用范围是头发的表面以及头顶头发集中部位，以使头发色彩产生对比或协调感，分散视觉焦点。这些位置的头发较总体的发量来说较少，在这些位置运用挑染，可以从视觉上增加头发的动态感，能使整个发型线条看起来更趋柔美，从审美角度来看也更加漂亮。如果使用大范围的挑染，会让整体颜色看起来太过张扬太过明显，但如果控制好挑染的密度，会有视觉动态转移的作用。如图2—179所示，挑染的密度由后向前逐渐由密变疏，在头顶形成丰厚感并逐渐过渡到轻柔的刘海。

图2—179　视觉动态转移效果图

（1）挑染的间隔

1）间隔较小，挑染出的颜色束状感不强，容易与底色相融合。如图2—180所示。

2）间隔适中，挑染出的颜色有较明显的束状感，与底色有所相融。如图2—181所示。

3）间隔较大，挑染出的颜色有强烈的束状感，与底色有明显的间隔。如图2—182所示。

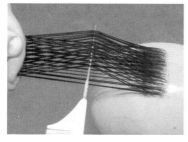 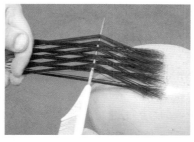 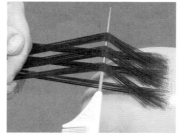

图2—180　挑染间隔小　　　　　图2—181　挑染间隔适中　　　　　图2—182　挑染间隔大

（2）不同挑染颜色的作用

1）原发色是深色的头发时，做浅色挑染，可改变深色头发的沉闷感，加深纹理的映像，提高头发的明亮度。如图2—183所示。

2）原发色是浅色的头发时，做深色挑染，可降低头发的明亮度，制造纹理的阴影，收缩浅色给发型带来的膨胀感。如图2—184所示。

3）做与原发色相近颜色的挑染，可增强柔和头发颜色的层次感和纹理感，制造不明显的阴影，给发型带来柔和的美感。如图2—185所示。

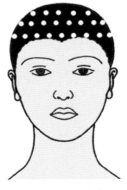

图2—183　浅色挑染

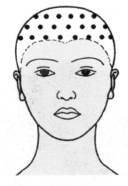

图2—184　深色挑染

图2—185　相近色挑染

2．片染

片染是以线条为设计中心而进行的取份，是从头发里挑出一片或者多片发片进行染色处理，有体现纹理的块面和线条的走向、调整发型轮廓、突出设计亮点的作用。挑出的发片可以是直线条，也可以是曲线条。

片染适用于整个头发范围内，根据片染所分出的发片不同而呈现出不同的效果。想要显示个性，可以在染发的部位挑出较大的一片发片，使用片染的技巧，染出个性的发型。通常情况下，可以在刘海、后颈等部位使用这样的技巧。另外，如果想要头发多一些纹理的效果，则可以在整个头部发区用一些特殊的排位技巧，做出层次纹理感较强的片染。在卷发时使用这种技巧能简单而有效地令卷发看起来更具美感。

（1）水平取份

水平取份是以最少量的头发来伸展最大的色彩块面，可以运用于任何位置的头发中，越靠近头顶、取份越厚，色彩效果越明显。取份可以是一片，也可以是许多片进行的组合。如图2—186 、图2—187所示。

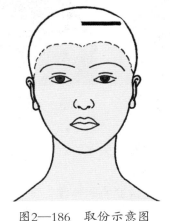

图2—186　取份示意图

图2—187　完成效果

（2）斜线取份

斜线取份用于制造倾斜的线条，以强调色彩方向和纹理流向，可以运用于任何位置的头发中。取份越厚，色彩效果越明显。取份可以是一片，也可以是许多片的组合。如图2—188 、图2—189所示。

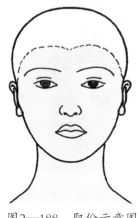

图2—188　取份示意图

图2—189　完成效果

（3）垂直取份

垂直取份可压缩色彩的块面，强调头发的下坠感，有延伸拉长的效果，可运用于任何位置的头发中，越靠近头顶、取份越长，色彩效果越明显。取份可以是一片，也可以是许多片的组合。如图2—190 、图2—191所示。

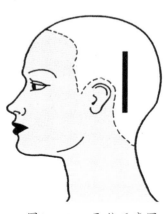

图2—190　取份示意图

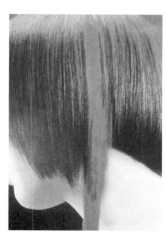

图2—191　完成效果

（4）凸线取份

凸线取份可以在头发上营造出自然流动的曲线效果。取份越厚，色彩效果越明显。如图2—192、图2—193所示。

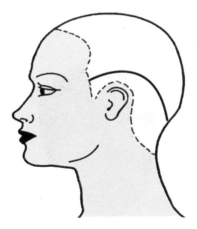

图2—192 取份示意图

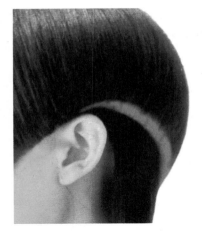

图2—193 完成效果

（5）凹线取份

凹线取份可以在头发上营造出自然下垂的曲线效果。取份越厚，色彩效果越明显。如图2—194、图2—195所示。

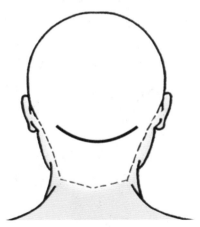

图2—194 取份示意图

图2—195 完成效果

了解各种线条的染色效果后，就可以对各种线条进行嫁接和变异，并运用在染发取份形状的设计中。这些形状有C形、M形、O形、V形、W形、Z形、S形等，要根据发型的需要进行划分。

3. 块染

块染是以面为设计中心而进行的取份，取份的形状是对几何形的借取，是在头部发区进行的染色处理，有调整发型整体轮廓，修正脸形、头形，体现发型修剪效果的作用。块染以一个特定的设计区域或整个头部发区为设计区域，配以不同的染色技巧和不同效果色彩。如图2—196所示。

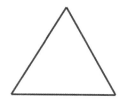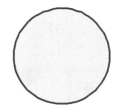

图2—196　块染示例

　　块染适用于整个头部发区范围内，应根据要显示的个性，进行块染区域的选取，以呈现出不同的效果。通常情况下可以在周边或头顶区域等部位使用这样的技巧，也可以运用在体现块面发型的结构上。在直发上使用块染技巧能够较明显地体现发型块面的美感。

　　（1）方形分区

　　与水平取份相比，方形分区发区颜色的量感加强，向下产生停顿，有整体下坠的视觉效果，适合任何层次的发型。头发的层次越高、分区越靠近头顶，所表现的分区形状效果就越明显。如图2—197 、图2—198所示。

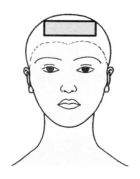

图2—197　取份示意图

图2—198　完成效果

　　（2）正三角形分区

　　正三角形分区多用于向下分散发流，拉宽底层轮廓宽度，适合任何层次的发型。头发的层次越高、分区越靠近头顶，所表现的分区形状效果就越明显。如图2—199 、图2—200所示。

图2—199　取份示意图

图2—200　完成效果

（3）倒三角形分区

倒三角形分区多用于向下集中发流，收缩轮廓，适合层次较高的发区。头发的层次越高，所表现的分区形状效果就越明显。如图2—201、图2—202所示。

图2—201　取份示意图

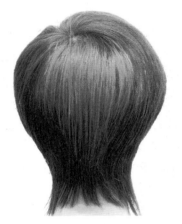

图2—202　完成效果

（4）圆形分区

圆形分区多用于以膨胀点（发旋）为圆心的设计划分，发区直径可大可小，用以向周边分散发流。头发的长度越短，所表现的分区形状效果就越明显。如图2—203 、图2—204所示。

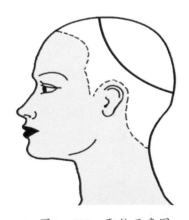

图2—203　取份示意图

图2—204　完成效果

4. 区域染

在了解各种染色技巧的效果之后，可以对设定的染发区域通过不同的染色方法配以不同的颜色，以及通过不同的排列方法进行搭配组合，就会出现更多的变化，以适应不同顾客的需求，这就是近年来新兴的一种染发技巧——区域染。上面提到的多面幻彩染色方法就是区域染的案例。

区域染是颜色设计的一个操作方案，根据分区的不同，可以适用于任何发型，在长发、中长发、短发上都有不同的分区范围及方法，也可以根据顾客的不同条件及需求做出调整。它不同于全染的单一色调，也不同于挑染和片染的明显张扬，区域染在两者之间取得了一个合理的平衡。区域染相比全染来说，色彩效果丰富，可以令顾客有更多的选择，更加符合顾客个性化的要求；而区域染相比挑染和片染来说，表现出的颜色效果比较自然、柔和。如图2—205所示。

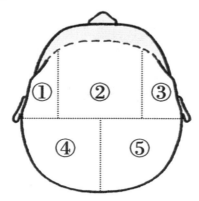

图2—205　区域染

①、③区是额角以下两侧，适合表达较含蓄的染色效果。

②区是头顶部，适合表达强烈的色彩和视觉效果。

④、⑤区是后部区域，适合表达发型的立体感、重量线，配合创意发型表现局部效果。

区域染有以下几种类型：

（1）在设定好的分区内，可以运用多种颜色进行组合染色（见图2—206）。

（2）在设定好的分区内，可以运用挑染技巧或片染技巧进行组合染色（见图2—207）。

（3）在设定好的分区内，可以运用多个小的块面进行组合染色（见图2—208）。

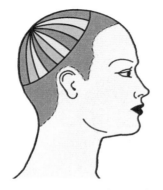  

图2—206　运用多种颜色　　图2—207　运用挑染或片染技巧　　图2—208　运用多个小的块面

5. 组合染

组合染是整体颜色设计的一个操作方案，可以适用于任何发型，在长发、中长发、短

发上都有不同的分区范围及方法，并可以根据顾客不同的条件及需求做出调整。它没有区域染的局限，相比区域染来说整体的色彩更加丰富，更加符合顾客个性化的要求。

（1）整体运用多种颜色进行组合染色。如图2—209所示。

图2—209　整体运用多种颜色进行组合染色

（2）整体运用各种技巧进行组合染色。如图2—210、图2—211所示。

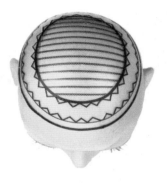

图2—210　整体运用各种技巧进行组合染色一　　图2—211　整体运用各种技巧进行组合染色二

三、注意事项

1. 如果区与区之间的颜色有交融，两个区之间可以用 "之"字形的分界线划分。

2. 做浅色漂染的取份，线条要比所需要的视觉宽度窄，分区的面积要比所需要的视觉面积小，因为浅色漂染具有视觉膨胀的效果。

学习单元2　头发颜色调整

⊙ 学习目标

能够利用三原色的色彩转换原理和退色、补色的方法对头发颜色进行调整

⊙ 知识要求

一、三原色与二次色的互补色关系

了解三原色和它们的互补色，能更有效地进行颜色的调配和增减，使染发操作更加多变和准确。将原色与互补的二次色(就是另外两种原色混合所产生的颜色)相混合后，两种颜色必然会产生棕色。事实上，将三原色混合在一起，就会创造出各种浓淡不同的棕色，其中含蓝色较多就会形成深棕色，含红色较多就会形成中棕色，含黄色较多就会形成浅棕色。在染发中也同样如此。头发的颜色也是由三原色组成的，即红、黄、蓝，所不同的是人的肉眼并不能看到这种变化，人们看到的只是颜色混合之后的效果。如图2—212所示。

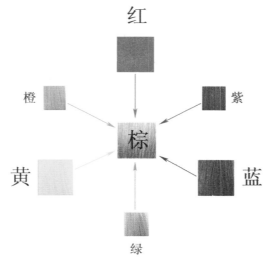

图2—212　三原色与二次色的互补色关系

从图2—212中可以看出：

1. 红色+黄色=橙色

而蓝色是橙色的互补色，这两种颜色相加就可以形成深棕色。

2. 黄色+蓝色 =绿色

而红色是绿色的互补色，这两种颜色相加就可以形成中棕色。

3. 红色+蓝色=紫色

而黄色是紫色的互补色，这两种颜色相加就可以形成浅棕色。

二、二次色与三次色的互补色关系

从图2—213中可以看到，凸出的颜色是三原色、平整的颜色是二次色，如果将三原色与二次色混合，又可得到三次色（凹进去的颜色）。两个相对的三次色可以形成颜色互补。

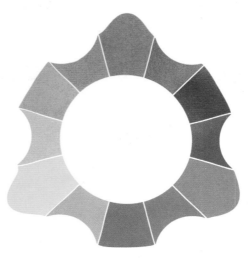

图2—213 二次色与三次色的互补色关系

1. 黄+橙=黄橙　　　黄橙色与蓝紫色形成互补色

2. 红+橙=红橙　　　红橙色与蓝绿色形成互补色

3. 红+紫=红紫　　　红紫色与黄绿色形成互补色

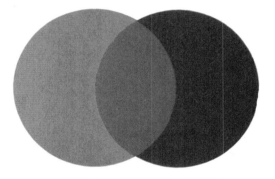

4. 蓝+绿=蓝绿　　　蓝绿色与红橙色形成互补色

5. 蓝+紫=蓝紫　　　　　蓝紫色与黄橙色形成互补色

6. 黄+绿=黄绿　　　　　黄绿色与红紫色形成互补色

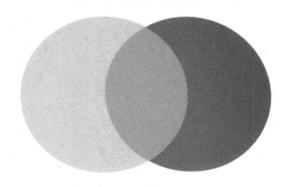

三、颜色互补在发色调整中的运用

　　把三种颜色的液体充分地混合起来，也就是把色彩重叠起来，重叠得越多，光线也就被吸收得越多，最后会形成黑色。要想改变头发的颜色（染色），就必须先拿走一部分色素，再加入一些需要的色彩，通常使用的工具是双氧乳。取出颜色是有顺序的：蓝色是最"轻"的，所以它最容易被拿出来；其次是红色；最"重"的是黄色，很难被取出，所以用双氧乳漂浅头发颜色的时候，最快拿走的是蓝色，这时，应该注意，在取出大量蓝色的时候，也有一小部分红色被取出；在取出大量红色的时候，也有小部分黄色被取出。这就是为什么无法漂出纯正的红色，却能够漂出纯正的黄色，因为到黄色的阶段，红色与蓝色所占的比例几乎可以忽略了。

　　1. 如果需要绿色，只需要把大量的蓝与红取出来，再放入与剩下黄色液体等量的蓝色，混合后就会得到绿色。假设倒入的蓝色是纯正的，那么绿色的纯度就取决于剩下的黄色的纯度；如果黄色中还带有少量的红色，那么结果就会有偏差。如果需要偏蓝的绿色，就可以增加蓝色的添加量。

　　2. 如果需要橙色，只要把大量的红与蓝取出来，再加入少量的红色，混合后就会得到橙色，橙色的浓度取决于红色的多少。如果需要红橙色，就可以增加红色的添加量。

技能要求

案例1　通过退色对头发颜色进行调整的方法

顾客原发色为天然色5度的棕色，需要做蓝灰色。

蓝灰色为冷色，在大众眼中属于另类、夸张的颜色。要做蓝灰色，首要的条件是头发本身的发色级别够高、颜色够浅。

由于本案例中顾客的原发色为5度的深棕色，所以首先要为顾客做退色处理，在经过3～4次的退色，顾客的发色达到9～10度之后，再采用沐浴染的方式。选择蓝紫色的半永久染发剂或将蓝紫色兑温水以1∶1的比例调配成沐浴染的染料，为顾客操作沐浴染。最佳的操作方式是顾客躺在洗头床上，将染料反复冲刷在顾客的头发上，直到颜色达到所需要的效果之后再直接冲水，并涂上护发素。

选择蓝紫色作为染蓝灰色的染料，是因为头发在退色到9度以上的时候，头发内已经不含有红色素以及蓝色素的细胞体，所以9度以上的头发都是黄色的。这个时候如果单纯地直接加入蓝色，根据三原色原理，黄色加蓝色会出现绿色，和所需要的蓝灰色是不同的。蓝紫色因为里面含有紫色，根据三原色对色相加原理，黄色加紫色使头发还原成灰色，再加上蓝紫色里含有较多的蓝色，就能得到所需要的蓝灰色。

值得注意的是，蓝灰色头发由于经过多次退色，使得头发的鳞状表层大量脱落，头发保留颜色的能力大幅降低，而且沐浴染的方式本身保留色彩的能力就比较弱，会导致蓝灰色退色较快。所以在操作蓝灰色前，要与顾客进行沟通，要告知顾客减少洗头次数以及在1周左右的时间里需要再次进行沐浴染，以补充头发内流失的色素。

案例2　通过补色对头发颜色进行调整的方法

顾客原发色为10度左右的黄色，需要做6度左右的橙色。

通常为顾客补色会碰到两种情况：一种是顾客本身发色在中间级别，也就是5～7度，这个时候只需要用目标色直接配以6%的双氧乳为顾客补色即可；另一种情况就是类似这个案例中的情况，顾客本身的发色极浅，在8度以上，需要通过加入基色补色，将整体颜色加深。

加基色也分为两种情况：一种是将基色直接加入染发剂内，通常选择比目标色深1～2个级别的基色加入染发剂内，用在染深2个级别左右的发色，基色比目标色深1个级别时发色的通透性较好，而使用比目标色深2个级别的基色时发色的饱和度较高；另外一种就是先以基色打底，用比目标色深1个级别的基色为头发做全染，之后再以目标色加6%的双氧乳再做一次全染。本案例中采取先以基色打底再补色的技巧进行操作，具体步骤如下：

先以5级的基色以1∶1的比例配上6%的双氧乳为头发做全染。10～15分钟后，将染发剂洗掉并吹干头发。再以6级橙色的目标色染膏配以6%的双氧乳，同时在染发剂内加入少量的红色添加色，因为头发在9～10度的时候，头发本身只剩下黄色素细胞，在以基色染深之后，头发内还有多余的黄色素存在，这个时候单纯以橙色目标色染深，最后会得到橙

黄色。因此，根据三原色的原理，在染发剂内加入少量的红色，可以和头发内的黄色素调和成比较纯正的橙色。调配好染发剂之后，为顾客做全染，过10分钟左右，为顾客洗发即可。

案例3　通过染色对头发颜色进行调整的方法

顾客原发色为7度的红色，需要做6度的棕色。

通常情况下，顾客发色在染过红色之后，需要通过三原色对冲还原原理，来达到改色的目的。

本案例中，顾客原先的发色为7度的红色，需要改成6度的棕色，这时如果单以6度的棕色直接加深的话，由于原先发色中含有多余的红色素，和棕色混合后会出现比较深的橙色。有许多发型师在做红发改色时由于忽略了这一点，出来的效果不是偏红就是偏橙，导致染发失败。所以在这个时候，需要在染发剂中添加绿色以对冲还原头发原本的颜色，从而得到纯正的棕色。具体操作步骤如下：

用6度的棕色以1∶1的比例配以6%的双氧乳，再在染发剂中兑入少量的绿色添加色。通常情况下，绿色添加色在色板中会以闷青色或亚麻色添加色为多，因为在三原色的色环中，绿色和红色是相对冲的，两者相加之后会得到头发原本的灰色。

以一次性全染的方式为顾客涂抹染发剂，等颜色达到所需要的效果时，即可为顾客洗发。

值得注意的是，由于受到顾客原发色条件的影响，比如顾客原先染红发的时间、原先所染红发中红色的级别等，所添加绿色添加色的量要根据顾客的实际情况做出调整，最多不能多于所使用染发剂中染膏量的1/3。

第3章 »

培训与管理

第1节 培训指导

学习单元1 理论知识培训教学方法

▶ **学习目标**

了解本职业初、中、高级工的理论知识

掌握各种技术的理论知识培训与教学的方法

▶ **知识要求**

一、理论知识培训的方式

理论知识的培训可以通过下列几种系统的、科学的、合理的教学方式来进行：

1. 制订教学计划

在做培训前，针对不同级别的学生制订不同的教学计划，为后面的教学做准备。

2. 确定教学目的

教学目的一定要明确，针对培训的学生不同，确立所需教学的内容。

3. 列出教学重点

将教学中的重点知识列出，以备教学中重点教授。

4. 强调教学难点

对于学生学习中的难点，要单独列出，加以强调。

5. 使用教学辅助手段

在培训中要使用一些教学辅助手段，来配合教学工作。

6. 考核

考核是教学中一个必要的手段，通过它可以了解学生学习的情况。

二、理论知识培训的程序

培训的程序可以根据教学对象的不同，进行合理的安排，这在制订教学计划时要完全考虑进去，针对不同级别的学生，可以制定不同的教学程序来进行教学。

1. 备课

备课是教师的一项基本工作，也是非常重要的一项工作，包括教学的方式方法、理论知识的培训程序、理论知识的培训技巧等，大部分的工作都是在备课中完成的，可见备课的重要性有多大。完善合理的备课可以在教学中指明方向和目的，为教学工作带来很大的便利。以下是在备课时要注意的几点：

（1）钻研教材。

（2）了解学生。

（3）制订教学进度计划。

（4）制订课题计划。

（5）制订课时计划。

2. 上课

提高教学质量的关键是上好课，上课是教学工作诸环节中的中心环节。以下几点是上课时必须要注意的，也是必须要做到的：

（1）上课的类型与结构。

（2）上课的具体要求。

（3）目标明确。

（4）内容正确。

（5）方法得当。

（6）表达得当。

（7）气氛热烈。

（8）作业的检查与批改。

（9）学生成绩考查与评定。

（10）测验与目标试题类型。

（11）效度、信度、难度和区分度。

（12）评价。

3. 布置作业

布置作业是加强学生学习、提高教学质量的关键，布置作业是教学工作环节中的最后一个环节。以下几点是布置作业时必须要注意的，也是必须要做到的：

（1）根据学习重点布置作业。

（2）根据学生对课程的领悟程度布置作业。

（3）对领悟较差的学生进行课外辅导。

三、理论知识培训的技巧

在进行理论知识培训时，技巧很重要，利用合理的技巧来教学，对于提高教学成绩来说事半功倍。针对日常教学主要有以下几点技巧：

1. 在制订教学计划时要考虑到教学内容的系统性、科学性和思想性。

2. 要考虑所教学生的身心特点。

3. 所教授知识量要适中。

4. 要根据不同的教学需要和内容以及不同的学生，选择不同的教学方法。

5. 注重学习气氛，充分调动学生的积极性。

6. 灵活妥善地处理好教学过程中的突发事件。

7. 备好教师所需材料及资料，用以辅助教学。

8. 事先安排好学生所需的教材及材料，以备教学需要。

9. 详细合理地安排好课程。

10. 课后的总结有利于解决教学中碰到的问题。

11. 合理地安排课后作业。

学习单元2 实际操作培训教学方法

⊙ 学习目标

了解本职业初、中、高级工的实际操作技术

掌握各类实际操作技术培训教学的方法

⊙ 知识要求

一、实际操作培训的方式

1. 组织教学

（1）认真备课，制定教案。

（2）准备好实习场地的设备及相关物品。

1）设备：剪发椅、镜台、飞碟加热器、焗油机、洗头床。

2）相关物品：毛巾、围布、剪刀、梳子、水壶、洗发水、护发素、染膏、漂粉、烫发水、锡纸、染碗、披肩、刷子、肩盆、棉条等。

2. 组织学生实操

（1）做好学生实操的准备工作。

（2）安排好学生实操的程序。

二、实际操作培训的程序

1. 实操说明

操作前应讲解实习的内容以及操作要求。根据不同的实习课程进行讲解，让学生明白操作的技能要求，以明确教学目标。

2. 示范操作

边讲解边示范。

3. 对教学的重点及难点进行辅导。

4. 讲解实习时应该注意的一些事项。

5. 讲解操作时要注意的事项。

三、实际操作培训的技巧

1. 巡回指导

操作过程中必须要给予巡回指导。通过前面的示范操作，在进行不断的巡回查看过程

中，可以发现学生的问题，及时纠正动作，更正方法，这样更有利于教学质量的提高。

2. 示范操作技巧

在做示范时要循序渐进，一点一点往后做，示范时动作不要太快，不能太花哨，要时刻保持严谨的教学作风。在示范操作时要遵循以下技巧：

（1）一步一讲解。

（2）示范一步学生操作一步。

（3）在学生操作时，时刻观察学生的状态。

（4）发现问题及时上前辅导。

（5）根据学生的状态掌握好授课进度，做到有条不紊、循序渐进。

3. 提高学生的学习兴趣，营造良好的学习氛围。

4. 善于引导学生提问。

学习单元3　编写授课计划和培训方案

▶ 学习目标

掌握各类课程的授课计划和培训方案的编写

▶ 技能要求

高级美发师培训大纲（案例）

一、说明

1. 课程设置的指导思想

（1）以劳动局审定的高级美发师培训大纲为基础。

（2）以国际标榜美发理论与传统技艺的科学结合为原则。

（3）以适应美发市场发展需求并与国际美发行业先进水平接轨为目标。

（4）以模块化方式编制课程内容，本模块隶属于美发师培训计划，教学、培训内容属上海市1+X标准提升。

2. 培训宗旨

（1）使学员了解国内外的美发史和现代发型的发展趋势。

（2）使学员掌握美发的业务知识及服务中异常问题的处理方法。

（3）使学员熟悉发型变化规律及全面造型艺术，以提高学员的发型设计能力。

（4）让学员了解色彩的构成原理、染膏的特性、色调选择的依据及配色规律，掌握漂发、染发和各种新潮染发的操作技巧。

（5）让学员掌握科学修剪及吹风造型的方法。

（6）让学员了解商业发型和潮流发型的共同点及区别，并掌握国际流行的商业发型和潮流发型的创作方法。

（7）让学员了解美容院的经营管理知识及对初、中级美发师进行技术培训的指导方法。

二、课程要点

1. 发型设计

发型的本质特征决定了发型设计的形象思维和艺术创新的构思形式。在设计过程中应考虑构图布局、块面发样、线条流向、发展动态、纹理、色彩、饰物等综合因素，并与顾客的脸形、头形、年龄、职业等客观条件结合起来，体现出美观、得体、经济的服务观念。通过学习本单元课程，提高学员的发型设计能力。主要教学内容有：

（1）发型设计的原理和方法。

（2）发型设计的形式美。

（3）发型设计的制约条件。

（4）发型设计的制作工艺。

（5）发型设计的一般变化规律。

2. 发型修剪基础

发型设计的三大元素是"形""纹理"和"色彩"，而"形"与"纹理"都是通过发型修剪来实现的。通过本单元的课程学习，将科学发型修剪方法的4个基本形——固体形、渐增层次形、边沿层次形和均等层次形介绍给学员，利用DVD、幻灯片、录像带、课本及导师示范，使他们熟练掌握修剪技术，并设计创作出最新的、理想中的发型。主要教学内容有：

（1）固体形的修剪和吹风造型技巧。

（2）边沿层次形的修剪和吹风造型技巧。

（3）渐增层次形的修剪和吹风造型技巧。

（4）均等层次形的修剪和吹风造型技巧。

3. 商业发型设计

如何依据顾客脸形、发质、发长、化妆、服饰、职业、年龄、爱好等实际条件设计出发型，是课程的重点。通过"休闲式""怀旧式""都市型""率性风格""晚宴型"等典型范例演示，启发学员的商业发型创作灵感，发掘他们的艺术潜能。主要教学内容有：

（1）"休闲式"商业发型修剪及造型。

（2）"怀旧式"商业发型修剪及造型。

（3）"都市型"商业发型修剪及造型。

（4）"率性风格"商业发型修剪及造型。

（5）"晚宴型"商业发型修剪及造型。

4. 潮流发型设计

如今审美观点越来越个人化，创新是潮流，怀旧是潮流，甚至不变也是潮流。这里所说的潮流发型不是要学员去模仿制作，而是通过各种潮流发型的示范，启发学员的创意，使他们理解什么是潮流。重点是教会学员多观察、多分析、多思考，将看见的和想象的转变为实际的发型，计划和构思是设计、灵感、创作的源泉。主要教学内容有：

（1）介绍潮流发型的特点与设计原则。

（2）培养学员的创作意念和欲望，充分发挥他们的想象力和审美意识。

（3）讲解世界著名发型流派及其特点。

（4）示范"形""纹理""色彩"在潮流发型设计中的运用，让学员深刻体会技能和艺术的互动。

5. 吹梳造型技巧

发型的艺术形象是由多种技能结合制作而成的。通过本课程的学习，让学员能熟练运用各种吹梳造型技巧。主要教学内容有：

（1）吹梳技术要领。

（2）恤发的种类和运用。

（3）各种盘（束）发技巧示范。

（4）吹梳造型设计。

6. 漂发、染发的技巧

纹理、色彩是发型艺术的两大元素。纹理除在修剪过程中显示出来，还可利用恤发、烫发等方法制造，色彩则是通过漂染着色的方法来体现最真实的立体效果，发型最引人注目的地方就是颜色。主要教学内容有：

（1）漂、染发的原理、操作技巧及方法。

（2）漂、染发的共同点和区别。

（3）各种新潮染发的操作技巧及方法。

（4）染发在发型设计中的作用。

让学员了解世界最新的时尚发型设计中色彩、化妆、服饰与发型的搭配方法，提高自己的综合设计能力及艺术品位。

7. 男士发型设计

发型设计已不是女士的专利，男士同样需要发型设计。标榜科学发型设计原则完全适用于表现男子的阳刚气概、闲适和洒脱、自由和奔放，而修剪是男士发型的关键，只有掌握男士修剪角度、纹理、色调等方面的技能，才能保证发型设计的完成。主要教学内容有：

（1）讲解男士发型修剪的特点和设计概念。

（2）让学员掌握男士发型修剪角度、纹理、色调等技能。

（3）示范男士创意发型的烫、染和造型技巧。

定向修剪课程安排（案例）

教学目的：通过学习全新的定向修剪理论，使学员掌握发型设计中内形与外形的设计理念从而增强创新的思维能力和创造能力，以及定点、定线、定面的修剪技巧，达到化繁为简的实用效果。这样不仅能够做好沙龙的时尚修剪造型，更能像一位设计师一样思考、设计、创造和解释适合任何个性的发型。

教学内容：（一）发型外形的五区九线设计理论，发型内形形状的设计理论，纹理缔造技巧，发流方向的调整。

（二）实操范例：长发——3款　中长发——2款　短发——2款　综合时尚造型——2款　刘海变化——3款

（三）考试部分

教学方法：国际四步教学法：以"理论+示范+练习+创造"的模式进行启发式互动教学
A. 教学与市场互动　B. 导师与学生互动　C. 理论与实践互动

教学时间：6天（60课时）

教师所需资料及材料：《创新发型设计》、模头5个

学生所需资料及材料（自理）：全套修剪工具

课程安排：第一天

上午　09：00—10：00　讲解修剪发型设计的原理、方法、步骤

10：00—12：00　讲解五区九线的设计技巧、设计理论

下午　13：00—14：00　示范第一款长发的修剪

14：00—15：00　学员练习、教师指导

15：00—16：00　示范长发造型方法

16：00—16：30　学员练习、教师指导

16：30—17：00　讲解如何通过纹理的变化来增加发型的变化

课程安排：第二天

上午　09：00—10：00　示范第二款长发的修剪

10：00—11：00　学员练习、教师指导

11：00—11：30　示范造型方法

11：30—12：00　　学员练习、教师指导

下午　　　13：00—14：00　　示范第三款短发修剪
　　　　　14：00—15：00　　学员练习、教师指导
　　　　　15：00—16：00　　示范长发造型方法
　　　　　16：00—16：30　　学员练习、教师指导
　　　　　16：30—17：00　　讲解如何通过纹理的变化来增加发型的变化

课程安排：第三天
上午　　　09：00—10：00　　讲解并示范第四款中长发的修剪（内外双层次）
　　　　　10：00—11：00　　学员练习、教师指导
　　　　　11：00—11：30　　示范造型方法
　　　　　11：30—12：00　　学员练习、教师指导

下午　　　13：00—14：00　　示范第五款中短发的修剪
　　　　　14：00—15：00　　学员练习、教师指导
　　　　　15：00—15：30　　示范第六款短发的扭转修剪
　　　　　15：30—16：30　　学员练习、教师指导
　　　　　16：30—17：00　　讲解并示范刘海的变化与修剪

课程安排：第四天
上午　　　09：00—10：00　　讲解并示范第六款中长发的修剪
　　　　　10：00—11：00　　学员练习、教师指导
　　　　　11：00—11：30　　示范造型方法
　　　　　11：30—12：00　　学员练习、教师指导

下午　　　13：00—13：50　　讲解并示范第七款短发的修剪
　　　　　13：50—15：00　　学员练习、教师指导
　　　　　15：00—15：30　　示范造型方法
　　　　　15：30—16：30　　学员练习、教师指导
　　　　　16：30—17：00　　讲解时尚发型的变化和色彩纹理的关系

课程安排：第五天
上午　　　09：00—10：00　　讲解并示范第八款中长发的修剪（线条发型）
　　　　　10：00—11：00　　学员练习、教师指导
　　　　　11：00—11：30　　示范造型方法

11：30—12：00　学员练习、教师指导

下午　　　13：00—14：00　示范第九款时尚短发的修剪（线条发型）

14：00—17：00　学员练习、教师指导

课程安排：第六天

上午　　　09：00—12：00　真人模特发型修剪示范

下午　　　13：00—15：00　学员考试——设计发型及修剪

15：00—17：00　教师对作品进行修改指正

教案的编写案例：

<h1 style="text-align:center">教　　案</h1>

单元或科目：固体形　　　　　**场　　地**：□ 理论教室　　□ 实操教室

主　　题：水平线修剪　　　　**时　　间**：_____课时

课程类型：□ 理论　□ 示范　□ 练习　□ 观摩　□ 其他_____

课程目标：

学生能够操作以下内容：

——在全头上修剪水平线

——为了便于控制，在全头上分4个区

——在自然下垂状态下修剪头发

——在头发上使用正确的压力/拉力

教师所用的材料和设备：

1. 剪刀　2. 剪发梳　3. 喷水壶　4. 头模　5. 白板／马克笔　6. 吹风机

7. 九行刷　8. 鸭嘴夹

教师所用的印刷资料：

1. 基础修剪方法教师手册　　　2. 基础修剪方法课本

视觉教具：

1. 基础修剪方法幻灯片　　2. 投影仪　　3. 头模

教师的预备性工作：

1. 阅读基础课本　　　　　　2. 阅览幻灯片

3. 调试好设备　　　　　　　4. 准备好视觉教具

5. 复习相关的专业术语　　　6. 其他预备性工作

学生应带往课堂的材料：

1. 基础修剪方法课本　2. 头模　3. 喷水壶　4. 剪刀　5. 剪发梳　6. 吹风机
7. 九行刷　8. 鸭嘴夹　9. 其他材料

激励学生的方法：

1. 告诉学生全头是侧面修剪的一种延续
2. 告诉学生将要完成一款完整的发型
3. 展示并讲解一些与固体水平线相关的流行发型图片
4. 其他方法

教学过程：

1. 向学生介绍主题　10分钟
2. 解释课程目标　10分钟
3. 讲解及复习固体形并重点说明新的专业术语　20分钟
4. 展示已完成好的作品（图片）　5分钟
5. 在头模上示范操作水平线修剪、吹风　30分钟
6. 学生准备操作练习　10分钟
7. 学生在头模上练习水平线修剪、吹风　30分钟
8. 展示学生完成的作品　30分钟
9. 评估学生操作水平，记录时间和日期　30分钟
10. 布置新作业　10分钟

总结和结论：

固体形的长度是上长下短，自然下落在同一水平线上，形成一种静止的修剪纹理。

主要问答：

1. 什么是水平线修剪？

答：水平线修剪是对自然下落在同一水平线上的头发进行的修剪。

2. 什么是自然下垂？

答：自然下垂是头发沿头部曲线自然下落的方向。

学生作业：

1. ××××××
2. ××××××

学习单元4　编写工作小结

⊙ 学习目标

做好对过去一段时期内工作、学习等实践活动的回顾
能够写出带有规律性和指导性的书面材料

⊙ 知识要求

一、小结的概念

1. 小结的性质、作用

写小结的目的在于通过检查和回顾了解前一时期个人或单位的实践活动情况。它要求把零星的、肤浅的、表面的、感性的认识上升到全面的、系统的、本质的、理性的认识，从而指导下一步实践工作。所以小结的性质可概括为：它是一种运用辩证唯物主义的观点，将以往的实践活动提升到一定理论高度予以认识的写作活动。

小结的作用在于：首先，它有助于从总体上了解和把握以往的工作、学习等情况；其次，它有助于从成功中吸取经验，从失败中汲取教训；再次，它有助于从中提取带有规律的、指导性的东西，从而提高工作、学习的能力和水平。

2. 小结的特点

（1）实践性

小结是在工作、学习告一段落之后所做的回顾或检查，它分析的是实践活动中取得的经验和教训，具有很强的实践性。这一特点决定了小结在材料的选用上必须严格地限定为本人在过去一段时间内的实践活动，而不能虚构或想象。由于材料完全来自实践，所以在写作前对实践活动的全过程要有深入、细致的认识、分析，真正做到心中有数。

（2）理论性

小结的理论性主要体现在它要从实践活动中总结出正、反两方面的经验和教训，并把感性认识上升到一定的理性高度，从中找出有规律的东西以指导今后的实践。需从以下几方面入手：

1）要从事物发展的不同阶段研究事物发展的特点，并找出其间的内部联系。

2）从各个不同的具体经验教训中找出共同的因果关系。

3）从多种不同典型事例的对比中，寻找其中的异同点，探讨存在共性和个性的原因，这样才能上升为理性认识，找出规律。

3. 小结的分类

小结按内容可分为工作小结、生产小结、思想小结、技术小结等；按范围可分为个人小结和单位小结等；按时间可分为月份小结、季度小结、年度小结等；按性质可分为经验小结、成绩小结、问题小结等；按小结内容涉及面的广度可分为全面小结和专题小结。一般把小结归结为全面小结和专题小结两大类，以上各种小结都可以包括在这两大类之内。

（1）全面小结

全面小结是对某一阶段实践活动情况进行全面概括，它既要总结成绩，又要找出不足；既有经验，又有教训，常常还要对下一步的工作进行具体安排。它涉及的范围广，涉及的问题较多。既要统管全局，注意各方面需要总结的事项，但又不等于面面俱到，它更要突出重点，以点带面。

（2）专题小结

技师对某种工作、某一问题或某项活动等进行的专门小结，在实践中使用更普遍，其内容专一，针对性强，既可用来总结经验，也可用来总结教训，但通常以总结经验和成绩为主，故这类小结又称"专题经验小结"。专题小结要求内容要专，探讨要深，真正总结出带有规律性的经验。

二、小结的结构

1. 标题

一般只写"个人小结"或"小结"，有的写上时限、事由和文体名称。如"2012年美发技师培训班小结"。有些小结标题也采用比较灵活的方式。

2. 正文

小结的正文一般可分为开头、主题、结尾3个部分。

（1）开头

开头是小结全文的开端。从文章组合的角度看，写好开头就是确定好文章的出发点，这直接影响与主体部分的衔接和内在联系。写好小结的开头是十分重要的。小结的开头方法多种多样，但无论采用哪种方法，都必须牢记"开门见山""直奔主题"这两句话，也就是说，小结一开始，甚至第一句话即要落在所要表达的主题内容上。因此，有的小结开头就将主要经验体会、教学心得等做了一个概括和介绍，给人以总体的印象。

（2）主题

主题是小结具体展开的部分。主要由以下几方面的内容组成：

1）基本认识、做法和体会。这部分主要阐述对事物的基本认识、做法及体会。要对思想认识、工作做法进行具体的分析，并上升到理论高度，从中总结出带有规律性的东西。可以先写取得的成果，然后分析取得成绩的条件、原因、做法等。做法和经验是小结的核心部分，要对经验进行分析、归纳、论证，因此要注意处理好主次和详略的关系，并做到观点和材料的有机统一。这一部分要避免写成工作流水账，如果把工作过程罗列出来，而没有分析、没有理性概括，那就不会给人以说服力，也不会给人以启迪。

2）存在的问题。这一部分主要写出在工作和学习中还存在的问题或教训。写小结不能只讲成绩不谈问题，这样就不会得到真正的提高。小结的目的就是总结经验和教训，找出问题和不足，以利于今后的工作。只谈成绩，不谈问题和教训是片面的，要具体认真地分析问题产生的原因，以及对工作形成的影响。应该先找出问题、缺点和不足，然后找出原因，总结教训。

3）今后的打算。这部分一般是针对总结出来的问题和教训，结合自己的实际情况，提出解决的方法和切实可行的努力方向。该部分不要写的太多，因为工作小结不是工作计划，只要粗线条地写出今后的努力方向、打算即可。

（3）结尾

有些小结的结尾和今后的打算合在一起，也有的小结在结尾处发出展望，还有的小结不另立结尾，题注写完了就自然结尾。

3. 落款

落款需写明作者的工作单位、姓名和撰写小结的日期。工作单位和姓名写在小结的右下方，日期写在工作单位和姓名的下边。工作单位应写全名。也有的小结将工作单位和个人姓名写在小结标题的下面，日期写在小结的末尾。

三、小结的写作要求

1. 实事求是、理论联系实际

小结的写作目的是检查和回顾前一阶段个人的实践活动情况，因此实事求是是小结的根本所在。实事求是要求技师在选材时要真实，必须是作者的亲身经历。材料必须真实、客观地反映事物的本来面目，并根据客观实际来分析、概括本人的实践活动。只有这样才能真正总结出规律，小结才能令人信服。要做到这一点，就要求作者对以往的工作、技术研究、取得的成绩、存在的问题实事求是，如实体现，对成败的原因、最后的结果也应如实反映，不可掺杂主观想象。而且小结中应运用辩证的观点，分清事物的主流和非主流、本质的关系，分清经验和教训、成绩和缺点的关系，不要主次颠倒。在小结过程中要理论联系实际，专业技术小结就是要用专业技术理论，去对照实际操作情况，衡量在实际操作中的运用情况。通过衡量、对照、比较，才能看到自己专业技术方面的真正现状、自己所处的位置及下一步的发展方向。因为是作者的亲身经历，在实事求是的基础上理论联系实际进行小结，对自己专业技术的提高有极大的帮助，这也是小结的目的所在。

2. 突出重点、注重效果

写小结必须突出重点，技师要抓住事物的主要矛盾及矛盾的主要方面，这样才能从纷繁复杂的客观事物和现象中找出要害之处，抓住问题的症结。有的人写小结唯恐遗漏成绩，认为写得越全面越好，于是不分主次，面面俱到，这样很难突出重点，也就缺乏对实践的指导意义。所谓重点就是在众多的事务中选几个较为生动的，能说明自己在学习工作方面成功失败的过程，并有些说服力的事例，对一些重点的事例全面、深入地写，对一些非重点的事例可简写甚至省略不写。通过对重点事例的分析可从中找出经验或教训，并对今后的学习和工作起很好的指导作用，这样就能体现小结的实际效果和真正意义。

3. 结构恰当、语言简明

每篇小结的具体内容，可根据不同的目的、对象、要求而有所差异，但内容的安排及结构是大致相同的。

小结的结构形式没有统一的模式，但通常有三种写法：①用数字把小结分解为一、二、三……条文形式，以显示各部分内容的相对独立性和内在联系；②小标题式。就是把经验、体会、成绩、教训、办法等概括成一个个小标题，分别阐述；③全文贯通式。即围绕主题总结事物发展的全过程，把成绩、经验、体会、教训放在一起写，部分条目不设小标题，一气呵成。

以上几种写法各有特点，实际写作时可根据小结的内容和要求来选用，但不论采用哪种结构，都必须层次分明、条理清晰。语言要做到简洁明晰，尽量少用与表达关系不大的修辞方式。切忌啰唆重复、模棱两可。

第2节　经营管理

学习单元1　财物管理基本方法

⊙ **学习目标**

掌握现代美发企业经营成本、费用、利润的核算

掌握财、物管理基本知识

⊙ **知识要求**

一、财的管理方法

1. 损益平衡点

（1）计算精确的损益平衡点

不论是想开店或已经开店，计算精确的损益平衡点（损平点），可以帮助美发店有效地推展销售计划及控制成本。所谓损平点就是成本和营业额相等的点，每个月的营业额只有超过损平点，店铺才能赢利，免于亏损，损平点是店铺营业额的底限。

但很多人在计算损益平衡点的固定成本时，常常未将装潢的折旧算进去。如果是自有房屋或无租期限制，可以5年计算；但如果有租期限制，就要以实际租期作为摊限年限。

但单纯凭借损平点仍无法准确估计应达成的营业额。美发店只从成本去估计营业额，而忽略当地商圈的消费实力，会造成"一相情愿"的经营盲点。例如依据成本算出每年的营业额要20万元才能持平，但如果当地商圈根本不可能有20万元的消费能力，则必须千方百计地把固定成本降下来，使损平点营业额尽可能按照实际的消费能力，否则，亏损将不可避免。

（2）如何计算损益平衡点

损益平衡点的计算公式为：

$$损益平衡点=固定成本÷（1-毛利率）$$

美发店毛利率的估算通常依销售经验取约略值。如售价100元的商品，成本80元，则其毛利率为20%；如成本60元，则其毛利率为40%。

例：李先生和3个朋友合开了一家美发店，每月固定成本为15 000元，水电费4 500元，薪水10 000元（每个合伙人2 500元，未雇其他员工），装潢折旧费4 850元，合计34 350元。如果按50%的毛利率计算，问该店损益平衡点为多少元？

解：

损益平衡点=固定成本÷（1-毛利率）=34 350÷（1-50%）=68 700（元）

答：李先生店的损益平衡点为68 700元，这时收支才能平衡。

损益平衡点只能预估不亏损的营业标准，如果想要有更多的利润，就要计算总资产报酬率。

2. 总资产报酬率

总资产报酬率是以投资报酬为基础来分析评价企业投资报酬与投资总额之间比率关系的指标。美发美容企业的资产报酬是指企业支付的利息和缴纳所得税之前的利润之和，资产总额即当期平均资产总额。总资产报酬率是评价企业通过投资来取得报酬的能力。其计算公式为：

$$总资产报酬率 = \frac{税前利润+利息支出}{平均资产总额} \times 100\%$$

总资产报酬率一般越高越好，它表明企业获利能力强，运用全部资产所获得的经济效益好。在运用这个指标时，一般可与自身纵向比，也可与同行先进企业进行横向比较。

例：某美发美容公司2009年税前利润为9万元，利息支出3万元，年平均资产总额为80万元，求总资产报酬率是多少？

解：

$$总资产报酬率 = \frac{税前利润+利息支出}{平均资产总额} \times 100\% = \frac{9+3}{80} \times 100\% = 15\%$$

答：总资产报酬率为15%。

3. 设备的投资回收期

设备的投资回收期是指设备投入使用后，投资可得的以偿还投资额的报酬所需的时间。设备的投资回收期越短，说明该设备的投资利润率就越高，投入使用后的经济效果越好。其计算公式为：

$$设备的投资回收期 = \frac{设备投资费用额}{年利润+年折旧额}$$

例：某美发厅开业设备、装潢投资额为110 000元，预计年利润为24 000元，年折旧额为20 900元，问该美发厅的设备投资回收期为多少年？

解：

$$设备的投资回收期 = \frac{设备投资费用额}{年利润+年折旧额} = \frac{110\ 000}{24\ 000+20\ 900} = 2.45（年）$$

答：该美发厅的设备投资回收期为2.45年。

通过计算回收期则可预估营业多久才能收回投资。

4. 存货周转率

存货周转率是衡量企业销售能力及存货管理水平的综合性指标，是营业成本与平均存货之比。其计算公式为：

$$存货周转率 = \frac{营业成本}{平均存货} \times 100\%$$

例：某美发厅上年全年营业成本为1 800 000元，年平均存货50 000元，问该美发厅上年的存货周转率是多少？

解：

$$存货周转率 = \frac{营业成本}{平均存货} \times 100\% = \frac{1\,800\,000}{50\,000} \times 100\% = 36 \times 100\% = 3\,600\%$$

答：该美发厅上年的存货周转率是3 600%。

5. 销售计划

拟订销售计划是美发店经营管理另一个不可缺少的运作。依据销售经验和总营业额，定出各类服务营业额，可估计出每种服务每个月应达成的销售量，或作为调整各类服务价格的依据，进而拟订销售计划。

在定出各种服务的销售金额和定价后，每种服务每个月应达成的销售量便一目了然，而此销售计划可定期和实际销售情形做比较，比如，当某一类型服务实际销售情形与预期相差比较大时，可适当对价格做出相应的变动。

6. 详记分类账

（1）分类账

清晰的分类账是美发店必须要做的。

只记流水账，无法显示实际的盈亏。唯有切实记账，才能真正掌握营运状况。分类记账可视为财务管理的开始，有效运用账目的三个步骤是：记录、分类、比较分析。

记录是将每天的收支状况详细记载；但依时间逐笔记录的账目还须依照不同用途分门别类，将原始的流水账整理为各种分类明细账；记录分类后，再依账目比较分析营业状况，并适时调整。美发店可利用记录分类好的账目，做简易的营运分析。

一般美发店应具备的分类账见表3—1。

表3—1　美发店应具备的分类账

名　　称	功　　能
流水账（日记簿）	依收支顺序逐次记录，可作为各类账的原始资料
现金账	将现金收支分门别类
商品存货账	包括进货账及销货账，可看出存货还剩多少，须再进多少货
应付账款及应收账款明细账	可得知何时要付款，何时该催收未付款
总账	各分类账的汇总，可起到一目了然之效

（2）现金流量预估

有了翔实的账目即可作出正确的现金流量预估表。而现金流量预估表则可清楚何时有闲置资金可运用，何时资金会短缺需要调度，从而确实掌握每月现金的收入和支出情形。

大部分美发店没有考虑实际的现金流量，因此常在生意很好时无限制地进货，或将赚的钱花在添购设备上，而没有考虑在下个月可能要付出大笔款项。因此美发店要作整年度的损益预估表和现金流量预估表，搭配运用，可避免资金短缺、周转不灵的危机。

损益预估表呈现的是经营盈亏情况，只能预估整年度各月经营状况值；而现金流量预估表则是对实际现金收支状况做预估及管理。

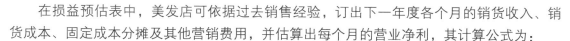

在损益预估表中，美发店可依据过去销售经验，订出下一年度各个月的销货收入、销货成本、固定成本分摊及其他营销费用，并估算出每个月的营业净利，其计算公式为：

营业净利=销货收入一销货成本一营销费用

但在现金流量预估表上，应完全把现金收支作为标准。所以，只要是未实际收到现金的销售收入，一般就不计作收入；而未以现金支付的款项就不作为支出。例如，固定成本中，装潢折旧的花销基本上未动用到现金的支出。因此在现金流量预估表上就不必列入支出项，但在损益预估表上必须列为费用项目，因此现金流量预估表和损益预估表会有差异。

二、物的管理方法

美发厅的物品可分为固定资产、美发物料用品（或美发产品）和低值易耗品三类。

1. 固定资产的管理

（1）固定资产的概念

固定资产是指使用年限在一年以上的房屋、建筑物、机器、机械、运输工具和其他与生产经营有关的设备、器具、工具等。不属于生产、经营主要设备的物品，单价在2 000元以上，并且使用期限超过两年的也列为固定资产。

（2）固定资产的特点

1）可长期服务于业务经营过程，并经长期使用不明显改变。

2）其投入的资金不能像投入的原材料那样可一次性从营业收入中得到回收，而是在使用过程中，随磨损程度以折旧形式逐渐地、部分地计入费用，并从营业收入中得到补偿。

（3）固定资产管理的要求

1）划清资金界限、实行计划管理。要有计划地建造或购置固定资产并按财务规定的资金来源取得资金，不得挪用流动资金或其他专用资金。

2）正确核定资金需用量。固定资产设备应与企业等级相适应，既不能降低设备要求，也不能一味追求高标准。

3）建立健全固定资产管理制定，实行分级、分口管理责任制，按各部门、小组、存放地点建立保管卡片，并有专人负责管理。固定资产的购进、移动、调拨、报废都要按规定的手续办理，定期盘点，账实相符，以保证财产安全。

4）正确计提固定资产折旧。计提折旧是为保持费用水平的均衡性，保护固定资产更新的资金来源。

$$固定资产年折旧额=\frac{固定资产原值+预计清理费用}{固定资产预计使用年限}$$

$$固定资产月折旧额=\frac{固定资产年折旧额}{12}$$

例：某美发美容公司购置一台美容机器，原值为20 000元，预计现值为1 000元，清理费用为200元，可使用年限为7年，则该机器年折旧额、月折旧额分别为多少？

解：

$$该机器年折旧额 = \frac{固定资产原值+预计清理费用}{固定资产预计使用年限} = \frac{20\,000-1\,000+200}{7} = 2\,742.9（元）$$

$$该机器月折旧额 = \frac{2\,742.9}{12} = 229（元）$$

答：该机器年折旧额为2 742.9元，月折旧额为229元。

5）加强维修管理，提高固定资产的完好率。充分利用设备，提高固定资产的利用率，充分发挥设备的生产率。

2. 美发物料用品的管理

美发企业的物料管理水平和效用发挥程度如何，直接影响企业的服务质量和经济效益，所以，加强物料用品的管理具有十分重要的意义。

（1）美发物料用品的概念

美发厅的物料用品是指日常营业服务过程中所需的各种洗发、护发、烫发、染发、固发、护肤、化妆用品。美发厅的物料用品主要有两种用途：

1）在美发厅为顾客服务时使用。

2）销售给顾客自己使用。

（2）物料用品的采购和验收

美发企业是以实施设备为依托向顾客提供服务的，而物料用品是美发企业为顾客服务中必不可少的物质基础。例如烫发剂、洗发剂、护发素、啫喱水、摩丝、焗油膏、染发剂、发胶、发油等。在为顾客服务的过程中，物料用品随着业务的进展而逐渐被消耗。当物料消耗到一定程度时就要进行采购、补充以保证经营活动的正常进行。

1）物料用品的采购。市场上美发物料用品的品种很多，既有国产、进口之分，又有本地生产与外地生产的区别；既有质量好的，又有质量一般的；还有高、中、低不同档次。为了保证企业服务的正常进行，采购物料用品必须遵循以下基本要求：

①品种对路。由于美发服务项目物料的构成和需求比例经常变化，采购必须根据业务经营活动的开展而进行，做到品种对路。品种对路包括两方面的含义，一是适用，即购进的物料用品的品种、质量必须适合本企业的等级规模、顾客的消费层次；二是适销，即购进的物料用品有利于美发师制作出顾客欢迎的发型。

②质量优良。物料用品的质量直接影响美发服务的质量。采购的物料用品质量优良，货真价实，使用率高才能降低费用，提高企业服务质量和经济效益。采购中应以正规企业生产的产品作为首选，出厂日期越近越好，防止过期，坚决杜绝采购假冒伪劣产品。

③价格合理。美发企业的物料用品价格对于费用率的高低至关重要，而物料用品的价格又经常波动，因此采购要随时掌握市场行情，力求做到价格合理，尽量批量进货，尤其是美发连锁企业，以降低价格，减少费用。

④数量适当。美发服务中使用的物料用品有的有规定的保质期，一旦过了保质期就不能使用，因此必须随时掌握业务情况和库存情况，制定合理的库存量，以控制采购数量。

⑤到货准时。采购必须根据业务情况的需要，合理组织进货，做到准时到货，提高工作效率。特别是业务旺季和节假日服务高峰，一定要备好充足的物料用品，防止因供货不及时而影响企业服务工作的顺利进行。

2）物料用品的验收。物料用品购买后要由专人进行验收入库。物料用品的验收应做好以下几方面的工作：

①审查凭证。查看购买物料发票上的货名、规格、数量、价格、日期等内容。

②验收数量。根据凭证上的数量进行清点，要求实点数量与凭证上的数量一致。

③检查质量。由专人对所购物料用品进行质量检查，注意物料用品的出厂日期、保质期等内容。

④登记入库。填写物料用品入库验收单。

原 材 料 入 库 验 收 单

品名	数量	价格（单价）	金额	入库时间

经手_____   验收_____

××美发厅原材料登记簿

品名_____

年（月）	年（日）	摘要	单位	单价	收进	付出	结存	经手人签名

（3）物料用品的保管和领用

1）物料用品的保管。做好物料用品的保管工作，与保持生产经营的连续性，保证美发美容服务质量，降低费用，增加利润都有密切的关系。物料用品入库后，库房保管员要严格遵守保管制度，做好以下三方面的工作：

①设置专门的保管库房或橱柜。物料用品仓库应选择地势较高而干燥的地方，仓库要通风良好，要有窗户或通风口，并有安全设施。库房内应设置专用货架、橱柜并分类保管，便于盘点。在企业中若没有专用库房，应设置专用橱柜。

②搞好清洁卫生，消灭四害。这对于保证物料用品的质量十分重要。库房保管员要经常打扫卫生，防止虫害。

③账物相符、互相监督。在管理上物料实物管理与物料用品账册管理应分别由专人负责，做到管账不管物，管物不管账，以便相互监督。

2）物料用品的领用。物料用品的出库和入库一样，是物料用品管理的重要环节。严格执行领用手续，对于保证账物相符和正确核算服务费用具有重要作用。

领用物料用品必须填写领用单，保管员要仔细核对品名、数量规格等内容，凭单及时发料。做到"四不发货"，即没有领用单不发货，领用单涂改不发货，签字手续不齐全不发货，物料用品超过保质期不发货。

原材料领用单

部门_____　　　　　　　　　　日 期_____

品名	单位	单价	数量	金额	备注
领料总金额 （大写）					

领用人_____　　　部门负责人_____　　　发货人_____

（4）物料用品的盘点和核算

1）物料用品的盘点。为了掌握物料用品的实际使用和储存情况，检查会计核算的准确性，就要对库存的物料用品进行盘点。库存盘点是企业管理中的重要环节，对保证账物相符和正确核算费用具有重要作用。盘点方法有动态盘点法、循环盘点法、重点盘点法、全面盘点法等多种。

①动态盘点法。指在产品出入库时，随之清点产品余量。此法可随时知道各种产品的正确存量，盘点工作量少。

②循环盘点法。指按产品入库的先后次序，有计划地对库存产品不断地循环进行盘点。产品管理人员每天都盘点一定量的产品，直到全部库存物质盘点完毕后，再开始下一轮的盘点。可节省人力，经济、方便。

③重点盘点法。指对进出频率较高的、价值昂贵或易损耗的产品进行盘点。此法可控制重点产品的动态，严防发生业务差错。

④全面盘点法。指对在库保管的全部物品按照规定的日期进行全面的清点，一般在月末、季末、年终定期进行。此法可准确掌握产品变动情况，及时处理超储、呆滞产品，节约流动资金。

盘点应在企业统一领导下进行，由物料保管员、财会人员及企业负责人共同组成盘点小组。盘点前先由财会人员和物料保管员对物料用品结算余额，检查账物实是否相符，然后整理好货位，做好盘点准备。盘点时按物料品名逐项盘点。盘点中对已付款入账，但尚未办完入库手续的在途物料用品和临时寄存于外单位或委托外单位加工、代购的物料用品，都应作为库存物料用品处理。盘点时要对所有物料用品实物进行点数和测量，并及时做好盘点记录，防止漏盘、错盘。盘点后要填盘点表，注明品名、规格、盘存数和账面数、溢余数、短缺数、损坏数，以及计量单位和金额。盘点中发现物品损失、短缺、积压和浪费现象，要认真查明原因，及时处理、吸取教训、不断改进。

原材料盘点表

填报单位＿＿＿＿＿＿＿＿　　　　　　　　盘点日期＿＿＿＿＿＿＿＿

品名	单位	单价	账面数		盘存数		溢余数		短缺数		损坏数	
			数量	金额	数量	金额	数量	金额	数量	金额	数量	金额

企业负责人＿＿＿＿＿＿　　　会计＿＿＿＿＿＿　　　监盘人＿＿＿＿＿＿　　　盘点人＿＿＿＿＿＿

2）物料用品的核算。物料用品的核算是在盘点的基础上进行的，它对企业降低费用，提高经济效益具有十分重要的意义。在进行物料用品核算时应做到：

①认真、仔细、准确地进行物料用品核算，以保证核算资料数据的可靠性。

②对缺、损、溢、变质和过期的物料要及时查明原因，并做报损等处理。

③对核算后的物料用品消耗总额、分类明细账要进行分析，看物料用品消耗结构是否合理，消耗率与企业等级规模是否相适应，是否有浪费、失窃等其他现象。

学习单元2　定额管理和组织与分工管理基本知识

▶ 学习目标

能够根据企业的实际情况进行定额管理和组织与分工管理

⊙ 知识要求

一、定额管理基本知识

劳动定额与定员编制，是合理组织职工劳动的重要内容之一，是编制劳动工资计划、调配劳动力的重要依据，也是提高劳动效率的主要措施。

1. 劳动定额

（1）劳动定额的概念

劳动定额是指每一个员工在一定时期内，在保证服务质量和业务经营活动需要的前提下，平均应该达到的工作量指标。合理制定劳动定额是劳动管理的基础。美发美容企业的劳动定额指标，主要有数量指标和责任指标两种。数量定额指标是以各种形式的经济责任制和岗位责任制为基础，以工作量为依据而制定的劳动定额。责任定额指标适用于一些难以用数量来确定其工作量的部门和工种。

（2）制定劳动定额的基本要求

合理制定劳动定额，不但可使员工个人明确奋斗目标，还可使企业对员工劳动有明确的要求，以及进行检查和监督有切实的依据。制定劳动定额的基本要求如下：

1）定额指标要体现先进性、合理性。劳动定额水平是定额管理的核心。定额水平能否起作用关键是看定额水平的高低。如果定额水平过高，员工尽了极大努力还是不能达到定额要求，就会挫伤员工的劳动积极性。如果定额水平过低，轻而易举，不费很大力气就超过，那么这个定额指标就没有鞭策作用，挖掘不出劳动潜力。所以，定额水平必须有一定的先进性、合理性。所谓先进合理的定额水平，是在正常的条件下，经过努力，多数职工能够达到，部分职工可以超过，少数职工可以接近的水平。

2）定额指标既要相对稳定，又不能一成不变。劳动定额制定以后，必须有一个相对的稳定性。当然定额也不能一成不变，应随情况的变化而有所调整。因为制定定额是由多种因素组成的，当这些因素条件变化后应做相应的调整，适当加以修改，使之能真正体现"鼓励先进、鞭策后进"的作用。

（3）制定劳动定额的方法

1）统计分析法。该方法是以历史上实际达到的指标为依据，结合企业现有设备工具，企业所处的地段、市口，企业服务档次，顾客消费层次，企业服务价格管理水平，员工的技术素质、服务素质，并预计可使劳动效率进一步提高的其他因素，经综合分析、研究后而制定的定额。

2）经验估计法。该方法是由经验丰富的定额管理人员、技术人员、长期在一线工作的员工，依据经营项目、顾客消费要求、企业服务档次、服务价格、企业现有设备设施等因素，凭经验直接估算而制定的定额，适用于难以用数量来定额的岗位。

3）技术测定法。该方法是通过到工作现场，进行工作日写实、测试、观察，分析劳动过程、操作技术和工时利用等情况，测定每一劳动过程的标准时间和每一劳动过程平均完成的营业额，制定出劳动定额指标。

4）类推比较法。该方法是根据企业劳动的规律，在规模相同条件相似的企业或工种之间进行分析比较而制定的定额指标。

2. 定员编制

（1）定员编制的概念

定员编制，就是根据企业的经营目标和经营规模，在劳动定额的基础上，本着提高工作效率、节约人力和精简机构的原则，合理确定企业各个部门、各个环节、各个岗位应配备各类人员的数量标准。为了合理定员，企业要有先进合理的劳动定额和精干的劳动组织机构。企业定员后，应在一定时期内保持相对稳定。

（2）定员编制的要求

1）坚持精简、效能的原则，即机构要精简，人员要精干，工作效率要高。

2）坚持按岗位定员。不能因人设事，而要因事设人。

3）坚持"塔形"编制。即直接从事业务的一线员工比重要大，管理人员相应配备，行政后勤人员比重要小，在中小型企业中因规模较小可兼职管理或多职兼管。

（3）定员编制的方法

1）按劳动效率定员。该方法是根据企业全年经营目标、劳动定额以及员工的出勤率来计算员工的定员。主要用于一线美发美容师的定员。其计算公式为：

$$定员人数 = \frac{全年经营目标}{年人均劳动定额} \div 出勤率$$

2）按岗位定员。该方法是根据企业工作岗位的数量，各岗位所需要人员和平均出勤率来计算人员的定员。在美发美容企业中某些无劳动定额的干部、职员和服务人员也可用此法定员。

3）按比例定员。该方法是根据企业职工总数或某类人员总数的一定比例来确定另一类人员的数量。在美发美容企业中，应根据美发美容师的人数，按一定比例来确定助理人员的定员及行政管理人员的定员。

3. 合理组织

美发美容企业应在确定劳动定额、定员编制的基础上合理地组织员工劳动。加强劳动管理必须认真做好员工劳动过程的组织分工，主要是做好以下方面的工作：

（1）员工劳动与物质要素相结合。美发美容企业的劳动成果，只能通过员工凭借技术和服务性劳动，依靠设备、工具用品、原材料资金等向顾客提供服务。所以必须把员工劳动与物质要素结合，这是合理组织劳动力的首要条件。

（2）员工劳动与服务对象相结合。美发美容企业劳动的特点是直接为消费者服务。这就决定了员工劳动必须和服务对象相结合。要做好这一点，首先必须合理安排好员工劳动时间，做到顾客多时，服务人员全力以赴；顾客少时，减少服务人员，以保证劳动效率提高。其次，在空间位置上保证使员工劳动与消费行为相结合，注意服务设备空间设置的合理性，为顾客消费提供舒适、卫生、方便的消费场所。

（3）员工劳动与现场组织工作相结合。美发美容企业员工进行服务要占一定的生产

场所，使用一定的服务设备、设施和工具，才能对不同的劳动对象提供服务劳动。劳动者、劳动工具、劳动对象三者结合是通过服务场所来实现的。所以服务场所的组织工作，就是把三者科学地组织起来，充分发挥每个员工在其相应的工作岗位上的作用。

（4）充分发挥管理人员的作用。他们的任务是在职能范围内，对业务工作进指导、监督，收集、分析业务资料和市场信息，及时提供企业领导在指挥业务活动时作参考，出谋划策，提建议，做领导的参谋。要发挥他们在工作中的主动性、创造性，配合业务部门做好经营服务工作。

二、组织与分工管理基本知识

1. 劳动分工与劳动协作

合理组织员工劳动的关键是合理分配和使用劳动力，进行科学分工与协调合作。

（1）劳动分工

1）劳动分工的概念。劳动分工是指企业对劳动力进行科学的分工，使每个员工都有固定的、明确的职责和相应的工作。美发美容企业的劳动分工，分为专职分工和专业分工，专职分工指要按照管理层次分工，将领导工作分出来，然后根据其管理层次的职责进行分工，确定各级领导人员的主管工作。美发美容企业的专业分工，就是按工作性质分工，一般可分为三方面：经营服务工作、管理工作、后勤服务工作。

合理科学地搞好专业分工，才能迅速提高各工种专业技术水平，才能提高劳动效率。

2）劳动分工的基本要求

①讲究效率。必须根据企业的具体条件，分析每个员工的知识、技术、能力、用人之长，使员工各得其所，充分发挥其专长，提高劳动效率。

②合理负荷。就是使每个员工要有饱和的工作量，发挥每个员工的潜在能力，实现最大的劳动效果，避免忙闲不均，适度分工。美发美容企业规模不同，经营项目侧重点不同，业务技术、设备、设施等级不同，分工程度也不一样。一般情况，企业规模大些，经营范围广，技术要求高，设备设施齐全，要求分工明细；反之，分工则可粗些。企业要根据各自实际情况，将企业按其性质、特点和工作条件，划分为几种类型和几个部分，由具体不同条件的员工分别去完成。

③岗位责任。就是从组织上、制度上建立各种岗位责任制，规定各个劳动者的固定岗位，承担一定的责任，拥有相应的权力，享受一定的利益，做到人人有专职，事事有人管，办事有标准，工作有检查，使工作有条不紊地进行。

（2）劳动协作

1）劳动协作的概念。劳动协作是指在劳动分工的前提下，把不同工种，不同环节的劳动有机密切地联系、协调起来。

2）劳动协作的内容。在劳动分工的基础上进行横向协作和纵向协作。横向协作即同工种协作，部门与部门协作，组与组协作。纵向协作是上下级之间的协作，前后工序之间的协作，后勤与一线之间的协作。

3）分工、协作的关系。劳动分工与协作是共同劳动中不可分割的两个方向，只有劳动分工，而没有劳动协作，劳动过程就不能互相协调；同样只有劳动协作，而没有分工，会出现职责不清，相互推诿，使劳动过程不能正常进行。合理地组织员工劳动，既要有科学的劳动分工，又须在科学分工的基础上加强劳动协作，使两者紧密联系和协调起来，以提高企业的全员劳动效率。

2. 合理安排上班时间

美发美容企业的劳动必须以有服务对象为前提。企业的劳动具有不均衡性，随机因素较大。在企业里有直接为顾客服务的美发美容师，还有间接为顾客服务的管理人员，他们之间既有明确的劳动分工，又要根据企业业务忙闲的规律合理分配劳动力，并相互密切配合，才能方便顾客消费，提高劳动效率。

（1）合理安排上班形式的作用

上班形式是指在营业时间内分配劳动时间的形式。恰当的上班形式，能使劳动时间的分配适应顾客消费的规律，方便顾客消费，提高劳动效率。因为企业劳动能否不间断地进行，取决于是否有顾客消费；美发美容师劳动能力能否得到充分发挥，取决于顾客消费的人次数。所以，按照客流量规律来安排美发美容师上班形式和分配劳动时间，才能切实提高劳动效率，达到用较少的人，实现更多的服务收入。

（2）合理安排上班形式的基本要求

一是方便顾客消费；二是符合《中华人民共和国劳动法》的法规条例要求；三是保证美发美容师的劳逸结合。在具体安排上班形式的过程中，应考虑企业所在的地区、地段、服务对象的层次及消费习惯、企业的等级规模、人力条件以及是否符合经济核算等，进行综合分析，确定不同的上班形式。

（3）美发美容师上班的几种形式

1）一班制。即通常所说的一班到底，就是在每天的营业时间内，所有服务人员同时上班，同时下班的形式。这种上班形式适应规模小、人员少、经营项目较简单或顾客较固定、消费时间较集中的企业。其优点是服务责任明确，因为营业没有交接班，便于安排美发美容师的学习和其他活动。缺点是营业时间较短，不能很好地按顾客流动规律调节人员，更好地满足顾客需要。

2）两班制。是指在营业时间内，服务人员分成两班。其形式有两种：一种是接换班制，即分为早、中班交换；另一种是分甲、乙班，今天甲班上班，乙班休息，第二天乙班上班，甲班休息。一天的劳动时间相当于两个劳动日，两班制适用于规模较大，营业时间较长，业务繁忙，顾客来店消费人数均衡的企业实行。其优点是可以较长时间地便于顾客消费，美发美容师能够劳逸结合，休息时间比较集中。其缺点是降低了劳动效率，虽然营业时间长了，但还不能切实按照顾客流动规律调整上班人数。

3）连带上班制。又称统筹上班制、串班制，是指在营业时间内根据顾客消费规律所实行的服务人员多次交叉上班的形式。其优点是：

①可有效地使用人力。因为服务人员的上班时间和人数是按顾客来店的时间和人数

动态分配的，顾客多的时候服务人员上班的人数多，顾客少的时候，服务人员上班人数也少。

②保持8小时工作时间，有效地使服务人员劳逸结合。

③在不增加人数的前提下延长营业时间，方便顾客消费。

④能充分利用工时，提高劳动效率。

美发美容企业在安排好日常的上班形式后，在遇到节庆日等业务高峰时，还应当进行适当调整，以满足顾客需求。

上述各种上班形式各有特点，一个美发美容企业究竟采用哪种上班形式，要以本企业的实际出发，因店制宜，不要强求一律，要灵活运用，才能达到既方便顾客消费，又提高劳动效率，还能保证美发美容师劳逸结合。

学习单元3　沟通技巧与心理学常识

▶ 学习目标

掌握与员工沟通的技巧及相关心理学常识

▶ 知识要求

沟通是人与人之间传达思想和交流信息的过程，是心灵之间的一种碰撞，是人类生存必备条件之一。

沟通最大的目的，就是要通过沟通，充分调动下级的积极性，使他们的潜力得以最大限度地发挥。

领导与员工沟通，就是领导与员工之间在思想、观点、意见、感情、愿望、认识问题等方面交流的过程，通过相互作用，能够达成决策共识、建立相互信任、促进彼此感情、形成团队合力、提高落实效率以实现共同进步。

一、沟通的重要性

1. 沟通有助于调动员工参与管理的积极性，激励员工无私奉献。

2. 沟通有利于肯定组织的愿望和使命。

3. 沟通有利于加强团队的凝聚力。

4. 沟通有利于集思广益，促进决策的合理化，减少计划的盲目性。

5. 沟通有利于得到员工的认可，达到情感共享和实现价值认同的目的。

6. 沟通有利于稳定员工的思想情绪，改善人际关系。

7. 沟通有利于缩短沟通信息传递链，拓宽有效沟通渠道，保证信息的畅通无阻和完整性。

二、沟通的技巧

任何沟通都是"双方"之间的一种交流和联络，包括情感、态度、思想和观念的交流。沟通的目的并不在于说服对方，而在于寻找双方都能够接受的方法。因此，沟通的方式往往比沟通的内容更为重要，这就要求在沟通的过程中掌握一些沟通技巧。

1. 平等与尊重

平等与尊重是任何沟通的前提，沟通在很大程度上可以说是情感的征服。只有善于运用情感技巧，以情感人，才能打动人心。感情是沟通的桥梁，要想说服别人，必须架起这座桥梁，才能到达对方的心理堡垒，征服别人。作为领导，在处理许多问题时，都要换位思考，这样沟通就容易成功。站在下属的角度考虑问题，为下属排忧解难，下属就能替领导排忧解难，提高业绩。

2. 沟通的尺度

（1）尺度是空间的距离，就是与员工之间保持多远的距离最合适，不要让对方产生私人空间被侵入的感觉。较近的距离可能会有利于双方产生好感，也可能会导致双方的不自在。

（2）尺度是时机的掌握，要掌握适当的时机进行沟通，不要选在对方忙碌或心烦的时候沟通，如果时机不对，沟通的效果也会不好。

（3）尺度是表情以及身体语言，在沟通的时候要会微笑，发自内心的微笑是成功沟通的法宝。表情和身体语言所产生的沟通效果比只用语言进行沟通所达到的效果要好得多。

3. 多激励少斥责

每个人的内心都有自己渴望的评价，希望别人能了解，并给予赞美。身为领导者，应适时地给予鼓励、慰勉，认可、褒扬下属的某些能力。积极的激励和消极的斥责对于下属的影响会是两种不同的结果，更重要的是心理上的影响，这是最根本的东西。

4. 掌握聆听的技巧

在沟通中，领导与下属沟通时聆听的时间要占80%，而说话时间占20%；关键是要学会倾听，学会做一个好听众，用心倾听，了解别人而不是判断别人。学会聆听，主动地与下属说、问、答。学会聆听，才能获取最大的信息量，从下属的语言、表情、姿势、声调等信息中做出判断。还要选择好聆听的方式，把握好聆听的效果，从聆听中准确把握对方的思想脉搏，有利于最终解决下属的思想问题。学会聆听，也要积极交流，在交流意见中，可以了解对方的意思，而对方也能了解自己的意思，从而逐渐缩小彼此意见的差距。

5. 多渠道沟通方式

（1）谈话沟通

谈话可以传递信息，也可以交流感情。与下属沟通最好的方法是个别交谈，每个职员都想得到上级的重视和能力认可，这是一种心理需要，和下属常常谈谈话，对于形成群体凝聚力，完成任务、目标，有着重要的意义。如果出自诚心，再注意技巧，就可能谈出良好的效果。

（2）网络沟通

现在的年轻人可以不看电视，但绝对不可能不上网；只要一上网，就一定会用QQ（只要公司允许，他们的电脑上都挂着QQ）。工作时可以不与领导说话，但会经常用e-mail、MSN、QQ与朋友、同事沟通，这就是现在年轻人的生活方式。要学会通过网上沟通来适应年轻人的生活习惯与思维方式。

（3）非文字沟通

非文字沟通来源于外表而不是语言，包括身体语言和附属语言。与所用的词汇相比，声调有5倍以上的影响力，而肢体语言则有8倍以上的影响力，语速、语调、摆幅、微笑、眼神、手势等身体语言能够传达人的内心感受。所以，在交流过程中，身体语言传递的信息更多、更广。

6. 注重达成共识的效果

沟通的目的，是让下属接受领导的观点，达成思想上的共识。要努力设法寻找自己与别人在爱好、经历、家庭背景、个人特长、职业、价值观的相同点，设法强化它们。在认识上沟通，各去所偏，最终达成统一，并把这种共识体现在谋划和决策之中。

7. 用好幽默润滑剂

在与下属沟通中，可掺杂一些幽默，使气氛更融洽、关系更和谐。下属必然会觉得领导很随和，从而愿意接近领导。这样领导才能真正了解下属，与他们更好地进行沟通，这对于领导的工作来说是极其重要的。

（1）幽默可以缓解人际关系的紧张状态，营造一个和谐的交谈气氛和环境，使双方感到自在舒适。

（2）幽默可以降低对方的戒心，可以拉近上下级关系的距离，使意见更容易被接纳。

（3）幽默可以增强吸引力，有利于打动下属。

（4）幽默可以创造一个和谐融洽的氛围，不管下属是否真正接受领导的意见，至少留下了好印象，以便下次沟通的成功。

三、心理学常识

和人交流沟通首先需要了解沟通对象的性格特征，以便深入的交往。人的性格有以下九种：

1. 完美型

【主要特征】：有原则性，不易妥协，对自己和别人要求甚高，追求完美，不断改进，感情世界薄弱。希望把每件事都做得尽善尽美，时时刻刻反省自己是否犯错，也会纠正别人的错。

【主要特质】：忍耐、有毅力、守承诺、贯彻始终、爱家顾家、守法、有影响力、喜欢控制、光明磊落。

典型的完美主义者，事事追求完美，很少讲出称赞的话语，很多时候只有批评，无论

是对自己，或是对身边的人。对自己有着超高的标准。

2. 助人型

【主要特征】：渴望与别人有着良好关系，甘愿迁就他人，以人为本，让别人觉得需要自己，而常常忽略自己的感受；很在意别人的感情和需要，十分热心，愿意付出，别人接受自己，才会觉得自己活得有价值。

【主要特质】：温和友善、随和、绝不直接表达需要，婉转含蓄、慷慨大方、乐善好施。

很喜欢帮人，而且主动，慷慨大方。满足别人的需要比满足自己的需要更重要，他们很少向人提出请求。自我意识不强。

3. 成就型

【主要特征】：具有强烈的好胜心，常与别人比较，以成就衡量自己的价值高低，看重个人的形象，惧怕表达内心感受，希望能够得到大家的肯定。是个野心家，不断地追求理想，希望与众不同，受到别人的注目、羡慕，成为众人的焦点。

【主要特质】：自信、活力充沛、风趣幽默、很有把握、处世圆滑、积极进取、形象美丽。

有很强的争胜欲望，相信天下没有不可能的事。喜欢接受挑战，会把自己的价值与成就连成一线。会全心全意去追求一个目标。

4. 艺术型

【主要特征】：情绪化，追求浪漫，惧怕被人拒绝，觉得别人不明白自己，有强烈的占有欲，我行我素。喜欢自我察觉、自我反省以及自我探索。

【主要特质】：易受情绪影响，倾向追求不寻常、有艺术性而富有意义的事物，爱幻想，对美感的敏锐可见于独特的衣着，对布置环境的品位显现出个人的独特性，极具创造力、过分情绪化、容易沮丧或消沉。

有艺术家的脾气，多愁善感及想象力丰富，会常沉醉于自己的想象世界里。

5. 智慧型，思想型

【主要特征】：冷眼看世界，喜欢思考和分析，但缺乏行动，对物质生活要求不高，喜欢精神生活，不善表达内心感受；想借由获取更多的知识，来了解环境，面对周遭的事物，想找出事情的脉络与原理，作为行动的准则。有了知识，才敢行动，才会有安全感。

【主要特质】：温文儒雅、有学问、条理分明、表达含蓄、拙于辞令、沉默内向、冷漠疏离、欠缺活力、反应缓慢。

是个很冷静的人，总想跟身边的人和事保持一段距离，也不会让自己情绪化。会先做旁观者，然后才投入参与。需要充分的私人空间和高度的隐私，否则会觉得很焦虑，不安定。

6. 忠诚型

【主要特征】：做事小心谨慎，不轻易相信别人，多疑虑，喜欢群体生活，为别人做事尽心尽力，不喜欢受人注视，安于现状，不喜欢转换新环境；相信权威，跟随权威的引导行事，然而另一方面又容易反对权威，性格中充满矛盾。团体意识很强，需要亲密感，

需要被喜爱、被接纳并得到安全的保障。

【主要特质】：忠诚、警觉、谨慎、机智、务实、守规、守纪。

很忠心尽责。当遇到新的人和事，都会感觉恐惧、不安。基于这种恐惧不安，凡事都会做最坏打算，换句话说，为人比较悲观，也较易去逃避了事。

7. 开朗型

【主要特征】：乐观，需要新鲜感，追求潮流，不喜欢承受压力，怕负面情绪；想过愉快的生活，想创新，渴望过比较享受的生活。喜欢体验快乐及情绪高昂的世界。

【主要特质】：快乐热心、不停活动、不停获取、怕严肃认真的事情、多才多艺、对玩乐的事非常熟悉，也会花精力钻研，不惜任何代价只要快乐，以嬉笑怒骂的方式对人对事。

乐观、精力充沛、迷人、好动、贪新鲜。很需要生活有新鲜感，不喜欢被束缚、被控制。

8. 领袖型

【主要特征】：追求权力，讲求实力，不靠他人，有正义感，喜欢做大事；是绝对的行动派，一碰到问题便马上采取行动去解决。想要独立自主，一切靠自己，依照自己的能力做事。

【主要特质】：具有攻击性，以自我为中心，轻视懦弱的人、尊重强者，为受压迫者挺身而出，冲动，有什么不满意会当场发作。

豪爽、不拘小节、自视甚高、遇强越强、关心正义和公平。清楚自己的目标，并努力前进。不愿被人控制，具有一定的支配力。

9. 和平型

【主要特征】：需花长时间做决定，难以拒绝他人，不懂宣泄愤怒；显得十分温和，不喜欢与人起冲突，不自夸，不爱出风头，个性淡薄。想要和人和谐相处，避开所有的冲突与紧张，希望事物能维持美好的现状。忽视会让自己不愉快的事物，并尽可能让自己保持平稳、平静。

【主要特质】：温和友善、忍耐、随和、怕竞争，无法集中注意力，有时像梦游，不到最后一分钟不会完工，非常依赖别人的提醒，注意力集中在细节、次要的事，对大多数事物没有多大的兴趣，不喜欢被人支配，绝不直接表达不满，只是阳奉阴违。

善解人意，随和。很容易了解别人，却不是太清楚自己想要什么，会显得优柔寡断。相对来说，主见会比较少，宁愿配合其他人的安排，做一个很好的支持者，是比较被动的类型。

总结

九种人的性格是应用心理学中的一种，其应用范围广泛，有助于个人成长、企业管理及人际沟通和关系处理。每种类型都有其鲜明的人格特征。九种人的性格并没有好坏之别，只不过了解不同类型的人的根本差异，是人们了解自己、认识和理解他人的一把金钥匙，是一件与人沟通、有效交流的利器。

美发师（高级技师）

第4章 》》

整体设计

第1节　发型设计

学习单元1　艺术观赏发型制作

⊙ 学习目标

了解时尚发型发布会、时尚发型推广会及大赛发型的特点和风格
能够为时尚发型发布会、时尚发型推广会及发型大赛等制作艺术观赏类发型

⊙ 知识要求

时尚发布会、推广会发型及大赛发型等各类艺术发型，都属于观赏类发型，是源于生活、高于生活的具有创造性、独特性和观赏性的发型。艺术观赏发型不是求怪求奇，因为发型是展示美的载体，不论怎么创意，最终的目的是要使人感觉和谐、唯美、健康、有深度、有内涵。不管创意多么独特，如果背离这些原则，那设计的不是发型，只是借用头发来表达一个奇特物体而已。因此，不论怎么创意，发型作为审美的功能本质不能改变。

一、时尚发布会、推广会发型的特点与风格

时尚发布会能够推动美发行业发展，树立行业形象，引导行业前进，展示行业信息，促进行业从业人员之间、行业与消费群之间的信息和技术的交流，展示和推广新的流行发型，带动市场的消费。一场名副其实的时尚发布会是在严密的组织程序下诞生的。发布会的发型要具有强烈的时代特点和鲜明的内涵风格。

时尚发布推广会的发型与纯艺术发型是不相同的，前者是要遵循眼下将要发生的流行趋势，后者是纯思想的表达。发型设计师要大量参考国际流行趋势的前沿信息，梳理出时尚界将要推出的流行特点和风格，从中归纳出下季的时尚趋势，依据这类趋势来构思时尚发型发布会的设计思路和风格类型。发型的形状、色彩、纹理要与国际各类造型行业所推崇的形状、色彩、纹理特点相吻合，综合展现的风格要与国际将要流行的时尚风格相协调。

1. 时尚发布推广会发型的特点

时尚发布推广会发型的特点是指发型要具有独特的形状、纹理和色彩，与过去流行的发型要有一定的反差，要比生活中的发型有适度的夸张，要有视觉的冲击力，要有未来将要商业化流行的趋势。

2. 时尚发布推广会发型的风格

时尚发布推广会发型要有形状、纹理和色彩上的突出特点，同时整场发布会的发型要有主题风格。风格是指发型给人的印象和感觉，是一种大环境大趋势下的产物，是发型思想定位，是发型的表达属性，比如波希米亚风格、洛可可风格、巴洛克风格、波普风格、古典风格、汉唐风格、朋克风格、甜美风格、几何风格、浪漫风格等，如图4—1、图4—2

所示。

图4—1　波希米亚风格

图4—2　朋克风格

二、大赛发型的特点与风格

　　大赛发型是发型技术最综合的表现形式，赛前准备是一项极其细致的、需要全心投入的工作，对选手的心理、体力、智力都是极大的考验，最能体现选手的综合能力。在发型的制作过程中对使用的工具、运用的产品、造型的手段没有任何要求和限制，唯一的目的就是发型最终结果的完美。

　　1. 大赛发型的特点

　　大赛发型的特点是具有鲜明的特点。色彩、线条、形状贯穿于整个发型设计和制作过程之中。因为在不同造型方法的变化下，大赛发型最后完成的形状是千变万化的，因此对线条、形状、色彩三者之间的联系有着极高的要求。

　　2. 大赛发型的风格

　　大赛发型的设计与创造，要以扎实的基本功为基础，遵循形状、比例、线条、色彩、方向的设计原则，再与自身的创造性思维和审美情趣相结合，设计出独具风格的大赛发型，其风格表现为修剪风格发型、创意风格发型、晚宴风格发型，如图4—3、图4—4、图4—5所示。

图4—3　修剪风格

图4—4　创意风格

图4—5　晚宴风格

技能要求

技能1　修剪类观赏发型的制作

一、操作准备（见表4—1）

表4—1　操作准备

序　号	工具用品名	单　位	数　量
1	剪发围布	条	1
2	干毛巾	条	1
3	围颈纸	张	1
4	剪发梳	把	1
5	剪刀	把	1
6	牙剪	把	1
7	夹子	只	6
8	喷水壶	只	1
9	掸刷	只	1

二、操作步骤（见图4—6）

步骤1　分区。

步骤2　将后底区的头发向上中心定点修剪。

步骤3　打薄发量并剪出M形。

步骤4　将后上区的头发向下中心定点修剪。

步骤5　完成效果。

步骤6　将左侧底区单独剪出鬓角。

步骤7　将左侧中区剪出前斜效果。

步骤8　将左侧底区、中区的头发后梳并固定。

步骤9　将左侧上区剪出后斜凸线效果。

步骤10　完成效果。

步骤11　将右侧区剪出前斜效果。

步骤12　将右侧区中间剪出前斜断层效果。

步骤13　将刘海右侧区剪出断层效果。

步骤14　将顶区剪出斜线效果。

步骤15　漂浅头发。

步骤16　正面完成效果。

步骤17　左侧面完成效果。

步骤18　后面完成效果。

步骤19　右侧面完成效果。

步骤20　真人模特效果。

步骤1

步骤2

步骤3

步骤4

步骤5

步骤6

步骤7

步骤8

步骤9

步骤10

步骤11

步骤12

步骤13

步骤14

步骤15

步骤16

步骤17

步骤18

步骤19

步骤20

图4—6　具体步骤图

三、注意事项

修剪实线时头发要自然下垂进行修剪，以保证剪切线条的清晰。

技能2　造型类观赏发型的制作

一、操作准备

1. 先在量感区和动感区的根部涂上摩丝。

2. 在量感区喷少许发油。

3. 在动感区的发尾上涂上少许免洗柔顺剂。

4. 对于较硬的头发，可事先用小吹风压顺发根。

二、操作步骤

A造型类观赏发型的吹风（见图4—7）

步骤1　以耳上为圆心，左鬓向前下方向滚梳。

步骤2　转动头发流向。

步骤3　将左后上发区向上滚梳。

步骤4　将左后下发区向下滚梳。

步骤5　以耳上为圆心，从右鬓向前下方向滚梳。

步骤6　转动头发流向。

步骤7　将右后上发区向上滚梳，流向与左区分开。

步骤8　将右后下发区向下滚梳，流向与左区汇聚，发尾分开。

步骤9　将顶区头发左右四六分开，左后发区的头发向前滚梳。

步骤10　将左中发区的头发向右滚梳。

步骤11　将左前发区的头发向后拉滚，滚梳的运动要连贯。

步骤12　将右前发区的头发向后拉滚，发根要向上带起。

步骤13　将右后发区的头发向外拉滚。

步骤1

步骤2

步骤3

步骤4

步骤5

步骤6

步骤7

步骤8

步骤9

步骤10

步骤11

步骤12

步骤13

图4—7　具体步骤图

B造型类观赏发型的造型（见图4—8）

步骤1　头顶分区示意图。

步骤2　后分区示意图。

步骤3　在左侧区喷上发胶。

步骤4　将左鬓向前下方向梳理。

步骤5　以耳上点为圆心，转动头发流向，将左后上发区向上梳理。

步骤6　将左后下发区向下梳理。

步骤7　将右鬓向前下方向梳理。

步骤8　以耳上点为圆心，转动头发流向，将右后上发区向上梳理。

步骤9　将右后下发区向下梳理，发尾流向上区左右呈倾斜分开，中区汇聚，下区发尾分开。

步骤10　梳理8发区发尾。

步骤11　将1发区的头发向上梳起，轻轻打毛。

步骤12　摆出螺旋形并固定。

步骤13　将2发区的头发向上梳起，打毛发根使其站立。

步骤14　摆出C形并固定。

步骤15　梳出束状发尾。

步骤16　将3发区的头发向外放射状梳出，打毛发根使其支撑。

步骤17　喷上发胶固定发根，并将发尾用宽齿梳向外梳理。

步骤18　发尾摆出S形并固定。

步骤19　将4发区的头发向上梳起，打毛发根使其站立。

步骤20　喷上发胶固定发根，并将后部发尾用宽齿梳向外梳理。

步骤21　将前部发尾向侧梳出。

步骤22　将5发区的头发向侧梳起，轻轻打毛。

步骤23　摆出螺旋形并固定。

步骤24　将6发区的头发向上拉出，轻轻打毛。

步骤25　摆出C形并固定。

步骤26　将7发区的头发向上拉出，轻轻打毛。

步骤27　摆出C形并固定。

步骤28　将8发区的头发向外放射状梳出，打毛发根使其支撑。

步骤29　喷上发胶固定发根，并将发尾用宽齿梳向外梳理。

步骤30　8发区完成效果。

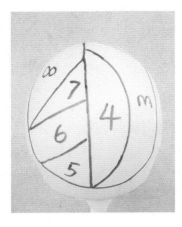

步骤1

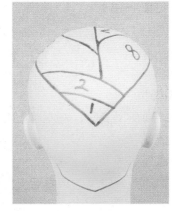

步骤2

步骤3

步骤4

步骤5

步骤6

步骤7

步骤8

步骤9

步骤10

步骤11

步骤12

步骤13

步骤14

步骤15

步骤16

步骤17

步骤18

步骤19

步骤20

步骤21

步骤22

步骤23

步骤24

步骤25

步骤26

步骤27

步骤28

步骤29

步骤30

整体完成效果

真人作品

图4—8　具体步骤图

三、注意事项

1. 整体比例要协调，吹风、梳理、造型发型的整体线条要呈现流畅的S形。

2. 在对头发进行徒手造型时，要按设计要求对头发进行精细的分片整理。

3. 梳理线条时，要在头发上喷上发胶，并用梳子贴着头皮梳出曲线线条。

4. 在整理发片时，要靠轻微的倒梳使发片聚集，通过发胶喷洒固定，并用手指拉光，用嘴巴吹风定型，一整套动作要一气呵成，发片发丝要光洁。

5. 在作品完成后可用剪刀剪去影响光洁度的发丝。

学习单元2　主题系列创意发型设计

▶ 学习目标

能够进行主题系列发型的设计

▶ 知识要求

一、题材的选择

　　主题是指设计的发型是表达的内容、思想，这是主题设计的价值取向。题材立意可以是无所不有的，比如田园、环保、反战、唯美、奢华、激情、民族、颓废、前卫、古典、后现代、节日等，任何方面的内容都可作为题材，如图4—9、图4—10所示。

图4—9　田园主题发型　　　　　　　图4—10　圣诞主题发型

二、设计的依据

　　面对所选题材时，内心要为之触动，有某种感应，能对之欣赏、流连，会有内心的感动，能观察发现它的特别之处，才能依据感觉的某个特点进行创意。

三、素材的提炼

创意不是将发型设计成某个物体的具象，而是提取其中的某个特点元素，将其进行多次变形变异，但要有原物体的感觉特点，即创意可以是对某个物体的抽象演变，同时创意的素材有时没有特定物体的参照，是通过平常对各种事物的感受和观察及经历的长期积淀，会促成创意的某种灵感，因此创意是日常生活中对事物的敏锐洞察和分析欣赏的日积月累的结果。

四、设计的计划

当选定题材和风格后，要制订设计的计划，包括表现出什么效果，突出什么特点，重点表现什么，哪种元素作为创意的主体。设计的表现元素是纹理、色彩、空间、形状等，创意的主体可以表现形状的夸张，或者是表现色彩的视觉冲击，或是表现纹理的印象，或是表现空间的延伸，它们可相互协调，也可以是部分突出。

当确定好上述表现方式后，便要制定设计的计划方案，包括用什么手段，用什么技术，用什么材料等的安排。

五、发型的表达

在创意的最后一步是如何表现出它的创意设计效果。比如怎样塑造出发型的形状，形状与整体的比重；怎样达到色彩的预计效果，用什么材料、什么技术去操作；怎样打造发型创意的纹理，优雅或张扬还是直顺或曲回，即用什么手段去完成；怎样表现创意作品的外延空间，这是关系到创意发型的内涵与外延的关键，使最终效果给人留下回味和遐想的空间，使作品具有精神和视觉的穿透力与延伸感。

综上所述，主题发型设计是对设计者的综合知识和技术的最大考验，要具备分析任何事物的审美能力，要有对艺术美感的敏锐触觉，要有设计方法流程的知识，要有提炼事物的抽象能力，要有发型制作的精湛专业技术，要有设计学的扎实理论等。

技能要求

花样年华主题发型的制作

一、操作准备（见表4—2）

表4—2　操作准备

序　号	工具用品名	单　位	数　量
1	剪发围布	条	1
2	干毛巾	条	1
3	围颈纸	张	1

续表

序 号	工具用品名	单 位	数 量
4	挑梳	把	1
5	包发梳	把	1
6	发胶	把	1
7	剪刀	把	1
8	牙剪	把	1
9	发夹、铁丝、橡皮筋、饰品	个	若干

二、操作步骤（见图4—11）

步骤1　模特原型。

步骤2　化妆效果。

步骤3　将刘海向前侧内卷，发尾留出。

步骤4　从刘海后区取一块头发，向前侧内卷并固定在刘海上，发尾留出。

步骤5　从头顶区取一块头发，向侧内卷并固定在右侧，发尾留出。

步骤6　将右侧的头发向前梳顺。

步骤7　盘绕在右侧前额并固定。

步骤8　将后发区左右分成两区，左侧扎低马尾。

步骤9　将右侧的头发绕在左侧的马尾处。

步骤10　分束打圈固定。

步骤11　均匀拉散发圈。

步骤12　加上饰品。

最后完成效果。

步骤1

步骤2

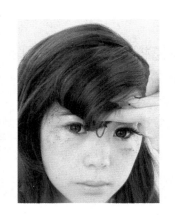

步骤3

步骤4

步骤5

步骤6

步骤7

步骤8

步骤9

步骤10

步骤11

步骤12

最后完成效果

图4—11　具体步骤图

三、注意事项

1. 要注意发尾的舒展。

2. 要注意饰品的摆放位置。

学习单元3　个性整体形象设计

▶ 学习目标

能够根据顾客的职业、身份等设计符合不同场合、突出个性的整体形象

▶ 知识要求

一、根据顾客职业进行整体形象设计的基本要点

1. 护士

（1）护士服（见图4—12）

护士服装要整洁、大方、大小长短适宜，里面的衣服不外露，下着白衬裙或者白裤，腰带平整，衣扣扣齐。

（2）仪容（见图4—13）

1）仪态。仪态要友好、关注，有神采。注意把握表情，带给患者热情、轻松、自然的感觉。

2）发型。发型以干净整洁为宜，长发可以盘在脑后部位扎发髻，用发卡固定后戴上护士帽；短发应整理干净，两侧的头发最好放在耳后，用啫喱固定后，再戴上护士帽。

（3）护士帽（见图4—14）

燕帽：燕帽要戴正、戴稳，距发际4~5厘米，用发卡固定，发卡不得显露于燕帽正面。

　　圆帽：头发要全部遮在帽子里。前不露发际，后不过眉；后边头发前不过眉，后边头发不过衣领，用统一的发饰盘于燕帽之下，不戴头饰。

　　（4）护士鞋（见图4—15）

　　护士鞋应为软底、坡跟或平跟，颜色以白色或奶白色为主，干净舒适，与整体装束协调。

　　禁忌：工作场合禁戴戒指、手镯、手链、脚链、耳环等，如工作需要可戴手表。

图4—12　护士服

图4—13　护士仪容

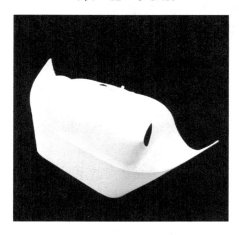

图4—14　护士帽

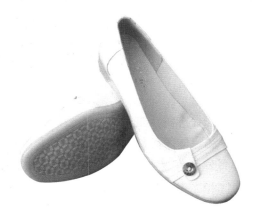

图4—15　护士鞋

　　2．主持人

　　当主持人、记者的形象通过电视屏幕呈现在观众面前时，所代表的就不仅仅是个人的形象，他们所代表的是所在电视台的形象，是媒体的形象。

　　作为一名专业设计师，对主持人的整体形象定位，更要有清晰的认识和准确的把握。设计师必须了解电视的制作规律，必须把握电视制作综合因素中的种种变化。电视观众看到的形象和设计师的原创作总会有差异，尤其是颜色和形状的准确呈现很难做到。灯光的色温、照度、角度、摄像机的位置、机器本身的制式区别及环境色、服装色等，都会对屏幕形象造成影响。设计师对这些因素的深入了解，以及与各个工种的密切配合，有助于完整地实现自己的化妆意图。

节目主持人的形象对其节目的收视率和被观众接受程度有相当的影响。电视台投入了很多人力物力精心策划、认真制作的节目，很可能由于一个主持人的形象问题而失去了观众。主持人的形象是令观众赏心悦目，还是令人不忍目睹，会使电视观众产生认同感或排斥感。主持人的形象就是电视台的窗口，电视观众对于一个电视台的评价，绝大部分来源于对主持人的感觉。

所以主持人在形象定位上一定要准确。首先，要根据栏目的性质定位，其次根据个性定位，第三根据主持人的外形条件定位。

（1）新闻类节目主持人的形象定位（见图4—16）

图4—16　新闻类节目主持人的形象定位

新闻节目主持人的形象代表着新闻的真实性。任何多余、夸张的修饰都会影响新闻节目的公正和可信度。新闻播音员的形象应该以职业风格为基础。

新闻节目的女主持人在化妆上应该以自然、写实的风格为主。尤其现在很多电视台的节目制作和播出环节数字化设备的日益普遍，观众收看到的图像清晰度和主观层次感不断增强，以前模拟设备所适用的化妆方法和技巧已经不能满足现在节目制作的需要。所以，新闻节目在化妆上宜淡不宜浓。

服装方面应该选择端庄大方的职业装，外套里可选择衬衣、吊带、抹胸等来搭配。领间颈胸不宜大面积露出肌肤，领口不宜低于腋下。在色彩上，不宜选用色彩纯度和明度高的颜色，如黄、绿、蓝等；应该选择纯度和明度低一些的颜色，灰色或含灰的色系，如红灰、蓝灰、紫灰等色彩。这类颜色给人以冷静沉着、典雅秀丽的感觉。

新闻节目的男主持人在化妆时，应该主要表现男性的力度。男性化妆不论在任何光源下都不应该有丝毫被化妆过的痕迹表现在电视画面中。发型应简洁、整齐、明快、自然。肤色应结实、健康。挺直的鼻形，有棱角的眉形和唇形是男播音员的化妆重点。过于夸张的修饰，会使男性的形象带有脂粉气。

　　男主持人的化妆虽然步骤少，用色简单，但一定要因人而异。条件好的地方就无须再用化妆品去修饰，要做到恰到好处。

　　（2）综艺类节目主持人的形象定位（见图4—17）

图4—17　综艺类节目主持人的形象定位

　　综艺节目的主持人在整体造型上本身就是一个看点。综艺节目主持人的刻意或稍带夸张的修饰效果，会带给观众对综艺节目的好奇和喜爱。观众可以通过节目了解流行趋势，有些观众还会模仿主持人的穿着打扮，这就是综艺节目能引领时尚潮流的原因之一，也是吸引一部分观众群的原因。

　　综艺节目主持人在化妆上可以适当夸张一些。在眼影的色彩运用上可以大胆地选用一些比较亮的色彩，如粉红、玫红、绿色、蓝色、银色、紫色等。在发型和服装上也可以多一些变化。

　　综艺节目的主持人在发型上也不能过于夸张和媚俗，因为他们毕竟是电视节目的主持人，观众的欣赏层面和年龄段都不同，要考虑大多数人能不能接受，能不能欣赏。

　　（3）访谈类节目主持人的形象定位（见图4—18）

图4—18　访谈类节目主持人的形象定位

访谈类节目主持人在发型上古板是绝对不适合的。在化妆上应清新、自然，过于妖艳的妆面会增加与观众的距离感，妆面的色彩上应该以暖色调或粉色调为主，如粉红、粉绿等。发型也可以端庄一些，但不要选择晚会上常用的盘发或比较死板的发型。服装上不要选择太正式的职业装或礼服。从总体上讲要选择随意但不刻意的造型方法，这会使谈访类节目主持人具有亲和力。

　　3. 空姐

　　当人们提及空姐，第一个映入脑海的便是空姐们落落大方的形象。为打造优质服务品牌，提升服务内涵，展现乘务员的形象风采，首先应打造乘务员得体、优雅、亮丽的整体职业形象，如图4—19、图4—20所示。

图4—19　空姐形象一　　　　　　　　　　图4—20　空姐形象二

　　（1）空姐服

　　空姐日常的服装一般是以衬衣、围巾、马甲、丝袜、一步裙、外套、大衣为主的，具体可根据气候进行调整。

　　（2）空姐鞋

　　空姐鞋为中跟软底的黑色皮鞋，与整体装束相协调。

　　（3）仪态

　　对空姐的站姿、坐姿、走路的姿态，都有着规定，眼神要友好、关注、有神采。无论在任何情况下，都不得出现厌烦、冷淡、愤怒、僵硬、紧张和恐惧的表情，应保持微笑，带给人热情、轻松、自然的感觉。

　　（4）妆面

　　妆面的色彩以清新淡雅为主，决不能过于夸张和媚俗。

（5）发型

在处理发型时，以干净、简洁为主，将两侧的头发放在耳后，盘在后头部位，扎发髻用发卡固定，使用统一的发饰。不宜留刘海。若要戴空姐帽，则需要戴正、戴稳，头发要全部遮在帽子里，不露发际，用发卡固定，发卡不得显露于外。

禁忌：工作场合禁戴戒指、手镯、手表、手链、脚链、耳环等。

4. 记者

记者的形象定位，如图4—21、图4—22所示。

图4—21　记者的形象定位一　　　　　　图4—22　记者的形象定位二

（1）外在的形象定位

1）发型。发型应简洁、自然。蓬松自然的发型，可营造轻盈飘逸感，大大增强亲和力。头顶蓬乱但有致的发丝造型，可让脸形显得很有立体感，并且散发出特有的随性气质。

2）服装。记者在着装上应该以职业风格为主。比较正式或比较严肃的场合，应穿着正装；夏天可穿衬衣、打领带；外出采访时可以穿牛仔裤或夹克衫。

3）妆面。记者在外出采访时无须化妆，如果需要出镜，不要素面朝天，应该吸去或擦去脸上多余的油光，化一点妆，强化脸部轮廓。

（2）针对不同采访对象的形象定位

记者应根据不同的采访对象，来确定自己的着装。首先要了解采访对象的职业、环境等，原则就是拉近与采访对象的距离，使其感觉亲近，这样采访才会成功。

1）当采访对象是普通老百姓阶层时，在着装上应朴实、简洁、大方，男记者可穿夹克衫，女记者可穿职业便装、普通裙装等。不要穿着华贵的衣服和色彩特别艳丽的服装，这会使个人与被采访者之间增加隔阂、障碍，会觉得记者不容易接近，增加了距离感。被采访者会不停地打量记者的装束，这对记者来说无疑是喧宾夺主了，采访的收获也会大打折扣，甚至是扫兴而归。所以当记者面对普通大众时，穿着朴素、简洁的装束，成为大众的一员，人们才能敞开心扉，把心里话、实情毫不保留地说出来，从而获得更多的信息和素材。

2）采访对象是政府官员或在较正式的场合时，记者的服饰就应该讲究一些了。女记者可穿比较正式的西服套装，下身可以是裙装也可以是裤装，在款式上要正统一些，领形不要怪异，可选择小西装领。在色彩上，不宜选用色彩纯度和亮度高的颜色，如大红、橙、绿等，应该选择灰色、咖啡色系或含灰的色系，例如，红灰、紫灰、黄灰、绿灰、蓝灰等色彩，这类颜色给人冷静沉着、典雅秀丽的感觉，是高品位颜色。

3）当采访对象是文艺界人士的时候，穿着应时尚一些，色彩亮丽一些，但当采访对象是老艺术家、作家的时候，应该讲究服饰的文化品位，使其显现出传统与现代的自然结合。

二、根据场合进行整体形象设计的基本要点

1. 宴会

如今，越来越多的重要场合等待人们完美出现；纷至沓来的Black-tie Party会特意标明"请着正装"，于是，那场视觉的盛宴不再遥远，不是明星的人们也有了足够的理由去体会Party主角的荣耀与风光。

现代的宴会大部分已趋向于"正式的宴会或晚会"。之所以称之为正式，因为黑色是一种正式场合所使用的代表颜色，而领结是正式宴会所必须穿着的物品。在20世纪二三十年代，Black-tie Party是欧美常见的上流社会的社交方式，倘若不穿着正装出席活动则意味着不礼貌与对东道主的不尊重，于是Black-tie Party就成为了正式晚宴的代名词。延续至今，当Black-tie Party演变成多样主题的正式宴会时，正确的着装在自由度增大的现代则显得更富深度与内涵了，如图4—23、图4—24所示。

图4—23　宴会形象一　　　　　　　图4—24　宴会形象二

（1）男性

看看男明星们出席盛大活动的着装就知道，矿黑晚礼服永远是最经典的绅士行装，枪

驳头领子、丝缎面料、经典黑色领结，再加上西装的下摆处若隐若现的"迷你版"腰封，让人们瞬间变成最时尚的人物。款式方面，缩减了外套的长度，提升了腰线，保持了整体庄重明朗的形象，同时领口适当夸张，处处展示了潇洒英姿。礼服的搭配摆脱了传统经典礼服的沉闷，纯白色宫廷衬衫加上同色款的领结可展现文艺气质。

Black-tie所指的男士晚装，是在服装界拥有鼎鼎大名的无燕尾晚宴礼服，从19世纪沿用至今，它已成为现代男人在正式社交餐宴场合必备的社交制服了。既然是正式礼服，穿着时就必须严谨地遵守相应的穿着礼仪。

1）上装。礼服分为单排扣和双排扣两种，颜色基本为素黑，有真丝面料的尖角翻领，中等到较轻的面料最为常见，编织着细微条纹的面料能让人的身材看上去比例更佳。丝光质感的晚宴礼服最需要贴身利落的剪裁，否则华丽的丝光会让身材的缺陷被无限夸大。

2）下装。必须搭配长阔脚裤，任何短装或紧身裤会给人小气的感觉。裤子侧边接缝处以有黑缎的饰带为佳，注意绝不能卷裤边。

3）口袋巾。穿着晚宴礼服一定要佩戴前胸的口袋巾，但为了不让整体太过严肃，精致鲜明的格子有最好的调剂效果，既不古板，还能展现男士的浪漫情怀。

4）衬衫。礼服永远要与白色的百叶型衬衫、黑色领结、黑色腰封、黑袜以及黑色的短统漆皮鞋搭配。前襟有细节压纹的纯棉白衬衣，严谨和理性中流露出高贵的文艺气质，无论在视觉上或整体感觉上，都能使着装者成为引人注目的焦点。如果来不及准备白色的百叶型衬衫，一般的高级白衬衫也可代替。

5）领结。领结、上衣是整套礼服的关键，胸前的蝴蝶结必须绑得紧凑、宽大，以体现大气之感。

6）配饰。表是男人的珠宝，礼服当然需要它的搭配。薄型、经典款的腕表，能够塑造斯文沉稳的形象。虽说近年来运动腕表大有入侵正装领域之势，但如此正式的晚宴，袖口露出潜水表还是会显得突兀。

7）妆容。服饰精心挑选好后，男士也需要稍稍做一点脸部的"修饰"，让形象更精神迷人。可选用与自己肤色相近或稍深的粉底，均匀涂抹在脸上，只要薄薄的一层就好，再用专业的遮瑕膏轻轻掩盖斑点、痘痕，一个自然阳刚的宴会男妆就大功告成了。

8）皮鞋。黑色的经典皮鞋光泽感绝佳，与丝光质感的礼服相呼应，可显示出细心和独特的个性，要注意的是黑色皮鞋必须搭配黑色袜子。

9）袖扣。袖扣是衬衫的百搭单品，最适合出席隆重场合时佩戴，在不经意间给人以奢华之感。

10）发型。成熟稳重的发型是成熟男人的选择，发型的重点在于整洁，头发要具有丰满圆润的感觉。

（2）女性

1）服装。服装的最佳色彩是黑色、红色；最佳服装类别是晚礼服、小洋装；切忌浓妆艳抹、奇装异服、过分裸露、造型乖张。经典的黑白配渗透出简约中性的干练气质，线条与细节的柔美成就内敛的女人味。传统的黑色长款礼服裙独特的菱形轮廓由高束的领口设计营造，重垂的黑缎渗透出神秘的气息，但一套简单的黑色晚装裙也一样能够吸引众人的目光。根据个人气质与具体宴会属性，也可尝试添加设计细节、图案、剪裁等鲜活元素。

2）首饰。宴会是女士穿戴自己名贵珠宝首饰的最佳场合与时机。一条名贵项链、一对珠宝耳环、一个晚装手袋，都足以体现个人品位、地位甚至身份。但切忌过于繁复，要以合理的搭配营造画龙点睛的效果。为了避免吊带小礼服过于性感，最好选择同样抢眼的首饰来填充搭配；链坠的形状也要适中，以扇状、贴服式的珠宝链坠为佳。

3）高跟鞋。由于裙长不过膝，高跟鞋的戏码显得相当重要，精良的皮质会显得贵气，可尝试在精致的设计细节上与服装呼应，比如波浪状的鞋沿。

4）发型。越是看似平凡的礼服其实越需要别致的发型来衬托，要将动态与静态糅合得如此恰当，非得靠大卷发基础的美人髻方能达到。一头过肩的波浪长发可以巧妙地掩饰脸形的不足之处，还能增加脸部轮廓纤细修长的感觉。从前，举办Party的主人都会派出自己的车去接被邀请的来宾，以免一身正装的客人风尘仆仆地赴宴。如今多数人自己驱车赴宴，为稳妥起见，进入会场前，建议女士们先到洗手间或梳洗间稍微梳理一番。

5）香水。女士的香水不宜过浓，建议以清淡为佳，若没有足够把握调控好，则以不喷香水最为稳妥。

6）礼仪。优雅的谈吐与周到的礼仪绝对能在Party上引起别人的充分关注，过分的矜持与刻意反而显得拘谨、不识大体。

2. 婚礼

光感四射的婚礼整体形象，是每一对新人梦寐以求的设计。婚礼中，新娘、新郎应该光彩照人，体现对他人的尊重，除了干净整洁外，化点淡妆也不错。有的男性很排斥给自己打扮，总觉得化妆、打扮是女性所为，其实现在很多男士在出席公共场合时都会修整一下肤色、眉毛。另外，婚礼基本都需要摄影、摄像，如果不化妆，在聚光灯下，脸色可能会显得比较苍白，留下的婚礼形象显然不会让人满意。

（1）新郎（见图4—25、图4—26）

图4—25　新郎形象一　　　　　　　　　图4—26　新郎形象二

1）化妆。化妆一定要更加自然，没有一定的熟练手法或轻薄的粉底是完全会给新郎起反效果的，新郎粉底颜色要和本身肤色接近，千万不能过白，过白粉底会使新郎没有了男士的气息，过深的粉底会和脖子颜色脱节，像戴着深色的面具。新郎睫毛只需要夹起来，不要下耷着，也不要跟女性化妆一样过于卷翘。新郎的眉毛也是体现男人气质的所在。眉形不好看的，可以适当地调整为清淡型的眉毛，新郎的唇只要涂上哑光的润唇膏即可。

2）发型。对发型认识也是大多新郎们的误区。早上起来，头上喷点啫喱水，梳几下就去接亲了。很多时候发根都是塌的，直接喷上啫喱水会使头发更塌，首先应在婚期前一星期去剪发，不修边幅肯定会在婚礼当日显得不精神、不整洁，婚礼当日早上造型师在做发型的时候首先要把头发洗干净，再用吹风机把头部顶心区和后脑的发根吹起来，再用发蜡把头发抓出造型，不用太前卫，只要看上去整洁、清爽即可，最后喷上定型水定型。如果是年纪大点的新郎，可以吹成较传统、稳重的三七分，整体轮廓要饱满，发丝要有流向感，用定型水定型，这样会显得更加精神。

3）服装。在服装的选择上，以正规西服为主，面料可以黑色或白色为主，可根据新郎自身的形体进行选择，版型上更是可以变化万千，只要和新娘统一即可。

4）配饰。随着新人对婚礼的要求越来越有个性和创意，更多的饰品被运用到新郎的身上，如大领带、彩色领花，甚至羽毛等装饰物更是被认真仔细地安放在了服饰上。

①领结或领花。精致的领结或领花能为新郎形象增分不少。穿着讲究的男人，总会在意这一细节的装饰，会根据不同衬衣、不同外套的颜色，选择不同的领结或领花。领结或领花某种程度上已经成为了体现品位的载体。

②皮带。牛皮一直是优质皮带的不二材质，皮带的纹路设计也是重要一环，光面无明显纹路的皮带给人一种简洁、大气之感，适合作为婚礼场合佩戴的皮带。无论礼服的颜色是什么样子的，黑色是最保险的选择。

③皮鞋。鞋子也是影响形象的重点。不管身高多少的新娘，都会在婚礼上踩上几厘米的高跟来烘托婚纱，那么新郎，特别是个子矮的新郎，更需要一双有点高度的鞋子来给自己加分。建议新郎使用内增高鞋垫来增加身高，让自己更挺拔。

（2）新娘

1）化妆。东方女性秉承和发展了东方审美中要求的整体性和完美性。新娘妆要求从肤色到各个细节部位的化妆都一丝不苟，色彩的搭配多采用保险组合，即几乎从表面看不出来的妆面，颜色都接近肤色，头发回归自然，看不出有染色。

新娘妆以清淡、自然、不露痕迹而神采飞扬为特点，妆面很薄、很透、很亮，白皙的肤色是重点，所以，粉底的颜色要略微比肤色亮。注意一定要选择带有珠光的彩妆品，眼影、唇彩、腮红都要选用有光泽质地的，特别要注意的是选择色彩凝重但质感好的彩妆品。

2）发型。新娘的造型应该考虑到与服装的整体搭配，使发型散发出现代的浪漫情怀。

①配合婚纱的发型（见图4—27）。扎一个侧梳向下的马尾，微卷侧向一边的发尾，能体现温婉的女人味，它充满了别致的动感，值得一试。大波浪使新娘看上去非常温柔而有女人味，这种发型非常适合露背的婚纱礼服。

②配合旗袍的发型（见图4—28）。简洁的发髻式盘发清爽而不凌乱，与妆面相呼应。赫本式的发髻外形饱满、圆润，塑造出优雅、高贵的新娘形象。一款精致荧光的蝴蝶结发饰点缀于发髻处，打破了造型的沉闷感，会营造出典雅的光感新娘。

③配合晚礼服的发型（见图4—29）。可采用看上去十分随意的披散、卷曲、盘绕的发型，头发加上小装饰，带来一些舞台效果，可以给新娘造型带来意想不到的惊喜。

图4—27　配合婚纱的发型　　　图4—28　配合旗袍的发型　　　图4—29　配合晚礼服的发型

3）服装

①婚纱。婚纱潮流也与时装流行元素紧密结合，在一片浪漫梦幻的设计风格中，运用了华丽的蕾丝、柔软的材质、美丽的花饰以及繁复的刺绣印花等，营造出丰富而细腻的宫廷设计，在曲线上则是走轻松极简的线条，为新娘打造出轻质、梦幻、宛如由梦境中走出的女性形象。配合柔美的女性形象，在设计上，充满梦幻意象的风格，广泛运用柔软的丝质、雪纺等轻质透明的材质，以纯净清澈的白色及粉色为主要色调，曲线则是走轻松、自然简单的线条设计，企图表现极简风格的奢华主张。

②传统服装。旗袍是婚礼必备的服饰之一。修身的裁剪，显示腰线身材，大红颜色的面料，镶有喜庆的图案，突出喜庆的色彩。

4）配饰

①耳环、项链。珍珠钻石耳环、项链是经典、优雅、永恒和高雅的具体化，它匹配各种各样的成套服装，备受优雅新娘的喜爱。选择一款华美的珍珠项链搭配新娘礼服，低调中彰显了东方女性的高贵优雅。

②头纱。头纱可以提升整体造型的高贵感，打造出气质典雅、秀丽端庄的新娘。现在的头纱不仅仅是发型上的装饰，也可以在大大的纱巾包裹头发的同时，也包裹住脖颈，对

脖颈起到了修饰作用，极具层次感、立体感和飘逸感，并能营造出暖暖的感觉，是秋冬季新娘不可多得的一款造型。暗藏于纱间的透明花饰提升了整体造型的温婉感。

③头饰。新娘的头饰有很多选择，有镶满水钻的小皇冠、串珠水晶发夹、绸缎珠宝花朵发饰、珍珠、鲜花百合或者玫瑰等，可根据发型进行选配。

三、饰品在整体形象设计中的运用

1. 眼镜在形象设计中的作用

如今眼镜已成为人们在各种非正式场合利用的配饰，在整体形象的搭配中起着举足轻重的作用。眼镜本身由线条、色彩、材质三方面构成。选择眼镜可以从以下几个方面着手：

（1）眼镜和脸形的形状线条是反向弥补关系

原理：镜框不要和脸形相同，也不可极端相反，镜框要平衡脸形的形状。镜框的形状不要与脸形相同，圆上加圆、方中带方所形成的视觉效果会过于强烈；但也不能矫枉过正地选择与脸形极端相反的镜框，以免让人远远一望，就对突兀在镜框下的脸形印象深刻。例如圆脸、脸短的人要避免圆形镜框、避免横向拉伸，方脸要避免方形镜框；相反，圆脸同样不适合方方正正的镜框，方脸不适合圆形镜框，脸长的人避免眼镜纵向拉伸。

1）方形脸。这样的脸形适合挑选镜框较细而镜片呈长方形或是长椭圆形款式的眼镜。

2）圆形脸。这样的脸形千万不可再选圆形或者椭圆形镜框。这种脸形适合挑选较粗的镜框、方框或有棱角的镜框，而镜片应呈扁长方形。

3）椭圆形脸。这种脸形的人可以有多种尝试，方形、椭圆、倒三角等都很合适，镜框上也没限制。不过，建议选择水平式镜框，会更引人注目。

4）长形脸。这样的脸形应避免挑选与脸形相似的镜片，而镜框以选择有棱角的，以流线造型为佳。

5）倒三角形脸。这样的脸形可以挑选圆形或者椭圆形的镜框来搭配脸形。

6）菱形脸。这样的脸形非常适合圆形以及椭圆形的镜框，来缓和脸部较为刚硬的线条。镜框颜色应以浅淡为宜。镜框选择有棱角的，以流线造型为佳。

（2）眼镜和脸形大小关系的吻合

眼镜的大小直接影响到脸部整体比例是否协调。如果眼镜过大，别人只会注意到眼镜而不是美丽的脸庞，并且还会显得人很呆板和过时；眼镜过小则会带给人过于精明的印象，所以眼镜的大小要和脸盘及五官的整体大小成正比。一般而言，眼睛要尽量落在镜框的中间，并且镜框大小最好不要超过脸部面积的三分之一，不要压到颧骨，也要避免超过颧骨的中间；而镜框上缘不能超过眉毛，若镜框上缘超过眉毛，眉毛会被框在镜框里，造成双眉毛的感觉，看起来很不自然。如图4—30所示镜框过大，与脸形比例失去协调。如图4—31所示采用半框设计的镜框，与脸形比例显得十分协调。

图4—30　比例不协调

图4—31　比例协调

眼镜与脸形比例大致分为以下3种比例效果。

1）脸形较小，五官小巧精致，给人感觉比较可爱轻盈的女孩，适合比例较小的镜框。

2）脸形较大，五官清晰立体，并且成熟大气，可以大胆选择较大号的镜框。

3）脸形适中，五官标准且有一定成熟感的，则适合大小适中的镜框。

（3）眼镜和五官比例的关系

1）眉毛。眉毛很淡的人宜选择上面是黑色下面透明的镜框，这种俗称"眉毛架"的眼镜能弥补眉毛淡的缺陷。眉毛过浓的人则应减轻上面的颜色，选用一色的镜框比较好。如果有着一对漂亮的眉毛，可选用透明或白色的镜框。设计重点在上缘的半框眼镜，适合短脸的人或下庭（人中至下巴）比较短的人。

2）眼睛。有的人双眼之间的距离较宽，宜选用鼻梁部分是暗色的镜架，以免拉宽眼睛距离；而双眼距离近的人，宜选用鼻梁中间无色的镜架。此外，眼睛长得漂亮的人宜选用清秀剔透的镜架。反之，则宜选用颜色稍深重的镜框，以弥补缺陷。

3）鼻子。鼻子是镜架的依托，也是脸部最立体的器官。鼻子过长的人最好选用鼻梁部分较厚、颜色较深重的镜架，以增强眼镜的视觉重量；而鼻子小且短的人，则宜选用轻盈透明的眼镜，以免使小鼻子都被眼镜遮盖了。

4）嘴。嘴大的人宜选择镜框稍大的镜架，这样有助于协调五官，而嘴小的人不宜用大镜框。若嘴角时常露出微笑，最好眼镜也选择造型活泼的，以增强面部表情的快乐感。如果比较严肃，则眼镜要避免过于呆板，否则会令人望而生畏。

（4）通过眼镜材质表现风格

眼镜的边框材质可分为金属和塑料两大类。

1）金属架的特点在于它可以让佩戴的人显得非常精致，给人以知性传统的印象，非常适合面部柔和文静的人，以表现出儒雅斯文的气质，如图4—32所示。

　　2）塑料材质也称板材，由于材质独特的特性、丰富的色彩和镜框形状的多样化，给人以时尚且追求品位的感觉，适合面部骨感个性且追求时尚的女孩。选择别致的边框设计跳出了传统金属架眼镜的书呆子气，增添了不少时尚气息，能扮成新新人类般的潮人，如图4—33所示。

图4—32　金属架眼镜　　　　　　　　图4—33　塑料材质眼镜

（5）眼镜色彩与皮肤色彩搭配

　　1）眼镜边框的色彩选择

　　①如果皮肤白皙细腻，头发和瞳孔色呈现出棕黄色，一般来说驾驭的色彩范围较广。年轻有活力的女孩可以用较浅或艳丽的镜框色彩，比如流行的金属色、浅米色、卡其色、嫩黄、淡绿、橘色等动感十足的暖色系，如图4—34所示。

　　②肤色较为暗沉，肤色青黄，眼球和头发的颜色呈灰黑色，最好选择一些冷色调的色彩，年轻的女孩可以选择譬如银灰、漂白、天蓝、冰粉等冰色系，如果五官较为立体清晰，还可适度选择较为鲜艳的冷色，比如宝蓝色、紫红色等，这会让肤色和眼镜色彩形成统一协调的色彩效果，如图4—35所示。

图4—34　暖色系　　　　　　　　　　图4—35　冷色调

　　③如果肤色既不深也不浅，处于中间皮肤色，气质亲和，可以选择如灰绿、肉色、淡藕荷等比较柔和的色系，尽量避免选择过于鲜艳的色彩，因为艳色比较跳跃，与柔和的气质不吻合，如图4—36所示。

　　④黑色的眼镜给人酷感十足和较为硬朗中性的感觉，所以尽管黑色比较百搭，不是所有人都适用，尤其不适合面部比较圆润可爱的女孩，而是适合五官清晰且帅气中性的女孩，也非常适合职业女性佩戴，如图4—37所示。

图4—36　柔和的色系　　　　　　　　图4—37　黑色的眼镜

2）隐形眼镜的色彩选择。对于爱美的女性来说，无论是不是近视眼，彩色的隐形眼镜不但能使眼睛变得很大很可爱，而且不同色彩拥有不同的神采，要根据头发色、皮肤色和瞳孔色进行选择。

①皮肤白皙，头发色和眼球色呈现棕黄色，比较适合自然黑、咖啡色和天蓝等暖色系色彩，如图4—38所示。

②皮肤色呈青黄，头发和眼球色呈灰黑，五官立体，可选择黑色、深灰和幽兰色；气质柔和可选淡紫、浅灰色等冷色系，如图4—39所示。

图4—38　暖色系色彩　　　　　　　　图4—39　冷色系色彩

（6）眼镜和发型的搭配

1）曲线感发型。搭配波浪、有卷度的女人味发型，在眼镜的选择上就可以采用视觉效果较为柔和的板材质地且镜框圆润的眼镜，如图4—40所示，或是用有颜色框架眼镜来凸显，如图4—41所示。

图4—40　视觉效果柔和的板材质地且　　图4—41　用有型的颜色来凸显的眼镜
　　　　　镜框圆润的眼镜

2）直线感发型。直发或者是几何线条的波波头女生可以选择简单利落的眼镜，比如黑色或金属感较强的边框眼镜或线条偏直线的眼镜来营造出自我个性，如图4—42所示。若想要营造专业形象，无框、细边或特殊镜脚设计的眼镜则是最佳的选择，如图4—43所示。

图4—42　黑色或金属感较强的边框
眼镜或线条偏直线的眼镜

图4—43　无框、细边或特殊
镜脚设计的眼镜

3）一般来说，应避免留过厚的刘海，因为这会与眼镜相撞，如图4—44所示，应尽量把头发梳离面部。若头发是深黑色，那么应选择线条较粗和深色的镜框，如图4—45所示。

图4—44　避免留过厚的刘海

图4—45　线条较粗和深色的镜框

（7）眼镜与整体服饰风格的搭配

眼镜的搭配一定要实用，最重要的是一定要和自己的整体服装和出入的场合相搭配。

1）一副用在与职业装搭配。职业装搭配的镜框线条一般较为硬朗，可以黑色、咖啡色、灰蓝、米色等中性色彩为主，较为严肃的职场（金融、教师、公务员等职业）用金属材质更好；而时尚职场（IT、媒体、时尚行业等）应选择板材类；无框的细边金属感眼镜又能表现出英式学院派风格。

2）一副用在与休闲装搭配。休闲装尽可能突出个性，在色彩上可以选择红与黑、黑与白、黄与紫等对比效果强烈的颜色混搭在一起，板材类镜框是最好的选择。紫色或金属质感的眼镜可以搭配出时尚前卫的效果，黑白色系能让人更加冷峻、都市化，而粉紫色能平添可爱气质，使用咖啡色系则能搭配出熟女气质。

2. 皮带在形象设计中的作用

（1）男性

对男士而言，皮带是腰间的一张"脸"，倘若没有，简直难以想象。对稍稍讲究的人，只有一条皮带也是很少见的。其实男性全身上下的装饰品并不多，第一是手表，第二是结婚戒指，接下来就是皮带了，但皮带的合理搭配方法，似乎被很多人忽视了。现在男式皮带已经开始成为男士品位、风度、个性的象征。皮带和领带一样，成为男士的专利产品。其实每个人在穿衣之道方面都有自己的鉴赏标准，关键就是要把握色彩的协调和皮带风格与服装想表达的思想的和谐度。

皮带大概可分为三大类：

1）中庸风格。经典传统的皮带是亮光金属环扣和小牛皮打造而成的款式，在细节上稍作改变，顺应流行的风格，含蓄地流露出时代气息而又不失经典本色，显示出男人的简练与明朗。皮带最好选择做工精良的，皮质细腻有少许光泽，显得人很含蓄、沉稳，有太多光泽的皮带会破坏这种稳重的意境，不仅总让人关注皮带这个配角，还容易忽略高档西装。反过来，全无光泽的皮质会显得沉闷有余而轻灵不足。正装的皮带不宜过宽，扣头不宜过大，以免显得另类。皮带的花色应和皮鞋保持一致，如图4—46所示。

2）浪漫风格。男人的浪漫更为沉默含蓄，因而男人的皮带不像女人的皮带那样富于变化、一目了然，它的变化是微妙细致的。皮带的款型与色彩要丰富些，点缀也要多一些，要从细微处流露出对浪漫的理解和诠释，如图4—47所示。

3）前卫风格。自由、奔放、充满活力的男性魅力不可抵挡，那么只有更为豪放的装饰皮带才能映衬这种风格。铁质的、粗线条的牛仔皮带、帆布编织腰带都体现了非同寻常的男性气概和与众不同的个性装束。不求华贵，只求刚勇，极为突出自我个性。穿休闲装的人使用这种皮带比较多，因为穿着舒服。休闲装中穿牛仔裤的人比较多，牛仔裤的颜色有深浅区分，浅蓝的牛仔裤可以搭配咖啡色的皮带，显得时尚富有活力。而深色的牛仔裤一般搭配浅色的皮带，显得年轻、出挑，如图4—48所示。

图4—46　中庸风格　　　　图4—47　浪漫风格　　　　图4—48　前卫风格

在选用皮带时，应注意以下细节：

1）皮带的装饰性是第一，不能携挂过多的物品。简洁、干练才是男人的特征。

2）皮带的长度是不应忽视的，系好后的皮带，尾端应介于第一和第二裤袢之间。

3）皮带的宽度应是比较适中的，太窄或者太宽都不行，太窄容易给人一种阴柔感，会失去男性阳刚之气；太宽又嫌粗犷，只适合于牛仔风格的装束。

4）皮带的松紧程度，太紧会使身材显现"8"形，太松就成了"0"形。

（2）女性

1）中庸风格。缠绕型腰带一层一层地缠绕，在不经意间带出温柔的女人味，这类腰带不很夸张又很时尚。略带含蓄的表述，更适合文静的青春型和职业女性。中庸的风格，在让女人把握流行的同时，也可以保持办公室特有的气氛，少了几分咄咄逼人之感。皮带头的造型尽量不要是太炫耀的设计，典雅的造型更容易打造出预期效果，如图4—49所示。

2）浪漫风格。链子腰带总能吸引到大批的目光，最适合没腰裙，直接穿到裙子外面最容易出效果。当宽板型腰带的前卫、缠绕型腰带的中庸都不对自己的品位时，就不如保持住原有的妩媚。经典的链子腰带对于体形的要求也不是很严格，只要腰细一点就可以了，如图4—50所示。

3）前卫风格。宽板腰带粗犷，带有一定的侵略性和某种中性的感觉，最适合与裤装组合，如紧身牛仔裤或是闪亮型长裤，上衣建议是紧身轮廓的。宽板腰带对于上衣的要求比较严格，容易给人以比例失调的印象。短点的上衣最能表现优美的体态，如图4—51所示。

图4—49　中庸风格　　　　图4—50　浪漫风格　　　　图4—51　前卫风格

（3）皮带的束法应注意的细节

1）如果腿不够长，在选择腰带时可以从提高腰位下手，让宽腰带上的装饰物靠上一些，如腰带宽5厘米，装饰物在靠上1厘米的地方，就会从视觉上升高几厘米。一定要让皮带刚好系在腰节上。紧身上衣、高跟鞋、加长的宽腿长裤，是升高的又一捷径。

2）皮带松松地耷拉在胯上的系法适合裙装，如A摆短裙加长靴。另外，如果有一点点肚子，耷拉的系法能起到不错的收腹作用。与软质腰带相比，硬质腰带更容易在视觉上起到瘦身效果。

3. 围巾在形象设计中的作用

围巾是永不过时的流行配件，尽管只是一个小小的配饰，它早已经超越了简单的御寒功能，转型为可以搭配整体造型的饰物，将简约衣饰点缀得很优雅，增添了时髦感。在修饰脸形和身形方面，围巾的作用可不能小看。它有很强的装饰和美观的作用。比如：圆脸的人就可以借助围巾的下垂感，拉长脸形，使脸部的轮廓看上去瘦一点。一件很平常的衣服，围上围巾后，会突然变得生动起来，别有一番风味。

（1）围巾是时尚感的凝聚，通过精巧的构思，赋予围巾创意打法，使围巾呈现出独特的迷人时尚。根据其大小、色彩、面料不同，可以成为头巾、发饰、腰带、披肩，甚至外套都行，为整体带来变化。围巾大致可以分以下几类：

1）丝巾。丝巾是围在衣领里的小围巾，其装饰作用大于实用价值（见图4—52）。

2）围巾。围巾围在颈部，具有保暖和装饰作用（见图4—53）。

3）披肩。披肩可以用做围巾，还可以用做披肩，甚至外套，抗寒冷又多变化（见图4—54）。

图4—52　丝巾　　　　　　图4—53　围巾　　　　　　图4—54　披肩

（2）围巾对各种身材的运用方式

1）身材较胖的人。宜选用深色的大围巾披裹在肩上，使给人的视觉感起到收敛的作用。

2）身材瘦小的人。宜选用花型款式简洁朴素、素淡雅致的围巾，但色彩应选用暖色调的。

3）胸围不大的人。宜选用提花式样，质地柔软、蓬松，给人丰厚感的围巾。

4）肩窄的人。宜选用加长型围巾，将围巾两端斜搭在肩部向身后垂挂，视觉上会使肩部相对变得宽厚些。

5）脖颈较长的人。男性可以选用加厚加长的围巾，以便围住脖子和搭肩，这样会使脖颈显短；而女性宜用宽松绕脖的围巾，色彩要和上衣贴近。

6）皮肤较黑的人。不宜选用浅色调的围巾，中性色偏深为好。

7）皮肤较白的人。宜选用较柔和色调的围巾。

第2节 发型绘画

学习单元1 三维立体素描技法

▶ **学习目标**

通过本单元的学习，使学员能够掌握三维立体素描知识，根据设计要求画出发型的立体图样

▶ **知识要求**

三维立体素描需要通过以下几步进行绘画创作：

一、作画前要养成观察对象的整体特征、酝酿自己情绪的习惯

应根据对象的职业、年龄、气质、爱好等考虑该如何表现，最后欲达到怎样的效果。成竹在胸，下笔就大胆潇洒。不要仓促作画，构图时应注意人物位置是否合适以及人物前方的空间要大些。虽然这是老生常谈，却是决定整幅画是否完整舒服的关键。

二、狠抓轮廓

这点非常重要。高楼没有坚实的墙基不堪设想。轮廓即墙基，要抓准，就要抓住发型头部基本形、五官位置、明暗交界线的位置、头与肩的关系。根据发型需要，头发有时有纹理流向。只要仔细分析，绝不是漆黑一片，也同样有明暗对比。头发是在颅骨上形成的，发型、明暗都必须考虑结构。头发力争画得蓬松，富有质感。要画准轮廓，就必须整体观察，整体比较，多运用辅助线帮助确定位置。在抓外形时要狠抓特征，外形初见端倪，形象呼之欲出。

在画准外形的基础上，五官位置也需狠下工夫。在画五官时要注意中轴线的运用，除绝对正面外，中轴线应根据头的动态呈弧线，很多人不理解这一点，画稍侧的角度，头总是转不过去，当然感觉就很差。五官位置可以根据三庭五眼的基本规律，在共性中找出人与人不同的形象特征，画出人与人的千差万别。在打轮廓时要注意发型、眉、眼、鼻、耳的长和宽以及厚度的位置。对称非常重要，诸如两眼、两耳、两个鼻孔等都要同时考虑。

三、深入刻画

此时要好好审视一番，看看哪些部位最深、最强烈，就从这些地方着手。一般先从眉、眼、鼻、颧骨处开始，一下子即可抓住特征，画出大的关系，但是一定要避免抓住一点反反复复盯着画，使局部画得过分而关系失调。先画什么、再画什么可根据发型的特征来考虑，从发型高低、发型形状、纹理流向来展开。注意头发与脸的交接处应画些头发的投影，这样就会很有立体感。

在深入中，要始终保持整体关系，明白一幅画的好坏主要取决于画面的整体感，如果只是将笔墨停留在五官上，为了画龙点睛而忽视其他方面，整个画面就不会好。

在深入中，首先着眼于整个画面的明暗对比，有了明暗对比，整个画面就有主有次，从发型的最凸处开始，带动次明部。同时也要注意五官的明暗。考虑这一局部在整个脸部中的比例关系。总之，应在深入中时时考虑整体，使主次各得其所。

四、调整

发型素描首先是形神兼备，这是发型素描的最高要求，绝不是在技巧提高之后才去追求。应注重发型内在韵味，多留意发型线条形状变化的表现，生动地刻画，就能使画面有生气，留出时间调整整体的关系。其实这样的想法很要不得。调整既是深入也是概括，可使画面的总体效果更趋完整。要将琐碎的细节综合起来，加强整体关系。

五、三维立体素描体现发型素描效果

整个画面的明暗对比所体现出的立体感是比较单一的。发型通过正视图、侧视图、后视图等多角度的素描综合表现其立体结构和纹理效果。

技能要求

三维立体素描技法

一、操作准备

铅画纸、专业素描铅笔、画板、橡皮，纸巾，模特。

二、操作步骤

构图——刻画轮廓——深入细致地刻画——整体调整——完成作品

步骤1　正视图素描程序（见图4—55）

第一步　　　　　　　　　　　第二步　　　　　　　　　　　第三步

图4—55　正视图素描程序示意图

步骤2　侧视图素描程序（见图4—56）

第一步　　　　　　　　　　第二步　　　　　　　　　　第三步

图4—56　侧视图素描程序示意图

步骤3　后视图素描程序（见图4—57）

第一步　　　　　　　　　　第二步　　　　　　　　　　第三步

图4—57　后视图素描程序示意图

三、注意事项

1. 人物的基本形准确性。

2. 对头部结构的理解。

3. 发型款式。

4. 发丝的纹理。

5. 立体感的刻画。

6. 整体感的协调。

学习单元2　计算机发型绘画知识

⊙ 学习目标

掌握计算机的基础操作
掌握各种相关计算机软件的运用
能够运用计算机进行发型绘画

⊙ 知识要求

一、PowerPoint软件

PowerPoint是一款专门用来制作演示文稿的应用软件，也是Office系列软件中的重要组成部分。使用PowerPoint可以制作出集文字、图形、图像、声音以及视频等多媒体元素为一体的演示文稿，让信息以更轻松、更高效的方式表达出来。以全新的界面和便捷的操作模式引导用户制作图文并茂、声形兼备的多媒体演示文稿。PowerPoint现在已广泛地运用在教育领域。PowerPoint和其他Office应用软件一样，使用方便，界面友好。简单来说，PowerPoint具有如下应用特点：

1. 简单易用。
2. 多媒体演示直观性。
3. 互动性强。
4. 支持多种格式的图形文件制作。
5. 输出方式的多样化。

二、可牛影像处理软件

现在关于图像处理方面的软件有很多，比如Photoshop、美图秀秀、可牛、光影魔术手等。有的过于专业，操作复杂；有的过于简单，处理的效果有一定的局限性。

可牛影像处理软件是一款免费的软件，是一款超级简单并且处理效果超酷的照片处理软件，操作使用更加简洁、方便，属于傻瓜型的处理软件。使用可牛影像处理软件不需要用户有多少图片处理技能，只要会点鼠标就可以处理出各种漂亮的效果。丰富的功能模板和界面能让用户通过简简单单的几步制作出喜欢的效果。简单、实用和快捷是可牛影像处理软件最大的特点。

可牛影像处理软件无须任何PS技巧即可轻松制作图像，有超强人像美容及影楼特效智能功能。可实现人像柔焦美容，1秒钟即可呈现朦胧艺术的感觉，更有像一键美白、美白磨皮、冷蓝、冷绿、暖黄、复古四大影楼特效，其改变发型、脸形轮廓形状的功能更让人叫绝。一步到位可设置最合适的图片亮度、对比度、色相、色阶、色彩平衡，其专业的设计可达到最佳效果。

技能要求

技能1 运用PowerPoint软件进行发型结构图绘画

一、操作准备

1. 装有PowerPoint软件的计算机一台。

2. 准备绘制的头形作品图片。

二、操作步骤

步骤1 编写文字稿。

（1）打开PowerPoint，新建空白演示文稿（见图4—58）。

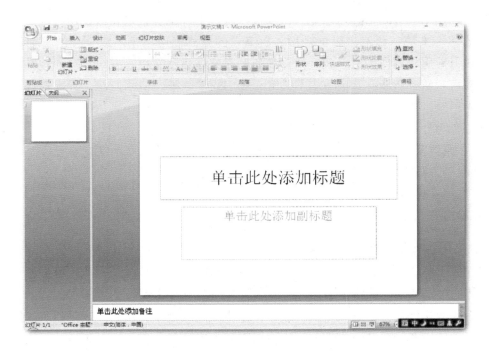

图4—58 新建空白演示文稿

（2）单击标题处添加主标题（见图4—59 ）。

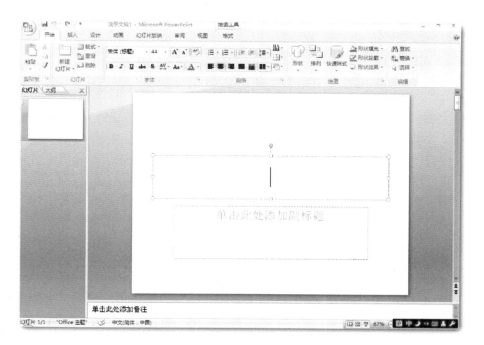

图4—59　添加主标题

（3）单击副标题处，添加副标题（见图4—60）。

图4—60　添加副标题

（4）主图第一页完成效果（见图4—61）。

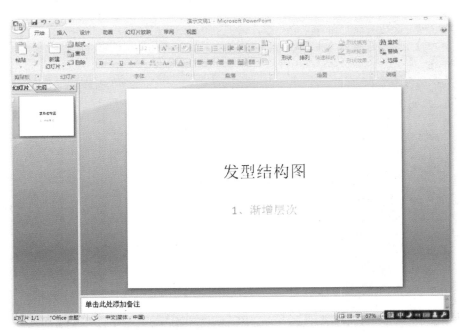

图4—61　完成效果

步骤2　插入图片。

（1）点击左上角"新建—新建幻灯片"选项，弹出菜单，选择空白文稿（见图4—62）。

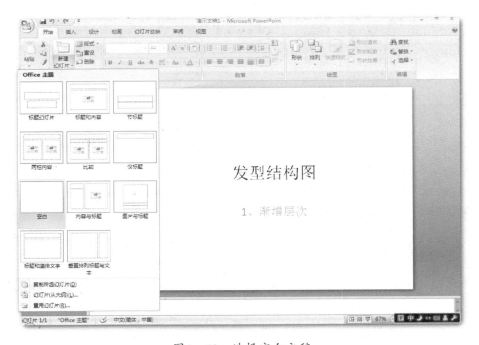

图4—62　选择空白文稿

（2）点击"插入—图片"，插入备好的头形图片（见图4—63）。

图4—63　插入备好的头形图片

（3）调整图片大小（见图4—64）。

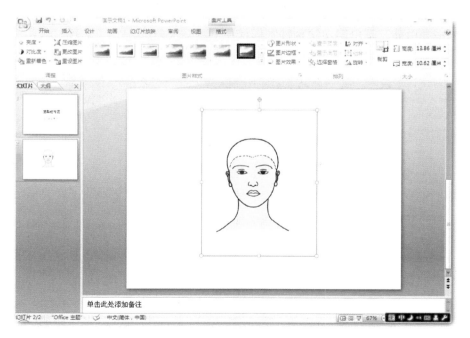

图4—64　调整图片大小

步骤3　制作层次结构图。

（1）正面发型层次结构图

1）点击"插入—形状"选项，选择任意多边形（见图4—65）。

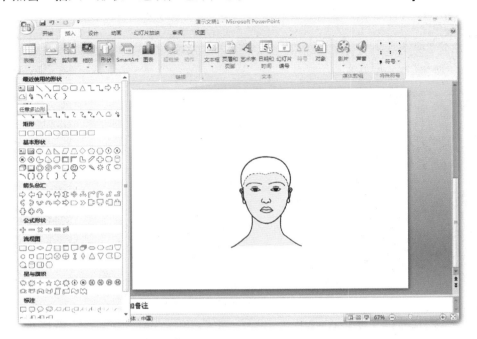

图4—65　选择任意多边形

2）单击空白处，画出层次结构基本形状（见图4—66）。

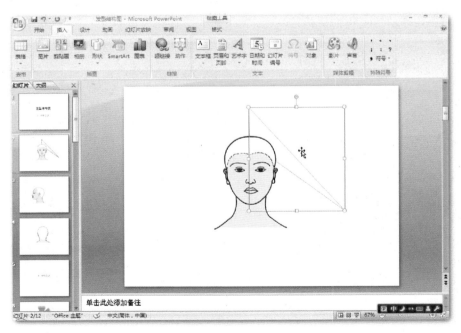

图4—66　画出层次结构基本形状

3）单击"绘图工具 格式"选项卡，点击左边编辑形状，编辑顶点，调整形状（见图4—67）。

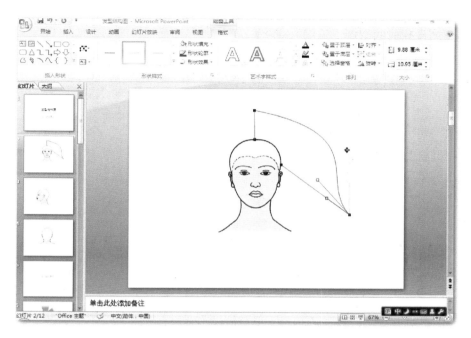

图4—67 调整形状

4）形状调整好（见图4—68）。

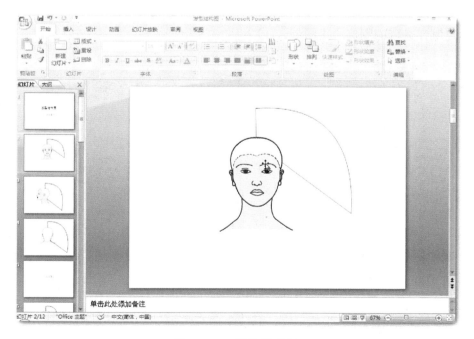

图4—68 形状调整好

（2）侧面发型层次结构图

侧面发型层次结构图制作方法同正面发型层次结构图的制作。

下面是制作完成的图例（见图4—69）。

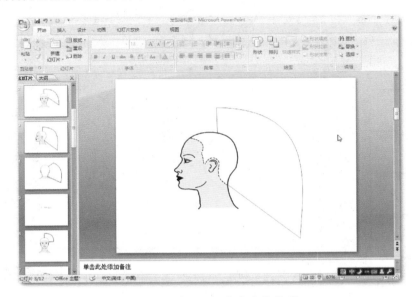

图4—69　侧面发型层次结构图

（3）后面发型层次结构图

后面发型层次结构图的制作方法同正面发型结构图的制作。

下面是制作完成的图例（见图4—70）。

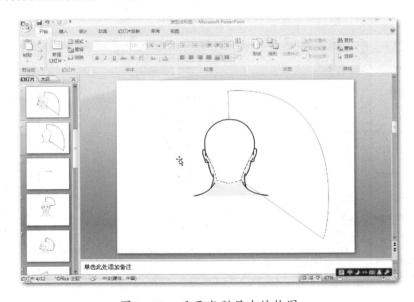

图4—70　后面发型层次结构图

步骤4　均等层次结构完成效果图。

（1）正面效果图（见图4—71）。

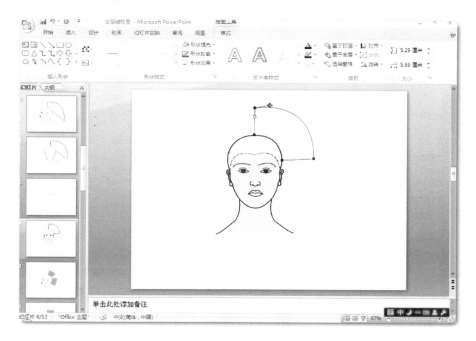

图4—71　正面效果图

（2）侧面效果图（见图4—72 ）。

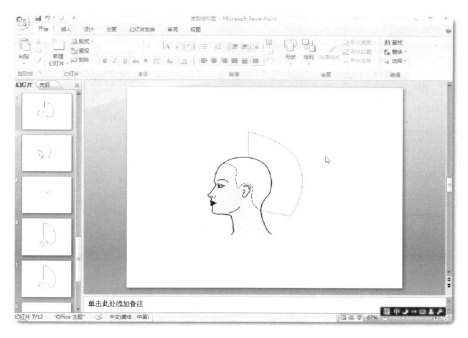

图4—72　侧面效果图

（3）后面效果图（见图4—73）。

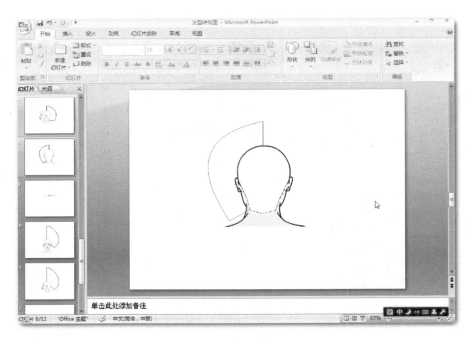

图4—73　后面效果图

步骤5　边缘层次完成效果图。

（1）正面效果图（见图4—74）。

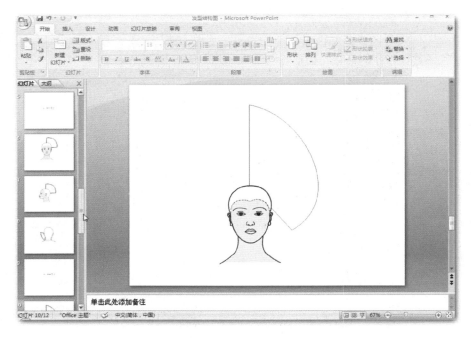

图4—74　正面效果图

（2）侧面效果图（见图4—75）。

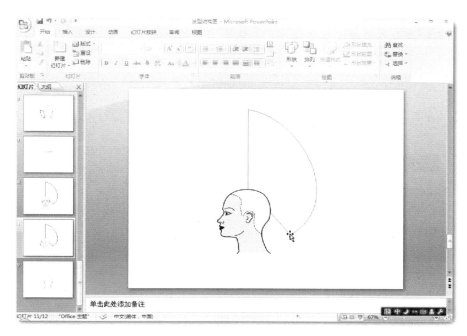

图4—75　侧面效果图

（3）后面效果图（见图4—76）。

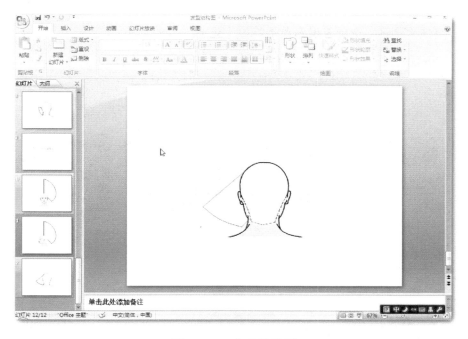

图4—76　后面效果图

步骤6 PowerPoint幻灯片的后期制作。

（1）PowerPoint的美化

可以利用软件自带的模板创建制作，这样更为方便有效。点击"设计"选项卡，选择合适的模板（见图4—77）。

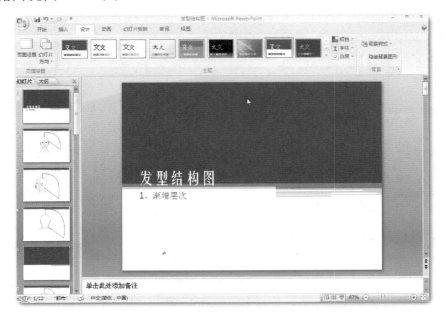

图4—77 选择合适的模板

（2）点击"动画"选项卡设置动画特效（见图4—78）

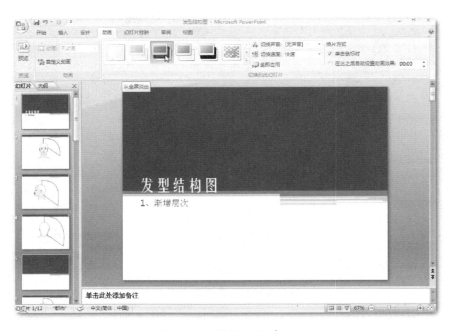

图4—78 设置动画特效

（3）点击"幻灯片放映"选项卡设置放映效果（见图4—79）

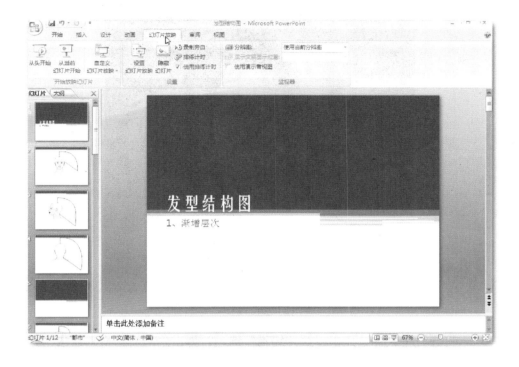

图4—79　设置放映效果

三、注意事项

最后，点击左上角Office图标中的"另存为"选项，可以存为幻灯片放映文稿或存为
演示文稿（根据需要设置）。

技能2　对发型作品进行修改的方法

一、操作准备

1. 装有可牛软件的计算机一台。

2. 准备要修改的发型作品图片。

二、操作步骤

原图（见图4—80）

图4—80　原图

步骤1　打开可牛软件，点击"照片编辑"选项，弹出中间对话框，点击"打开一张图片"按钮（见图4—81）。

图4—81　打开图片

步骤2　导入照片后在照片编辑栏点击"智能修复"按钮可对照片进行自动曝光、自动锐化、自动亮白等操作，见软件右边栏（见图4—82）。

图4—82　智能修复

步骤3　点击"美容——键磨皮/祛痘"按钮，先进行皮肤处理（见图4—83）。

图4—83　皮肤处理

（1）进入"一键磨皮"选项后，可以根据自己的需要对磨皮力度的强弱、橡皮擦的大小进行相应的调整（见图4—84）。

图4—84　调整磨皮力度的强弱、橡皮擦的大小

（2）调整好相应参数后点击"确定"按钮，开始自动磨皮祛痘（见图4—85）。

图4—85　开始自动磨皮祛痘

步骤4 在"美容"选项卡内，点击"一键亮白"按钮对皮肤进行亮度处理，可根据自己的需要对亮白力度、橡皮擦大小进行调整。调整好相应参数后点击"确定"按钮，开始自动亮白处理（见图4—86）。

图4—86 自动亮白处理

步骤5 在"美容"选项卡内，点击"瘦脸美容"按钮对脸部进行处理，可根据自己的需要对画笔的大小、力度设置进行调整。调整好相应参数后点击"确定"按钮，即可开始手动对脸部进行瘦脸处理（见图4—87）。

图4—87 瘦脸处理

瘦脸工具不单单只有瘦脸作用，要掌握好功能，灵活运用。可以利用瘦脸工具对发型进行处理，针对发型突出的地方可以收缩进去（见图4—88）。

图4—88　利用瘦脸工具对发型进行处理

　　步骤6　点击"美容"选项卡，点击"眼睛变大"按钮，这里不是用来变大眼睛，而是利用这个功能对发型的轮廓进行处理，利用左边的选项可以根据自己的需要调整好合适的画笔大小、力度，这里的力度设置不同于其他的力度设置，有放大和缩小两个功能，可以根据需要调整选择对发型的轮廓进行缩小或放大（见图4—89）。

图4—89　选择对发型的轮廓进行缩小或放大

调整好参数后开始对发型进行处理，点击"确定"按钮即可完成对发型的修改（见图4—90 ）。

图4—90 完成对发型的修改

完成后效果图（见图4—91 ）。

图4—91 完成后效果图

三、注意事项

对发型修改时一定要先进行远距离的观察，再进行最后的确定。

第3节　化妆

学习单元1　新娘妆化妆技术

▶ **学习目标**

掌握新娘妆的妆型特点和操作技巧

▶ **知识要求**

一、新娘妆的妆型特点

新娘妆妆型圆润柔和，妆色以暖色基调为主，目前冷色也常被选用。整体造型设计以围绕着喜庆和凸显新娘的纯洁、娇美、高贵、大方为主题。

二、新娘妆的化妆程序

询问和目测→局部清洁→修眉→面部清洁→涂化妆水→涂润肤霜→涂粉底→定妆→眼部化妆（贴眉目胶→眼影→眼线→夹翘睫毛→粘假睫毛）→画眉→画鼻影→晕染腮红→画唇→修整妆面→头发造型→插头饰→戴头纱。

三、新娘妆的操作重点

1. 粉底

涂粉底的要求：粉底色与肤色要协调，粉底质感与皮肤性质、季节、妆型特点要协调，涂抹要均匀，薄厚适当。做适当的修容，增加面部自然立体感，使脸形看上去更加唯美、自然。

2. 定妆

涂粉底的要求：扑粉要薄而均匀。

3. 眼睛

（1）眼影

画眼影的要求：色彩运用柔和、搭配简洁，使眼部看上去清新亮丽，并要求与服饰的色彩保持和谐。

（2）眼线

画眼线的要求：眼线描画得要自然。

（3）涂睫毛

涂睫毛的要求：睫毛的颜色尽量选择黑色或深咖啡色。

（4）粘假睫毛

粘假睫毛的要求：假睫毛应选择自然形。

4. 眉毛

画眉的要求：要正确画出与化妆对象脸形相匹配的眉形，描画要柔和，尽量选择画圆润妩媚型的眉毛，并注意左右对称。

5. 腮红

涂腮红的要求：涂抹应均匀自然，并与眼影、唇色、肤色相匹配。

6. 唇

画唇的要求：唇的造型要圆润，用色应自然得体，并注意同整体妆型色彩的协调。

7. 发式

发式的要求：要求做出体现新娘的纯洁、甜美、高贵的发式。

8. 头饰

头饰的要求：应选择与妆型和服饰相配的鲜花或头发装饰品。

四、新娘妆的常用妆型

常见的新娘妆分为婚礼新娘妆和摄影新娘妆。

1. 婚礼新娘妆

婚礼新娘妆又分为传统新娘妆和现代新娘妆。

（1）传统新娘妆（见图4—92）

传统新娘妆的基本要素：传统新娘妆的服装与妆色一般都以暖色为基调，是为了使妆色与服装协调。传统新娘妆的面部用色要浅淡柔和，浓艳的颜色会使妆面显得俗气，而自然红润的妆色会表现新娘的娇媚并突出婚礼的喜庆隆重。

（2）现代新娘妆（见图4—93）

现代新娘妆的基本要素：现代新娘妆多穿着婚纱和礼服。婚纱轻柔飘逸，新娘妆要表现新娘的清新美丽与纯洁高贵。根据季节和喜好选择与新娘体形相适应的婚纱，可以将新娘的美丽发挥得淋漓尽致，并显示婚礼的圣洁与隆重。现代新娘妆，使用冷色与暖色都可以起到较好的效果。婚纱的款式以裸露肩部、臂部居多。在涂粉底霜时，一定要将裸露在外的皮肤全部均匀地涂抹，使整体的肤色协调统一。

2. 摄影新娘妆（见图4—94）

妆色用色大胆，服装和发型变化多样，多以为配合场景造型选用的服装而进行整体妆面设计。摄影新娘妆无论是从脸部轮廓修饰还是面部五官修饰，都比平时生活中的新娘略显夸张。比如贴了美目贴的眼睛可以在双眼皮褶皱上多加深几遍眼影，强调眼睛的轮廓，眼线可以加粗，最重要的就是要强调脸形的轮廓。要仔细地修容，妆面要有层次感，要干净无瑕疵（可以减轻后期修片的工作量），高光和阴影都要处理恰当。

图4—92　传统新娘妆

图4—93　现代新娘妆

图4—94　摄影新娘妆

技能要求

摄影新娘妆

一、操作准备

1. 询问和目测

询问和目测同时进行，通过询问化妆对象参加的场合和服装的颜色，来决定妆型的浓淡和妆色，同时也观察化妆对象的脸形和五官比例，为化妆做好前期铺垫作用。

2. 局部清洁。

3. 修眉。

4. 面部清洁。

5. 涂化妆水。

6. 涂润肤霜。

二、操作步骤（见图4—95）

步骤1　涂粉底。

步骤2　定妆。

步骤3　画眼睛。

步骤4　夹睫毛。

步骤5　涂睫毛膏。

步骤6　画眉。

步骤7　涂腮红。

步骤8　涂唇彩。

完成效果。

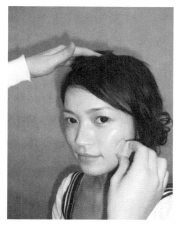

步骤1

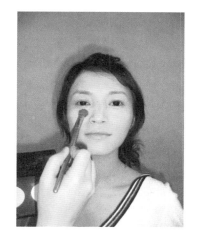

步骤2

步骤3

步骤4

步骤5

步骤6

步骤7

步骤8

完成效果

图4—95　具体步骤图

三、注意事项

1. 粉底涂抹

粉底涂抹时要有整体感，与面部相连接的裸露部，如颈部、手臂、肩或背等都要涂抹。

2. 定妆

选择的散粉要细致透明。

3. 画眼睛

（1）眼影忌用繁杂的颜色和过于夸张的眼影表现方式，以免破坏新娘纯美的感觉。

（2）不要为了强调眼形而过于夸张。

（3）睫毛必须先夹好再涂睫毛，不可直接涂。涂睫毛不可涂得过厚，也不宜粘假睫毛。

（4）粘假睫毛忌用过于夸张和彩色的睫毛。粘睫毛时，注意牢固度，以免睫毛脱落。

4. 眉毛的描画

不要画得过浓与夸张。

5. 腮红

画腮红时，色调要过渡自然柔和，不宜浓抹。

6. 唇的修饰

唇形不宜画得太夸张，唇膏颜色忌选用特别色，同时注意唇膏的牢固度，以免过早脱色，破坏妆面的整体感。

7. 发式

忌选择复杂和过于夸张的发式。

8. 头饰

发型与配饰要具有整体的美感，切忌过于花哨或烦琐。

学习单元2　晚宴妆化妆技术

⊙ 学习目标

掌握晚宴妆的妆型特点和化妆操作技巧

⊙ 知识要求

一、晚宴妆的妆型特点

晚宴妆用于夜晚、较强的灯光下和气氛热烈的场合，显得华丽而鲜明。妆色要浓而艳丽，色彩搭配可丰富协调，明暗对比略强。五官描画可适当夸张，面部凹凸结构可进行适当调整。晚妆可藏缺扬优，掩盖和矫正面部的不足。

二、晚宴妆的化妆程序

询问和目测→局部清洁→修眉→面部清洁→涂化妆水→涂润肤霜→涂粉底→定妆→眼部化妆（贴眉目胶→眼影→眼线→夹翘睫毛→粘假睫毛）→画眉→画鼻影→晕染腮红→画唇→修整妆面→头发造型。

三、晚宴妆的操作重点

1. 粉底

涂粉底的要求：可以遮盖瑕疵，改善皮肤颜色和质感，是画晚妆的基础。

2. 定妆

可选择带有光亮质感的散粉，扑粉要均匀。

3. 眼睛

（1）眼影

画眼影的要求：色彩运用应明朗，对比效果较强，可以用两种甚至多种颜色来涂，色彩搭配要丰富协调。可在上下眼睑从眼角至瞳仁处抹入珍珠系银色眼影，以增加眼睛的明亮感，并要求与服饰的色彩保持和谐。

（2）眼线

画眼线的要求：眼线的描画可根据眼形需要进行适当的矫正，线条可适当粗些，线条要清晰，色彩宜鲜艳。

（3）涂睫毛

涂睫毛的要求：睫毛膏可涂得厚一些，使睫毛显粗，但应分两次涂，睫毛的颜色可用黑色或蓝色的睫毛膏。可以粘贴假睫毛。

（4）粘假睫毛

粘假睫毛的要求：假睫毛应选择自然形。

4. 眉毛

画眉的要求：要正确画出与化妆对象脸形相匹配的眉形，晚妆眉的描画要鲜艳，线条要清晰，使眉形富有立体的虚实感。

5. 腮红

涂腮红的要求：可根据脸形的需要将适当颜色的胭脂涂刷在相应的部位，用于调整弥补脸形的不足，改善面部凹凸关系的不足。应该用浅色或鲜红色的胭脂，颧骨略宽阔一点晕染，面积可适当大些，并与眼影、唇色、肤色相匹配。

6. 唇

画唇的要求：画晚妆时，唇的轮廓要清晰，色彩宜艳丽。首先用粉底或遮盖霜涂敷在需要矫正的唇边缘，用唇线笔勾画轮廓，然后在轮廓内添满唇膏，并涂上亮光油，并注意同整体妆型色彩的协调。

7. 晚宴妆发式的设计要点

晚宴发型设计上的个性化和多样化应该是晚宴发型的发展趋势。晚宴发型的发色基本以深色为主，比如深蓝色、黑色；发型仍然以高贵、典雅为主打，不会有过多的修饰。

（1）晚宴发型是一种正式的发型，讲究高贵、典雅、隆重，能够使人在瞬间成为众人的焦点。正式并不代表古板，在打造晚宴发型时，要结合当时的流行趋势，将这种非常正式的发型做得很时尚。晚宴发型在头发的式样上变化不会太多，但可以用各种做工精细的头饰来给晚宴发型增色添彩。将要参加的晚宴的规模、内容、格调以及形式等都是打造晚宴发型的决定性因素。另外，参加晚宴时所穿的服装也是做晚宴发型的参考因素之一。

（2）晚宴发型和别的发型最大的不同在于，它能恰如其分地展现出女性高贵典雅的气质，所以在发色上不能特别夸张，太过艳丽的颜色也不适合。另外，晚宴发型的发色一般以深色为主，深红色和亚麻色是近两年的流行色。晚宴发型基本分为两大类，一类是复古型，一类是凌乱型。复古型的发型配以传统的服装能将女人典雅、温婉的气质烘托出来。而凌乱型的则发色多变，发型夸张而富有动感，能将女性活泼可爱的一面展现出来。目前时尚的晚宴发型与人们印象中前些年呆板的完全不同，是通过丰富的颜色、程度不同的烫法、亮度等元素，打造有"硬"有"软"、动静结合、发随身动的晚宴发型。

四、不同场合晚宴妆的画法

根据表现环境的不同，晚宴妆的表现方法也不尽相同。

1. 晚宴妆的画法一：日常晚宴化妆

（1）妆型基本要素

日常的晚宴气氛热烈、活跃，约束力小，此时的妆型随意性较强并富有创意色彩，是强调创造力与个性表现力的妆型。

（2）整体修饰要点

体闲场合的晚宴化妆用色可以夸张些，面部描画的线条也可以适度夸张，以充分展现个性魅力。粉底霜要求涂抹得均匀而且牢固，洁净的底色会使妆面效果显得洁净，就如同在白纸上绘画一样。在使用色彩时，冷色与暖色都可以使用，但要求所用的色彩与服饰及妆型的风格协调一致。眼部化妆夸张，眼线延长并适当加粗，紫色、绿色、蓝色都可以作为眼线的颜色，并可配以同色的假睫毛使眼妆独具魅力。另外，金色、银色等闪光颜色用在妆面上会符合宴会热烈活跃的气氛，并极具有个性与创意。嘴唇可进行多色搭配，唇上也可以点缀亮色，与眼妆呼应。发型与服饰都可以夸张，使整体的造型富有创意色彩并表现女性的个性魅力，如图4—96、图4—97所示。

图4—96　日常晚宴妆效果一

图4—97　日常晚宴妆效果二

2. 晚宴妆的画法二：大赛晚宴化妆

（1）妆型基本要素

随着美容化妆内容的丰富，为了促进各项技艺之间的交流，各种妆型都可作为参赛的项目，晚宴化妆作为赛事中重要的一项内容为选手及观众所关注。参赛的晚宴妆要求妆型高雅、华贵，妆色艳丽，并适合赛场上较强烈的灯光环境。

（2）整体修饰要点

比赛用的晚宴化妆整体造型可以夸张，是与生活中的晚宴化妆截然不同的。比赛要突出妆面的高雅与华丽，使其具有较好的舞台效果。例如，眼部化妆，眼影的晕染要均匀，用色与发型特点和服饰整体协调，晕染方法符合世界化妆的流行趋势与模特的眼睛条件，并可以适当添加闪亮颜色，突出舞台效果。画晚宴妆时，发型与服饰要配合妆型，做到在近距离欣赏时，细腻、柔和，整体感强；远距离欣赏时，效果突出、醒目、高贵、华丽，引人注目，如图4—98 、图4—99所示。

图4—98　大赛晚宴妆效果一

图4— 99　大赛晚宴妆效果二

技能要求

技能　日常晚宴化妆

一、操作准备

1. 询问和目测。

询问和目测同时进行，通过询问化妆对象参加的场合和服装的颜色，来决定妆型的浓淡和妆色，同时也要观察化妆对象的脸形和五官比例，为化妆做好前期铺垫作用。

2. 局部清洁。

3. 修眉。

4. 面部清洁。

5. 涂化妆水。

6. 涂润肤霜。

二、操作步骤（见图4—100）

步骤1　涂粉底完成效果。

步骤2　修正轮廓完成效果。

步骤3　画眉、画眼线完成效果。

步骤4　画眼影、画鼻影完成效果。

步骤5　画唇、晕染腮红完成效果。

完成效果。

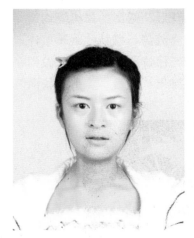  

步骤1　　　　　　　　　　步骤2　　　　　　　　　　步骤3

步骤4　　　　　　　　　　步骤5　　　　　　　　　　完成效果

图4—100　具体步骤图

三、注意事项

1. 粉底涂抹时由于晚妆所处的场合灯光较强，粉底色宜深一些，红润一些，从而避免在强光下皮肤显得苍白无色。与面部相连接的裸露部，如颈部、手臂、肩或背等都要涂抹。

2. 定妆

选择的散粉要细致。

3. 画眼睛

（1）眼影涂抹要晕染过渡自然，不要出现块状眼影。

（2）不要为了过度强调眼形而破坏了与眼影的协调。

（3）睫毛必须先夹好再涂睫毛，不可直接涂睫毛。

（4）粘假睫毛时，要与自身睫毛浑然一体，注意牢固度，以免睫毛脱落。

4. 眉毛的描画

要注意左右对称。

5. 腮红

凡带蓝色成分的均不宜使用，因为这种颜色在灯光下使面庞显得深陷，面色显得衰老。

6. 唇的修饰

唇形不宜画得太夸张，注意唇膏的牢固度，以免过早的脱色，破坏妆面的整体感。

第5章 ≫

发型制作

第1节 造 型

学习单元1 各地区发型修剪的特点和方法

⊙ **学习目标**

了解线条形态变化对发型风格的影响

了解具有明显地区风格的发型修剪的发展和特点

能够修剪出代表一个地区明显风格的时代潮流发型

⊙ **知识要求**

一、线条对发型风格的影响

线条的不同使发型风格趋向不同的类型。线条可以是修剪设计的线条，可以是烫染设计的线条，也可以是吹风造型变化的线条。同样一个发型，修剪的线条虚实、直曲、正斜、厚薄，会使发型产生不同的风格类型，或是采用烫染产生的线条来变化出不同的风格，或是同一个发型采用不同的吹风方式来产生不同的线条，临时性改变发型的风格。

不同的地区和国家都有着不同的发型风格类型，这些发型风格都是因为发型线条的变化而形成的，比如以美国为代表的美洲发型、以英国为代表的欧洲发型、以日本为代表的亚洲发型。他们由于审美文化的不同，所形成的发型风格特点迥异。

1. 线条对美洲发型风格的影响

美洲国家是以移民为主，所以有着多元文化融合的特点，美国是这种文化的主要载体。美国的经济模式、文化模式、生活观念等造就了美国人的审美习惯。在服装和发型方面，美国人个性张扬，表现出个人不拘于传统的风格。因此美洲发型的线条体现出的是活跃和个性，如图5—1、图5—2所示。

图5—1 美洲发型的线条一　　　　　　图5—2 美洲发型的线条二

（1）美洲发型的纹理线条

美洲发型的纹理线条大多富于变化，正负空间间隔突出，倾向于自由、活跃、落差分明、节奏突出的特点，如图5—3、图5—4所示。

图5—3　空间间隔强烈的线条　　　　　　图5—4　随意凌乱的线条

（2）美洲发型的外轮廓线条

美洲发型的外轮廓线条较少是单一或单向的，多以起伏不定、抑扬顿挫的变化为主，如图5—5、图5—6所示。

图5—5　交替的虚线轮廓线条　　　　　　图5—6　反差的轮廓线条

（3）美洲发型的外形线条

美洲发型的外形线条主要以不规则为主，有厚重感但相对要求以自然为主。如图5—7、图5—8所示。

图5—7　美洲发型的边沿线条一　　　　图5—8　美洲发型的边沿线条二

2. 线条对欧洲发型风格的影响

　　欧洲有着理性、严谨、厚重、经典的传统。欧洲有着几百年的稳定和繁荣，很少受到外来文化的冲击和影响，也没有大的变动起伏，所以欧洲的生活方式和审美习惯以及经济文化等较为稳定，传统的传承养成了欧洲人气定神闲的生活方式。在服装和发型方面，欧洲人的审美款式较为正统，线条感和肌理感的考究与简洁成为了他们的经典，因此欧洲发型的线条以及风格体现出的是：严谨、硬朗、线条明确、典雅、整洁，如图5—9、图5—10所示。

图5—9　欧洲发型的线条一　　　　　图5—10　欧洲发型的线条二

（1）欧洲发型的纹理线条

　　欧洲发型的纹理大多体现简练的质感，正负空间的比例性小，纹理线条主要是以低层次动感、少张扬的优雅为主，体现出纹理的简练、优雅、深邃的特点，如图5—11、图5—12、图5—13所示。

图5—11　静态线条　　　　图5—12　波浪曲线线条　　　　图5—13　动态线条

（2）欧洲发型的外轮廓线条

欧洲发型的外轮廓线条大多沉稳、简洁，突出欧式传统的优雅，变化上的冲突性相对较少，如图5—14、图5—15所示。

图5—14　优雅的轮廓线条　　　　　　图5—15　A字形的轮廓线条

（3）欧洲发型的外形线条

欧洲人发型的外形线条给人的感觉是几何感突出而以对比夸张为主,实际上那是沙宣特意为自己的形象营销而推出的特定发型。到过欧洲的人就知道，沙宣这种夸张的几何线条对比的发型在欧洲大街上是真正的"非主流"，但欧洲人发型的边沿线条风格确实是以简练厚重但又具有模糊的虚线为主，如图5—16、图5—17、图5—18所示。

图5—16　夸张的几何线条　　　　图5—17　前斜的BOBO线条　　　　图5—18　柔和线条

3. 线条对日本发型风格的影响

日本民族单一，从未有过其他国家所经历的那种兴衰起灭的动荡，因此造就了日本人对传统的尊崇，在审美时尚方面的高度统一。随着欧洲的发型文化渐渐渗透到当今社会，现代的日本人的服饰与发型线条却与传统截然不同。如今，日本人将原有的传统美学尊崇到很高的地位，现代的日本发型经过20世纪欧美文化的熏陶逐渐形成了独特的风格，以染浅的发色、柔和的发型线条、变化丰富的刘海、随意通透的亲和感为主要特点，这种发型审美在日本高度一致，这实际上与日本在第二次世界大战后国家形象重塑战略的推动有关，如图5—19、图5—20所示。

图5—19　日本发型的线条一　　　　　　　图5—20　日本发型的线条二

（1）日本发型的纹理线条

日本发型的纹理主要以微弯的柔和线条为特点，均匀的纹理线条通透、柔和。具有轻盈的动态感显示出灵巧、柔和、可爱的特质，如图5—21、图5—22、图5—23所示。

图5—21 微弯迂回的线条　　　图5—22 通透顺柔的线条　　　图5—23 活跃夸张的线条

（2）日本发型的外轮廓线条

日本发型的外轮廓线条表现为柔和的圆弧，突出亲和圆润感，轮廓线条以柔和的不规则圆线条为主，但不规则的夸张变化不突出，如图5—24、图5—25所示。

图5—24 柔和圆润的轮廓线条　　　　　图5—25 倒葫芦型的轮廓线条

（3）日本发型的外形线条

日本人的发型边沿线条主流是长短错落但较为柔和的虚线条。没有欧洲人的刻意，也不是美国人的粗犷，柔和自然的边沿线条较为随意，如图5—26、图5—27所示。

图5—26 日本发型的外形线条一　　　　图5—27 日本发型的外形线条二

4. 线条对中国发型风格的影响

中国的服饰与发型文化是亚洲以及世界东方的真正代表，但历来社会动荡无数，民族众多，政治变化以及20世纪中期的特定背景，使中国的服饰发型、审美文化和风格到如今处在崇古不能、创新未成的成长阶段，对发型线条风格等方面还处于拿来主义和摸索阶段。可以预见的是中国的发型文化将是柔美的东方美学与多元文化结合的产物，相信在不久的将来中国人将会有着有别于日本和美国以及欧洲但又兼备了他们的优点和中国人特有美学特征的发型风格。柔和、通透、有型、立体将是属于中国人的发型风格，如图5—28、图5—29所示。

图5—28　中国发型的线条一　　　　图5—29　中国发型的线条二

二、具有明显地区风格的发型修剪的发展和特点

1. 美洲发型修剪的发展和特点

美洲是一个错综复杂的民族文化聚集地，土著人、早期移民、近代殖民侵略移民、现代自由派移民，每一个群体有不同的文化。发型作为民族文化的一部分，自然也是纷然杂陈。美洲主要是移民混合的多元社会，在发型文化方面，既有将要消失的发辫式发型，也有欧洲白人的工业式发型，每种发型文化在经过各自的保留斗争、相互影响、相互妥协、相互竞争之后，形成美洲自己的独特发型文化。美国地位强势，美国的发型文化自然就成为美洲发型的代表者，所以，本节就以美国发型修剪的发展和特点作为讨论点。

美国主流社会以欧洲白人殖民者为主，发型当然是以欧洲风格为主体，但由于美国是世界多元文化的聚集地，发型的发展逐渐显现出与欧洲的差异，最后形成美国的发型文化。

美国的剪发风潮与美国好莱坞明星热衷剪发有很大关系，好莱坞是一个出产美式文化的工厂，是推行美国文化个性的机器。美式文化朝着英雄主义、掠夺式强者主义、自由个人主义等不同的方向发展，形成了一个充斥着美式特点的发型修剪风格。

在修剪技术的变革之初，美国的剪发技术主要局限于固定的基本款式，这些款式就是将发型修剪固定在十余款女式经典基础发型及9款男式经典基础发型内。这些款式注重修

剪的形状轮廓，线条相对机械硬朗，特点是庄重、沉稳、生硬和突出几何形状效果。

至20世纪50年代，修剪技术要求对形状和线条有着精确的控制，修剪时拉发片控制、角度提升，有了明确的演化，使发型修剪原有经典基本款式有了一定的变化，初步打破了单一款式的局面，变化的想法开始显现出来，这种变化使发型修剪技术朝着设计方向萌芽，使发型修剪有了注重技术、形状的简练等特点。

20世纪60—70年代，美国自由主义和个性主义风潮风起云涌，人们对发型的要求也开始追求独立的多样性，发型修剪技术与大时代背景一样，开始向着设计的领域进化，对头发发质的分析、线条的划分、提升角度的作用、分区计划安排、形状的几何原理和表面纹理细节的分解等，都被纳入了一个系统的研究程序，经典基础款式被分解，修剪设计系统初步形成。这种结果使美国的发型出现了自由和个性的特点，经典款式开始受到排挤。

美国发型以李奥·巴沙治的国际标榜为代表，他吸收了欧洲各国的优点，其设计具有多民族性，发式造型自由洒脱，舒美大方；提倡科学的发型技艺，对国际发型技艺也有较大的影响。其发型设计系统的建立是美国对世界美发界最大的贡献，发型技术正式成熟为一个完整的学术体系，这是超越欧洲发型界的一个里程碑。其使发型技术从重量、质感、线条、纹理、空间、色彩等方面引导设计师设计出任何风格的发型；头部和身体的生理结构成为了设计师的作品本身，发型不再局限于头部，不再局限于头发，环境、性格、时空、思想等，都成为设计师的创作空间。自由、个性、风格、快速商业化是美国美发业发展的特征，科学、唯美、自由、万能、多变是其最大的特点。这使美国的发型成为世界美发界的一种趋势，如图5—30、图5—31所示。

图5—30　美国发型的线条一

图5—31　美国发型的线条二

2. 欧洲发型修剪的发展和特点

欧洲发型修剪在19世纪文艺复兴时期发展得最为迅速，最早以德国的OP修剪法发展最为快速，在它的影响下出现了一大批优秀的大师。第二次世界大战后的第一个十年是经典时尚的年代，因为人们在努力捕捉战争期间被遗弃掉的东西的影子。

20世纪40—50年代的女士，经常去发廊仔细地做头发，当时发型师用倒梳和未经改良的发胶固定发型。这种做法不仅伤害头发，而且需要几个小时以上的时间完成。当时，服饰时尚总是与发型时尚相互影响，所以在服饰时尚变化的影响下，沙宣就萌发了发型革命的思想。欧洲的发型修剪发展和特点中，沙宣是最具代表性的。它迎合了工业化时代的需求，也迎合了妇女解除传统发型束缚的大趋势，于是，剪发逐渐流行于世界各地，直到21世纪的今天，欧洲美发界还在以经典款式修剪作为发型修剪训练的模板，以这种模板培训出的发型师，具有认真严谨的职业素养。

（1）德国发型吸取了英国修剪、法国造型的优点，发式造型既有传统式又有创新式，比较实用。

（2）法国发型以优美的艺术造型著称，线条柔和、颇具动感、倾向自然，表现出浪漫的法国风情，洋溢着艺术的气息，所以也有人称之为"浪漫+浪漫"的发型，在世界各国广为流行。国际上主要的美发师组织的总部大都设在法国，各国著名的美发师都以去英国、法国留学进修为必需的资历，这都足以说明其在世界美发界的地位。

（3）意大利发型倾向于法国发型的艺术性，但也不失自己的特点。

（4）英国发型以正统修剪闻名，特别是直发的精细修剪造型，突破了传统的平直形、圆弧形轮廓的限制，创造出几何形轮廓的短发发型，对国际发型有着较大的影响。英国派在发式造型上既有自然美、野性美、夸张的粗线条发型，也有传统中带新意的平淡波浪发型。沙宣的五点式直发修剪造型、托尼盖的具有动感的曲线美发型等，都对国际发型潮流影响重大。

1）欧洲具有代表性的是维达·沙宣创立的发型理念，其风格在发型修剪上是按照发流的方向修剪的，讲究准确的落位、个性的轮廓、硬朗的线条。这种风格的发型特点很鲜明，个性很强烈，顺直的发质、高贵的气质和立体感强烈的脸部轮廓，最能体现沙宣风格的发型特点，如图5—32、图5—33所示。

图5—32　沙宣风格的发型一

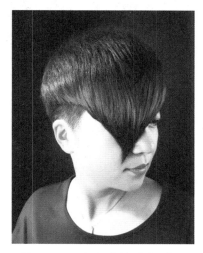

图5—33　沙宣风格的发型二

沙宣风格的发型在剪发技术上有以下特点：

沙宣在发型上的方、圆、三角，指外部形状。结构上，最简单的理解方法就是看头发

在空中的状态。假设地球失去引力，那在空中会清楚地看到多根头发形成的横切面，可以称为切口。如果头发都到达一个平面，则称为方。如果切面与头形一样成为一个球面，则称为圆。如果切面由短向长延伸，则称为三角。

①堆积重量的方。上长下短，将一个面的头发剪到一个面。或者全头剪到一个面，应用较少。

②堆积重量的圆。上长下短，跟随头形修剪，也就是圆形的切口。

③堆积重量的三角。上长下短，由后部慢慢向前走长。

④去除重量的方。上短下长。

⑤去除重量的圆。同长。

⑥去除重量的三角。上短下长。也就是反头形曲线。

2）欧洲托尼盖风格发型在修剪和造型上与沙宣有很相似之处，都有很强的个性和视觉冲击力，托尼盖风格更讲究空间感，在凌乱中表现经典的美，如图5—34、图5—35所示。

图5—34　托尼盖风格发型一

图5—35　托尼盖风格发型二

托尼盖风格的发型在剪发技术上有4个特点：

①发型层次结构呈不连接的形状。

②不对称或者不规则形状。

③发型外轮廓线使头发线条更柔和，使发型与头形配合更加紧密，突出发型的个性特征。

④内短外长技巧的运用，即保持头发的长度，去除头发多余重量，并塑造不规则的造型。

3. 日韩发型修剪的发展和特点

20世纪60年代，受欧美的影响，日韩出现了一批颇具影响力的大师，他们吸取欧美风格，创新变革，提高美发技艺，创造出了具有亚洲人风格的发型，日韩美发也一直走在亚洲人的前面，成为亚洲美发的典范。

由于亚洲人的头形是前后短、两边宽、脸形扁平，跟欧美恰恰相反，头形没有立体感，所以发型的修剪要具有立体感，修剪的功夫要下很多。日韩发型具有层次多样化、线条感强、立体感突出、发型柔和妩媚、可爱典雅等不同的风格特点。

日韩式风格的发型富有东方特色，吸取国际信息快、模仿性强，同时又融入了自己的创意。日本最早也是引进欧洲工业化特征经典发型作为发型修剪模板，后来日韩成为美国的同盟国，接受了美国的商业化文化，使日韩本身的美发修剪技术特点更多地体现了商业化，如图5—36、图5—37所示。

图5—36　日韩式风格发型一

图5—37　日韩式风格发型二

（1）日式风格的发型特点

日式发型的表现形式较为模糊、多样。日式的个性发型也很多，只是受到自身条件的影响，不会像欧美那样纯粹，不管是在发型的轮廓还是在发丝的柔度上都会有所收敛。日式发型在这种尺度的把握上非常到位，很值得学习。如今的日式发型是根据东方人的头形、脸形、头骨、发质等特性，演化出更适合东方人的菱形外轮廓发型。这类日式发型风格大体相同，头发顶部长度略长，加以多种发型纹理的处理技巧，使发尾形成明显轻盈的束状纹理，在脸形两侧形成厚度，发型效果显得十分立体，外轮廓呈钻石状。发型形状饱满却不古板，发型动感却不凌乱，这种发型重心较高，在视觉上可以使脸盘看起来更瘦小，更便于打理，也可以使日本女孩不高的身材看起来高挑，同时发型的重心高了可爱度也会增加，加上娇小的身段，看起来十分可爱甜美。

（2）韩式风格的发型特点

韩国的传统文化与外来文化相融合，形成了现在的浪漫与保守并存的发型风格。韩式风格的发型中更多的是比较传统的风格，他们的发型没有夸张另类的表现，就算是时尚也表现得中规中矩，不管是中年妇女的大卷发型，还是当红明星的黑色头发。就连她们引以为豪的整容也是遵循三庭五眼的比例和标准的椭圆脸形。

4. 中国发型修剪的发展和特点

　　在远古的旧石器时代，人类还过着极为简陋原始的穴居生活，当时的人类都是留着长发，任其自然生长，十分凌乱。出于劳动和生活的方便，人们把长长的头发用石头砸断、整短，保持自然垂落状态。到了新石器时期，人类掌握了生产工具的制作和使用。此时的人类，也许是出于劳动时较为方便的需要，将一贯的披发过渡到了持续长达千年的挽髻。

　　直到清末民初，封建社会走向瓦解，西洋文化艺术逐步渗透，民间的发式及装饰受其影响，朝着明快、简洁的方向发展。年轻妇女除部分保留传统的髻式造型外，又将额前头发剪短，时称"前刘海"。

　　辛亥革命以后，中国发式进入一个新的历史时期，发生了巨大的变化，由传统的挽髻向简洁的方向过渡演变，时兴剪发。

　　建国时期，那时的人们受政治影响，发式也发生了巨大的转变。男士发型根本的转变是兴起了三七、四六、中分等分缝发型，中国的男士有了新的形象，而女士的三齐等发型也相继诞生。

　　20世纪60—70年代，由于我国的经济还很落后，发式一直没有什么突破性的转变。

　　20世纪80—90年代，随着中国改革开放形势的展开，发式也产生了巨大的改变，人们对发式开始了新的追求，时尚发型由此产生了。其中影响最大的是男士三七、四六、中分、老板头；女士吹高刘海、菊花头、烫爆炸式、剪长碎发。一时间，发廊群起，人们爱美的情绪高涨。

　　进入21世纪，伴随着改革开放的步伐，中国的美发进入了演变、改革、繁荣、进步的时期。受西方以及我国香港和台湾地区影响，烫发、染发逐步盛行，开始流行漂染头发。国外的一些如标榜、沙宣、托尼盖、日式发型的教育进入中国，对中国的美发起到了带动作用，让国人意识到国外美发界在美发方面取得的成就，从专业的角度看到了他们扎实专业的知识，从西方人开放的思想看到了西方美发大胆的创新意识。

　　然而，中国有着不同于欧美日韩的文化传统、历史背景、生活习惯和审美意识，虽然标榜、沙宣、托尼盖的发型作品对每一个爱好发型艺术的人来说都是不小的诱惑，但毕竟中国人的气质和外形和他们有着本质的差别。通过不断地交流，在长期的模仿过程中，中国的美发技术呈多元化发展，然而模仿的目的是为了创新。

　　随着中国社会的高速发展，人们生活节奏的加快，现在很少有人能够忍受用去一两个小时的时间去剪一款发型，人们对美发的要求也逐渐提升到不仅要个性时尚，还要方便快捷。这促进了中国与国际接轨的步伐，人口众多的泱泱大国，自我创新的需求迫在眉睫。

　　2005年，上海著名美发大师卢晨明经过多年研究，创立了以几何学的点、线、面基本要素为设计依据的定向修剪法，又称DX修剪法（2006年被原劳动部收编于技师和高级技师的推荐教材——《创新发型设计》一书中），首次在发型设计中，提出了发型的五区九线设计法、几何嫁接分区法、纹理的缔造法、四步造型法等全新的设计理念和操作技巧。同时在染烫设计中也把点、线、面、几何形等美学知识，结合设计原则贯穿于整个设计之中，丰富了发型设计的形象思维和操作方法，使发型的设计有据可依。

　　定向修剪法是一种以结果为导向的修剪方法，注重结果并不是忽略过程，而是摒弃复杂，寻求简单有效的修剪过程，以快速准确地达到所需效果。因为精确仔细的发型层次修剪与发型的完美性有着一定的联系，但绝对不是必然，而运用最简单的方法却能达到最好的效果。过去一些修剪层次结构的方法是一剪刀一剪刀地去剪，好比过去造房子，是一块砖一块砖地砌起来一样，费功费时，房子砌得越高出现误差的概率就越高。而定向修剪法修剪层次结构的方法是对设计划分好的区域进行定点、定线或定面的快速修剪，好比现在造房子是直接用混凝土浇灌来完成整体的框架结构一样，省时省力、方便有效，同样是房子却有质的不同。

简化过程并不是忽略过程，因为发型纹理、厚薄和动态方向的调节是建立在发型层次修剪基础上的细化调整，它与发型的完美性有着必然的联系，体现着最终的设计效果。同样一款发型，运用在不同人的头发上，调节的方法会有所不同，最终的效果也不一样。好比室内装潢，过去房子的装修是简单的、雷同的，而现在同样的房子装修却是个性的、多样的。

房子的制造和装修的变化代表着社会的发展和进步，发型的修剪同样也进入了一个全新的时代，即：简化层次修剪，细化纹理调节。而定向修剪法开创性地将点、线、面几何原理，真正地运用到发型设计中，把发型的修剪带入到化繁为简、注重实效的时代，如图5—38、图5—39所示。

图5—38　定向修剪法示例一　　　　　　图5—39　定向修剪法示例二

定向修剪法的设计理论和操作方法在第2章第1节的第3单元中有详细的说明。外形和内形的设计方法在技师的第1章第1节第2、3单元中都有详细的说明。

其实无论标榜也好，沙宣也好，托尼盖也好，很多原理是相通的。说通俗点，剪发只有三种技术：齐线条，去除重量，建立重量。标榜里面，固体相当于齐线条，渐增层次相当于去除重量，边沿相当于建立重量，均等就是随头圆。同样，日式二分区里面常见的长发造型，往往就是上面低层次保留圆润的顶区和平滑的质感，下面的头发保留长度的高层次，方便去造型。这款发型的结构，用日式的术语称为低层次叠高层次，用标榜的术语就是顶区边沿层次，下面渐增层次，两者不连接罢了。换了托尼盖，无非上面是个经典边沿技术，下面是动感长发技术。沙宣变化就有很多，上面可以是个堆积的方，下面可以是去除的方，或者是反头形曲线技术。所以说，沙宣也好，托尼盖也好，标榜也好，日式也好，万变不离其宗，无非就是术语不一样。

<h1 style="text-align:center">技能要求</h1>

技能1 美洲发型修剪的方法和技巧

一、操作准备（见表5—1）

表5—1 操作准备

序　号	工具用品名	单　位	数　量
1	剪发围布	条	1
2	干毛巾	条	1
3	围颈纸	张	1
4	剪发梳	把	1
5	剪刀	把	1
6	牙剪	把	1
7	夹子	只	6
8	喷水壶	只	1
9	掸刷	只	1

二、操作步骤（见图5—40）

步骤1　分区如图5—40所示。

步骤2　将后发区的头发垂直中间取份进行直线修剪，确定导线。

步骤3　将两边的头发汇聚在中间定线修剪。

步骤4　确定后区底线形状。

步骤5　完成效果。

步骤6　将左侧发区的头发后斜向下定线修剪。

步骤7　将右侧发区的头发后斜向下定线修剪。

步骤8　将膨胀区的头发水平向后定点修剪。

步骤9　吹干头发，将刘海的头发垂直向下侧定点进行修剪。

步骤10　修整底线。

步骤11　确定顶部头发长度。

步骤12　打薄头发。

步骤13　对膨胀区的头发进行束状纹理处理。

步骤14　对左侧发区的头发进行束状纹理处理。

步骤15　对右侧发区的头发进行束状纹理处理。

步骤16　吹散头发。

完成效果。

步骤1

步骤2

步骤3

步骤4

步骤5

步骤6

步骤7

步骤8

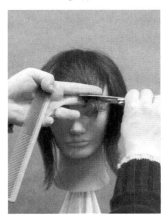

步骤9

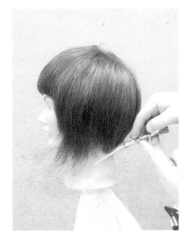

步骤10

步骤11

步骤12

步骤13

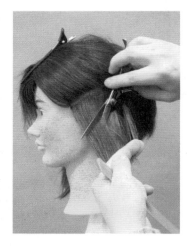

步骤14

步骤15

步骤16

完成效果图

完成效果

图5—40　具体步骤图

三、注意事项

边线的形状和顶部的动感是此款发型的关键。

技能2　欧洲发型修剪的方法和技巧

一、操作准备（见表5—2）

表5—2　操作准备

序　号	工具用品名	单　位	数　量
1	剪发围布	条	1
2	干毛巾	条	1
3	围颈纸	张	1
4	剪发梳	把	1
5	剪刀	把	1
6	牙剪	把	1
7	夹子	只	6
8	喷水壶	只	1
9	掸刷	只	1

二、操作步骤（见图5—41）

步骤1　分区如图5—41所示。

步骤2　从鬓角开始将左侧量感区的头发垂直向上，定线修剪。

步骤3　依次向后以同样的方法完成层次修剪。

步骤4　修剪好的剪切线与地面平行。

步骤5　修剪左鬓底线。

步骤6　使左鬓底线与后发区呈弧线连接。

步骤7　以同样的方法完成右侧的修剪。

步骤8　在后区中间垂直取份修剪成渐增层次。

步骤9　将右发区的头发向后梳出，以后发区中线为引导定线修剪。

步骤10　将左发区的头发向后梳出，以后发区中线为引导定线修剪。

步骤11　将膨胀区的头发垂直向上定线修剪。

步骤12　将动感区的头发向后定线修剪。

完成效果。

真人发型作品。

步骤1

步骤2

步骤3

步骤4

步骤5

步骤6

步骤7

步骤8

步骤9

步骤10　　　　　　　　　　步骤11　　　　　　　　　　步骤12

完成效果　　　　　　　　　　　　　　　真人发型作品

图5—41　具体步骤图

三、注意事项

柔和的发尾是此款发型的关键，柔和发尾时注意不能改变发型的形状。

技能3　日韩发型修剪的方法和技巧

一、操作准备（见表5—3）

表5—3　操作准备

序　号	工具用品名	单　位	数　量
1	剪发围布	条	1
2	干毛巾	条	1
3	围颈纸	张	1
4	剪发梳	把	1
5	剪刀	把	1
6	牙剪	把	1
7	夹子	只	6
8	喷水壶	只	1
9	掸刷	只	1

二、操作步骤（见图5—42）

步骤1　分区如图5—42所示。

步骤2　垂直向下确定弧形底线。

步骤3　将后发下区的头发垂直向上梳出，定点修剪。

步骤4　将后发上区的头发向后汇聚，垂直定线修剪。

步骤5　膨胀区的头发水平向后定点修剪。

步骤6　膨胀区的发长大于后发区的发长。

步骤7　把右侧发区的头发自然向下定后斜线修剪。

步骤8　把左侧发区的头发自然向下定后斜线修剪。

步骤9　刘海区的头发是以膨胀区的发长为引导。

步骤10　向前定点修剪。

步骤11　完成效果。

步骤12　把左侧发区的头发水平分层取份向后进行纹理修剪。

步骤13　把右侧发区的头发水平分层取份向后进行纹理修剪。

步骤14　将后发区的头发水平取份进行笔尖状纹理修剪。

步骤15　调整膨胀区的纹理。

步骤16　动感区做内外双层次修剪。

最终完成效果。

步骤1

步骤2

步骤3

步骤4

步骤5

步骤6

步骤7

步骤8

步骤9

步骤10

步骤11

步骤12

步骤13

步骤14

步骤15

步骤16

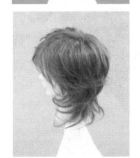

最终完成效果

图5—42　具体步骤图

三、注意事项

发量的调整是此款发型的关键，要根据不同的条件进行调整。

技能4 中国发型定向修剪的方法和技巧

一、操作准备（见表5—4）

表5—4 操作准备

序　号	工具用品名	单　位	数　量
1	剪发围布	条	1
2	干毛巾	条	1
3	围颈纸	张	1
4	剪发梳	把	1
5	剪刀	把	1
6	牙剪	把	1
7	夹子	只	6
8	喷水壶	只	1
9	掸刷	只	1

二、操作步骤（见图5—43）

步骤1　分区如图5—43所示。

步骤2　将量感区的头发定弧形面修剪并保留量感体现区的头发长度。

步骤3　通过硬线剪切确定侧部型线。

步骤4　通过硬线剪切确定后部型线。

步骤5　膨胀区的头发中心定点修剪。

步骤6　以膨胀区的头发长度为引导将动感区的头发水平向后定线修剪。

步骤7　将动感区的头发水平向左以膨胀区的头发长度为引导定线修剪。

完成效果。

真人发型作品。

步骤1

步骤2

步骤3

步骤4

步骤5

步骤6

步骤7

 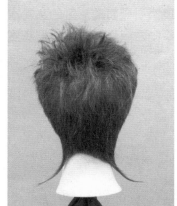 

完成效果

真人发型作品

图5—43　具体步骤图

三、注意事项

修剪的准确性是此款发型的关键，修剪时一定要有余量，为调整留有余地。

学习单元2　一发多变的方法和技巧

⊙ 学习目标

了解并掌握对各类发型进行多种变化设计的方法和技巧

⊙ 知识要求

一、一发多变的方法

一发多变需要学员首先掌握不同发型的制作方法，具有一定的设计理念，然后结合模特的气质、脸形、肤色、发质等多种因素来进行变化，变化的方法多种多样，可以通过吹风造型、恤发、造型品、饰品、烫发、染发、梳理等不同的方法来进行。在打造发型时，也要融入当下多元的时尚元素，因此在发型造型设计时就要能够制定出多变发型的设计方案，但要注意，针对成熟女性与年轻女孩的设计风格是有区别的。

二、一发多变的分类

1. 传统类发型一发多变

可以通过盘卷、长波浪梳理、盘束发等一系列变化来完成。盘卷、长波浪梳理、盘束发这些操作方法的内容在高级美发师技能（三级）中已有详细的说明，而传统类发型一发多变，其变化主要是在束发上的变化，而束发变化造型一般有以下几种变化：

（1）编绕造型（见图5—44）

具体操作流程可参考技师第2章第2节技能要求：宴会造型。

A   B   C

图5—44　编绕造型效果示意图

（2）拧扭造型

1）直发拧扭造型（见图5—45）。具体操作流程可参考技师第2章第2节技能要求：舞会造型。

A   B   C

图5—45　直发拧扭造型效果示意图

2）卷发拧扭造型（见图5—46）。具体操作流程可参考技师第2章第2节技能要求：舞台造型。

A   B   C

图5—46　卷发拧扭造型效果示意图

（3）辫塑造型

1）直发辫塑造型（见图5—47）。

步骤1　分区如图5—47所示。

步骤2　由左至右下将后区的头发编斜辫。

步骤3　将辫子的发尾打成发花。

步骤4　从前额分出两股头发。

步骤5　将刘海的头发编两手松辫。

步骤6　向后拉紧辫子。

步骤7　刘海向前推出固定，向左留出发尾。

步骤8　正面完成效果。

步骤9　侧面完成效果。

步骤1

步骤2

步骤3

步骤4

步骤5

步骤6

步骤7

步骤8

步骤9

图5—47　流程示意图

2）卷发辫塑造型（见图5—48）

步骤1　将头发由鬓角向后分成上下两区，在下区中间垂直取份，轻轻打毛。

步骤2　在后颈处固定。

步骤3　轻轻打毛刘海根部。

步骤4　分成三股辫向后编。

步骤5　一直编至发尾。

步骤6　固定在后区中间。

步骤7　从后区左侧上面取出一束发束。

步骤8　做成卷筒，固定在后区中间。

步骤9　从后区右侧上面取出一束发束做成卷筒，固定在后区中间。

步骤10　以同样的方法完成卷筒的摆放。

步骤11　卷筒的摆放上大下小。

步骤12　最后从发辫中挑出若干发束。

步骤13　后面完成效果。

步骤14　侧后面完成效果。

步骤15　侧面完成效果。

步骤1

步骤2

步骤3

步骤4

步骤5

步骤6

步骤7

步骤8

步骤9

步骤10

步骤11

步骤12

步骤13

步骤14

步骤15

图5—48 流程示意图

（4）盘绕造型（见图5—49）

步骤1 分区如图5—49所示。

步骤2 将前发区的头发向上拎起。

步骤3 将前发区的头发向前拧转固定。

步骤4 将后发区的头发向上拧转固定。

步骤5 理顺刘海发梢。

步骤6 理顺后发区的发梢。

步骤7 正侧面完成效果。

步骤8 正面完成效果。

步骤9 侧面完成效果。

步骤1

步骤2

步骤3

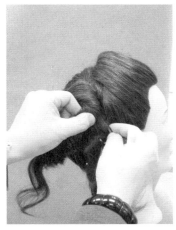
步骤4

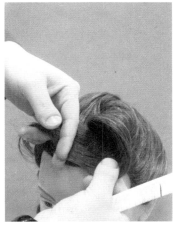
步骤5

步骤6

步骤7

步骤8

步骤9

图5—49　流程示意图

（5）包夹造型（见图5—50）

步骤1　分区如图5—50所示。

步骤2　将左后区的头发向上单拧包，固定在中线位置。

步骤3　将右后区的头发梳向左上角，固定在顶区位置。

步骤4　将两区留出的发尾轻轻打毛。

步骤5　顺时针做立卷。

步骤6　固定在前后分区线处。

步骤7　将左侧发区向后梳理轻轻打毛。

步骤8　梳通表面。

步骤9　围绕在头顶处固定。

步骤10　将刘海的头发和右侧发区的头发分片轻轻打毛。

步骤11　向后梳理。

步骤12　固定在头顶处。

步骤13　正面完成效果。

步骤14　后面完成效果。

步骤15　正侧面完成效果。

步骤1

步骤2

步骤3

步骤4

步骤5

步骤6

步骤7

步骤8

步骤9

步骤10

步骤11

步骤12

步骤13

步骤14

步骤15

图5—50　流程示意图

（6）堆积造型（见图5—51）

步骤1　分区如图5—51所示。

步骤2　将头顶区域的头发分片倒梳打毛。

步骤3　梳通绕在头顶并固定。

步骤4　将后脑中间的头发竖分出一条发片，打毛发根向上梳起，并固定在头顶。

步骤5　将发尾反卷固定在头顶包卷右侧。

步骤6　将左下侧的头发向右上梳起并固定在中间。

步骤7　将右下侧的头发向左上梳起并固定在中间。

步骤8　依次完成后部的十字交叉包。

步骤9　将发尾反卷固定在头顶包卷的右左侧。

步骤10　将发尾分成若干束，做成扁圈固定在左侧的包卷上。

步骤11　将右侧鬓角的头发向后上梳起并固定在包卷根部。

步骤12　将发尾反卷固定在头顶根部。

步骤13　将发尾分成若干束，做成扁圈固定在包卷的前面。

步骤14　将左侧鬓角上面的头发拧卷并固定。

步骤15　将发尾分成若干束，做成扁圈固定在包卷上。

步骤16　将左侧鬓角的头发向后上梳起并固定在包卷根部。

步骤17　将发尾反卷固定在头顶根部。

步骤18　将发尾分成若干束，做成扁圈固定在左侧的包卷上。

步骤19　刘海的头发向右侧做成卷筒固定后，将两侧拉开。

步骤20　右侧完成效果。

步骤21　正面完成效果。

步骤22　左侧完成效果。

步骤1

步骤2

步骤3

步骤4

步骤5

步骤6

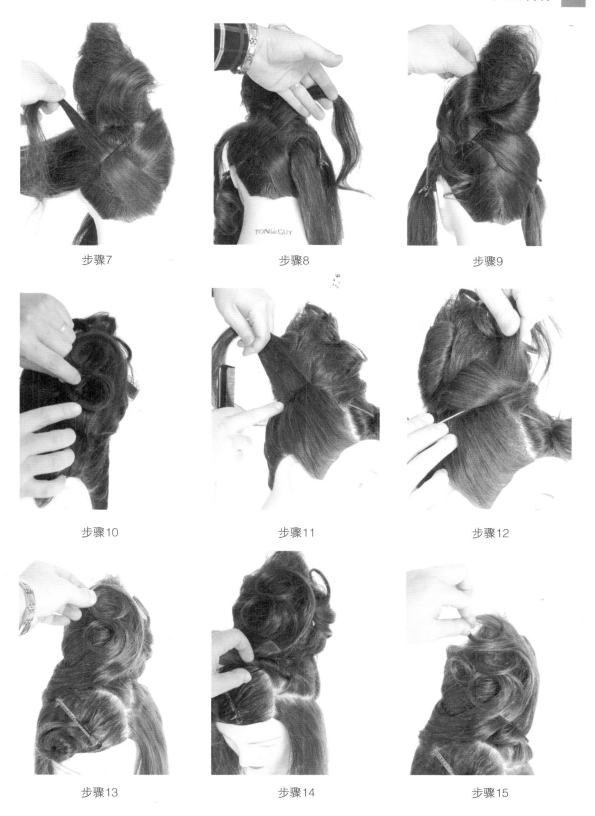

步骤7

步骤8

步骤9

步骤10

步骤11

步骤12

步骤13

步骤14

步骤15

步骤16

步骤17

步骤18

步骤19

步骤20

步骤21

步骤22

图5—51　流程示意图

2. 生活类发型一发多变

可以通过头发的曲直变化、头发流向、扎束造型等变化技巧来达到一发多变。如以下发型的变化就是从卷辫造型（见图5—52）到卷辫扎束造型（见图5—53），再到卷辫散开造型（见图5—54）的变化。

图5—52　卷辫造型　　　　图5—53　卷辫扎束造型　　　　图5—54　卷辫散开造型

3. 艺术类发型一发多变

可以通过各种造型方法、假发饰品造型等变化技巧来达到一发多变。

（1）案例1

以下发型的变化就是从时尚发型（见图5—55）到创意发型（见图5—56）再到艺术晚宴发型（见图5—57）。

图5—55　时尚发型　　　　图5—56　创意发型　　　　图5—57　艺术晚宴发型

（2）案例2

以下发型的变化就是在辫子中间加了根可弯曲的铜丝，随着铜丝的弯曲，发型也在变化：从艺术发型（见图5—58）变化到创意发型（见图5—59）再变化到生活发型（见图

5—60）。

图5—58　艺术发型

图5—59　创意发型

图5—60　生活发型

技能要求

技能　一发多变的变化技巧

通过盘卷、波浪梳理、束发等一些变化来开发学生的创意思维。

一、操作准备（见表5—5）

表5—5　操作准备

序　号	工具用品名	单　位	数　量
1	围布	条	1
2	干毛巾	条	1
3	发卷	个	1
4	挑梳	把	1
5	夹针	个	若干
6	喷水壶	只	1
7	钢丝刷	把	1
8	造型发品	瓶	若干
9	喷水壶	只	1
10	平梳	把	1

二、操作步骤

步骤1　盘卷——垂直中线分开，垂直排列向前做好恤发卷并烘干（见图5—61）。

图5—61 步骤1 盘卷

步骤2 波浪梳理（见图5—62、图5—63、图5—64）。

图5—62 正面完成效果　　　图5—63 侧面完成效果　　　图5—64 后面完成效果

步骤3 束发（见图5—65）。

A 将左侧头发梳向后中线固定　　B 再将头发向前梳顺　　C 将右侧头发梳向后中线固定

D　再将头发向前梳顺

E　拉出若干束发束放置中线

F　梳理刘海固定

G　正面完成效果

H　侧面完成效果

I　后面完成效果

图5—65　束发流程示意图

三、注意事项

1. 头发梳理一定要通透。

2. 两侧头发向中线固定时，发根可轻轻打毛。

3. 发卷的发束拎取一定要均匀。

学习单元3　各类美发技法的创新

> ## 学习目标
> **能够从美发理论和操作方法上进行创新和创造**

> ## 知识要求
> 发型设计是一个复杂的过程。在现代发型设计中，修剪是变化发型形状的基础，烫发

是改变发型体积的手段，染色是强调设计亮点的方法，造型是修整发型形状的技巧，这些都是为发型的整体效果服务的。

随着发型制作工艺日益变化，发型设计已进入了以几何学为科学依据的时代，点、线、面运用的造型方法应运而生。作为设计的基本要素，点、线、面是几何学的基本概念，在美学中是美的表达形式，同样也是发型艺术的语言和表现手段，它丰富了发型设计的形象思维和操作方法，使整个设计有据可依，它对发型的设计起着决定性的作用。

一、理论创新

1. 案例1：定向修剪法层次概念的理论创新

发型艺术是一门视觉艺术，头发只是一种媒介，既然是艺术，就会有许多不确定因素，是无法公式化的。从实际操作上来说，头发提升角度的大小，只是一种决定发型层次大小的方法，是不能生搬硬套地去运用的，因为同一种修剪角度运用在不同弹性、不同发量、不同区域的头发上所产生的效果会有很大的不同。就像均等层次结构，它只是停留在理论基础上的层次结构，在实际操作中是不可能修剪出一个真正的均等层次的，如果盲目地追求，用精确的操作过程去完成无法达到的效果，那是不科学也不现实的。

应以结果为导向，用确定修剪区域头发的整体提拉方向来决定层次修剪所产生的效果，从而淡化角度概念。因为在发型设计中，最后完成的效果才是最为重要的，这就是定向修剪法的理论基础："用方向决定角度，用角度决定层次，用层次决定效果。"

（1）定向修剪的方向

从整体来说可分为放射的离心方向和汇聚的向心方向。

1）放射的离心方向是头发90度角放射所产生的整体的大方向，可产生大面积的剪切面，它也是定面修剪常用的方向，如图5—66所示。

2）汇聚的向心方向是发区或发片的方向集中所产生的整体提拉和指导方向，它也是定点、定线修剪常用的方向，如图5—67所示。

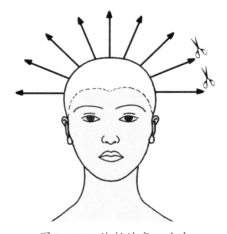

图5—66　放射的离心方向

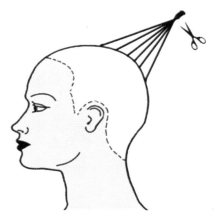

图5—67　汇聚的向心方向

从三维立体的细分可分为以下几类：

①正视方向（见图5—68）。

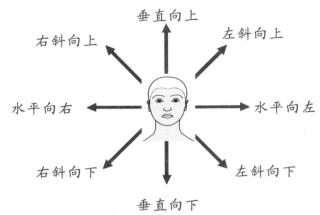

图5—68　正视方向

②侧视方向（见图5—69）。

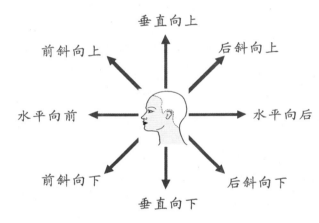

图5—69　侧视方向

③俯视方向（见图5—70）。

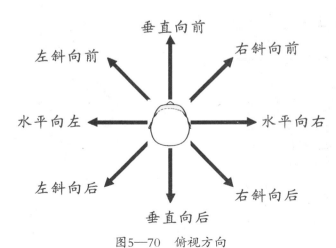

图5—70　俯视方向

（2）定向修剪的效果

无论发型的分区是什么形状，确定的方向决定着层次的大小、量感分配的效果，一般来说：

1）向上。头发上短下长，有提升量感、消除重量的作用。

2）向下。头发上长下短，有降低量感、制造重量的作用。

3）向前。头发前短后长，向后集中量感，制造向后的动态方向。

4）向后。头发后短前长，向前分散量感，制造向前的动态方向。

2. 案例2：烫发中卷曲部位效果分析的理论创新

烫发中卷曲部位的不同可以调整头形和脸形的形状大小，调节头发的量感分配，可分为三个部分进行分析：发丝卷曲部位的效果分析、整体区域卷曲的效果分析和卷曲圈数的效果分析。

（1）发丝卷曲部位的效果分析

发丝卷曲部位就是头发烫发位置的安排，可以是传统的从发尾卷到发根的烫发处理，也可以是从发尾到发中或发根到发中的烫发处理，更可以是对发根、发中、发尾进行单独的烫发处理。

1）发尾到发根的烫发处理。这是传统的卷杠方法，从发尾开始卷杠至发根，形成整体性的均匀发卷，其发尾的卷度最为明显和强烈，多用于需要蓬松的区域，如图5—71、图5—72所示。

图5—71　卷曲方法

图5—72　拆杠效果

2）发根到发中的烫发处理。从发根开始进行缠绕式的卷杠，发尾可以少量或大量留出不卷，发根的卷曲强度要大于发尾的，多用于发型的顶部头发，可使波浪显得自然大方。不强调发尾的卷曲效果，发尾不产生堆积的重量感，如图5—73、图5—74所示。

图5—73　卷曲方法

图5—74　拆杠效果

3）发尾到发中的烫发处理。从发尾开始卷杠，卷至发中，卷曲的发尾与不卷的发根形成强烈的对比，使用在不需要发根有蓬松度的情形，如图5—75、图5—76所示。

图5—75　卷曲方法

图5—76　拆杠效果

4）发根、发中、发尾分别进行烫发处理

①发根。发根卷曲度的变化直接影响着发型的膨胀度，头发越短、卷曲度越小，膨胀感越明显，如图5—77所示。

②发中。长发间接影响着横向的膨胀度，短发间接影响着发型向上向外的膨胀度，卷曲度越小，膨胀感越明显，如图5—78所示。

图5—77　发根卷曲

图5—78　发中卷曲

③发尾

a．卷曲的发尾。发尾全部卷进，卷度很强，具有重量感和膨胀感，卷曲度越小，重量感和膨胀感越明显，如图5—79 、图5—80、图5—81所示。

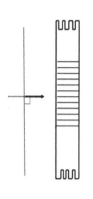

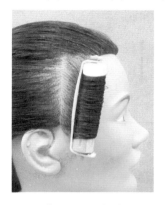

图5—79　示意图　　　　　图5—80　方法　　　　　图5—81　效果

b．微卷的发尾。发尾少量留出，卷度减弱，呈自然的卷曲效果，并具有一定的方向感，如图5—82、图5—83、图5—84所示。

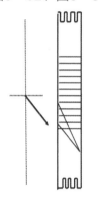

图5—82　示意图　　　　　图5—83　方法　　　　　图5—84　效果

c．不卷的发尾。留出发尾不卷，发尾呈现强烈的张力和动感，如图5—85、图5—86、图5—87所示。

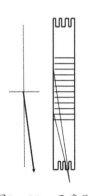

图5—85　示意图　　　　　图5—86　方法　　　　　图5—87　效果

（2）整体区域卷曲的效果分析

通过对量感区与动感区的卷曲的纹理大小形状的膨胀度来控制发型的形状，起到修正脸形长短和头形的作用，如图5—88所示。

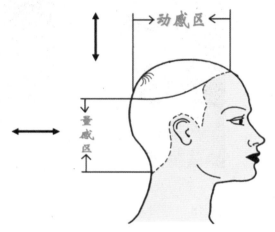

图5—88　整体区域卷曲的效果分析

1）动感区的卷曲度影响着发型的纵向蓬松度，也影响着发型纹理的动态方向。

①卷曲度大。发型顶部的蓬松度小，头发的动态方向明显。

②卷曲度小。发型顶部的蓬松度大，头发的动态方向不明显。

2）量感区的卷曲度影响着发型的横向蓬松度，也影响着发型重量的范围。

①卷曲度大。发型周边的蓬松度小，头发的动态方向明显，发型的重量感不明显。

②卷曲度小。发型周边的蓬松度大，头发的动态方向不明显，发型的重量感明显。

（3）卷曲圈数的效果分析

只要是从发尾开始卷杠，无论卷到发根还是发中，头发卷曲圈数的多少都影响着头发的纹理、流向及膨胀度。

1）一圈半。一圈半的卷曲度所产生的效果是一个不闭合的圆，有柔和的C形纹理，可调整发尾的流动方向，如图5—89、图5—90所示。

图5—89　方法

图5—90　效果

2）两圈。两圈的卷曲度所产生的效果是一个闭合的圆，产生略带凌乱的方向性纹理，如图5—91、图5—92所示。

图5—91　方法　　　　　　　　　　　图5—92　效果

　　3）两圈半。两圈半的卷曲度所产生的效果是一个闭合的一个半圆，产生强化的较凌乱的膨胀性纹理，如图5—93、图5—94所示。

图5—93　方法　　　　　　　　　　　图5—94　效果

　　4）三圈。三圈或三圈以上的卷曲度所产生的效果是几个闭合的圆，产生凌乱的膨胀性纹理，如图5—95、图5—96所示。

图5—95　方法　　　　　　　　　　　图5—96　效果

　　5）卷曲圈数的计算方法。综上所述，可以发现头发的长短、烫发的部位、卷杠的粗细、卷曲圈数之间有着密切的关系，在实际的运用中就要根据头发的长短和发杠的落杠部

位及所需要的圈数效果来选择卷杠的大小。

要学会它们之间的计算的方法，方便今后的操作。

例如：10厘米长的头发用直径1厘米的卷杠，从发尾开始卷到发中是一圈半，卷到发根约是两圈半（考虑到发纸和头发的厚度）。

例如：15厘米长的头发需要蓬松自然的烫发效果，设计方案可采用直径1.5厘米的发杠，从发根开始卷两圈半（长度约是13厘米），留出发尾不烫。

二、操作方法创新

1. 案例1：定向修剪法的操作方法

定向修剪的操作方法是把点、线、面这些几何学的基本概念作为设计的基本要素，遵循化繁为简、简单有效的现代设计理念，对设计划分的区域进行所需方向的提拉，以及定点、定线或定面的区域性裁剪。这样能够方便快速地确定发型层次框架的基础结构。

首先了解点、线、面三者的关系，如图5—97所示。

图5—97　点、线、面的关系示意图

由图5—97可见，在发型修剪的运用中，点、线、面三者的关系是相互关联、不可分割的，它们是表现发型修剪技术的语言和手段，也是创造定向修剪的基础。

（1）定点修剪

定点是汇聚的向心方向，即把一条发片或一个发区汇聚到一个点进行修剪，对点的修剪可以说是对极小的面进行的修剪，也可以说是对极短的线进行的修剪。点的修剪可以形成弧形线，也可以形成下陷的弧形面。它的方向是多变的，随着点的上下左右方向的设计改变，无论内形和外形的线条都会呈现不同形状、不同弧度的凸形层次和线条，了解定点修剪所产生的效果，并能准确地控制好定点修剪的方向，可以更加简单有效地修剪出变化多样的发型。

1）向下定点修剪可以快速完成弧形的外形底线形状（见图5—98、图5—99）。

图5—98　修剪方法

图5—99　完成效果

注意事项如下：

①中心定点修剪使头发呈对称的凸线形状。

②偏离中心定点修剪使头发呈左右高低不对称的凸线形状。

2）向侧定点修剪可以快速完成弧形的内形形状（见图5—100、图5—101 ）。

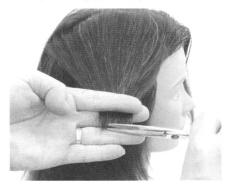

图5—100　修剪方法

图5—101　完成效果

注意事项如下：

①中心定点修剪使头发呈对称的凸线形状。

②偏离中心定点修剪使头发呈前后高低不对称的凸线形状。

3）向上定点修剪可以快速完成弧形面的修剪，由区域的修剪点向周边散射（见图5—102、图5—103、图5—104 ）。

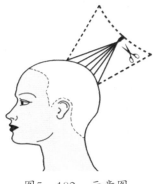

图5—102　示意图

图5—103　修剪方法

图5—104　完成效果

注意事项如下：

①中心定点修剪头发，使头发形成中心下凹的对称面。

②偏离中心定点修剪头发，使头发形成长度由短向长的不对称面。

按照传统方法，中间垂直取份修剪上短下长的引导线，再进行左右旋转式放射修剪，需要剪10～12剪刀才能完成所需效果，如图5—105所示。

图5—105　流程示意图

而运用定点修剪只需将底发区头发后斜向上提拉，进行中心定点修剪，一剪刀就可以完成所要效果，如图5—106、图5—107所示。

图5—106　修剪示意图　　　　　图5—107　完成效果

（2） 定线修剪

定线修剪是汇聚的向心方向，把发区的头发汇聚到一条线进行修剪，这条线可以是直线，也可以是曲线，可以是实线，也可以是虚线，可以是水平的、垂直的或倾斜的。水平定线多用于上下调控量感，垂直定线多用于左右调控量感，斜向定线多用于前后调控量感，随着线的上下左右方向的改变，层次结构都会呈现不同的改变，控制着量感的分配。

1）向上定线。右侧和左侧分别向上定线修剪，可快速完成层次修剪的效果，如图5—108、图5—109所示。

图5—108　修剪示意图

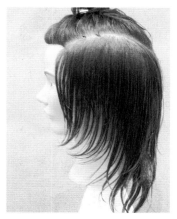

图5—109　完成效果

2）向下定线。向下定线修剪，完成固体结构的层次修剪，如图5—110、图5—111所示。

图5—110　修剪示意图

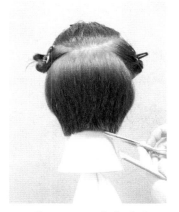

图5—111　完成效果

3）向侧定线。刘海向左侧定线修剪，形成左短右长的斜线效果，如图5—112、图5—113所示。

图5—112 修剪示意图

图5—113 完成效果

4）向前定线。区域的头发向前定线修剪，形成前短后长的斜线效果，如图5—114、图5—115所示。

图5—114 修剪示意图

图5—115 完成效果

5）向后定线。鬓角区的头发向后定线修剪，形成后短前长的斜线效果，如图5—116、图5—117所示。

图5—116 修剪示意图

图5—117 完成效果

（3）定面修剪

定面修剪通过修剪无数条直线或曲线的发片来形成面的形状。它可分为以下几种修剪方式：

1）平面修剪。把发区的头发拉向一个设定的方向进行平面修剪，平面的方向可以是任何方向。它是由无数条直线组成的面，平面的形状就是分区的形状，如图5—118所示。

2）弧面修剪。这是传统发型常用的修剪方法，是放射的离心方向，把发区的头发拉向一个设定好弧度的弧形的面进行修剪，它是由无数条弧线组成的面，是球体的借取和变异，如图5—119所示。

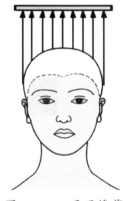

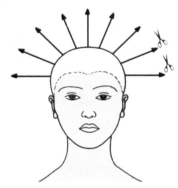

图5—118　平面修剪　　　　　　　　　图5—119　弧面修剪

由此可见：

①发型的变化就是发区的形状、厚薄、方向、位置的组合形式的变化。

②分区变化是发型变化的基础。

③头发提升方向的变化决定着层次结构的变化。

④定点、定线、定面修剪是裁剪方法的革新，可以快速确定发型的层次框架结构。

⑤纹理处理的是细化调整发型的发流方向、发量厚薄，同时也影响着发型的形状轮廓，在实际的运用中要协调好发型的纹理与结构这两者之间的关系。

注意事项如下：

a．定向修剪法在实际操作中虽然简化了过程，但对修剪的准确以及对方向的判断有着很高的要求。需要对头发有很好的控制力才能快速美观地修剪好一款发型。

b．为了避免重复劳动，在修剪时除硬线的切取外，尽量不要采取平剪去剪切头发，可以直接利用剪刀的变化，在剪去头发的同时柔化发尾，这样可以在发量调整和纹理缔造上节省许多时间和工序。

2．案例2：点、线、面在烫发中的运用

烫发设计中有两种方向的设计，一种是头发卷曲的方向，就是每个发杠排列都会产生的动态方向；另一种是发片提拉的方向，就是整个发区头发提拉的方向，分为离心方向和向心方向。离心方向就是整个发区的发片全部运用同一个角度（例如，全部90度提升）进行卷曲，而向心方向是把整个发区的发片拉向同一个方向进行卷曲。这就关系到点、线、面的设计与运用。

（1）点的运用

点的运用是以点状放射的分区设计，多运用在刘海区域或头顶区域的设计划分，统一的方向排列可产生较柔顺的方向性纹理，如图5—120、图5—121、图5—122所示。

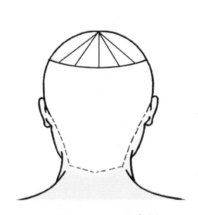

图5—120　示意图　　　　　图5—121　排列方法　　　　　图5—122　完成效果

（2）线的运用

线的运用即把所有发杠拉向一条固定的线进行卷杠，是一种向心的方向。

1）向侧。适用于中等层次的发型，垂直排列进行卷杠，梳开可逐渐分散头发卷曲所产生的厚度的堆积，梳拢发卷则容易抱团，如图5—123所示。

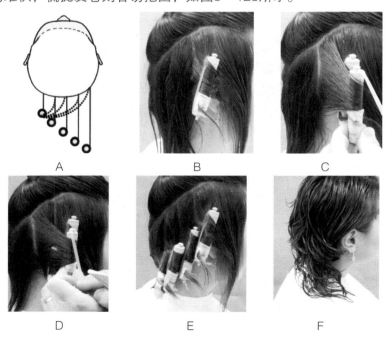

图5—123　流程示意图

2）向上。适用于落差很大的高层次发型，水平排列进行卷杠，可避免头发卷曲所产生的厚度的堆积，如图5—124所示。

3）向下。适用于落差很小的低层次或固体层次的发型，水平排列进行卷杠，可体现发卷在底线堆积所产生的厚度，如图5—125所示。

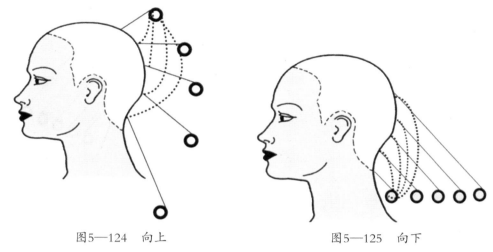

图5—124　向上　　　　　　　　　　图5—125　向下

（3）面的运用

面分为两种，一种是弧形面，一种是平面。

1）弧面卷曲。把所有头发的发片呈分散状以同样的提升角度进行卷曲，可以产生均匀的发卷，是一种离心的方向，也是常用的传统烫发方法，如图5—126所示。

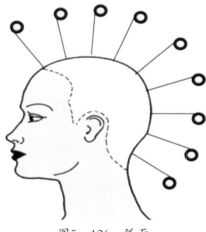

图5—126　弧面

2）平面卷曲。把所有头发拉到一个平面进行卷曲，平面的方向可上可下，平面的形状可以是任何形状，可以产生不均匀的发卷，是一种向心的方向。

①向上的平面。适用于较高层次的发型，可分散头发卷曲所产生的厚度堆积，如图5—127所示。

②向下的平面。适用于较低层次的发型，可体现发卷均匀的堆积所产生的厚度，如图5—128所示。

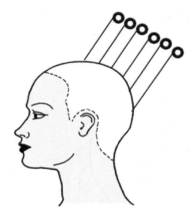

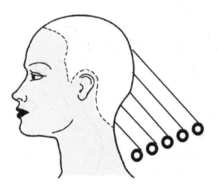

图5—127　向上的平面　　　　　　　图5—128　向下的平面

第2节　染发设计知识

学习单元1　染发设计

◉ **学习目标**

能根据顾客个性特点制定漂染方案，并进行多层次漂染

◉ **知识要求**

一、根据不同的发型制定不同的漂染方案

1. 长发、中长发直发

为长发或中长发的直发设计染发，要充分考虑到顾客的发长以及层次，所以在设计长发、中长发的染发时应侧重于突出层次感，技术多以全染、片染或区域染来表达。整体颜色在5~6级，可以配以艳丽色。

2. 长发、中长发卷发

为长发、中长发的卷发设计染发，不同于直发。由于长发、中长发的卷发将头发的体积整体变大，而且卷发的纹理性和头发的弹性更加明显，所以，在设计时，技巧更多地偏向于片染或挑染，整体颜色也更加通透。颜色级别在7~9级，可配以艳丽色。

3. 短发直发

短发直发颜色设计的重点在于，短发更能体现出清爽利落的感觉，所以颜色设计应以简单、干净为主。染发的设计重点在头顶与刘海部分，采用片染或层染的方式操作，其他位置可以配以全染或少量挑染点缀，整体颜色级别在6~7级之间，可选艳丽色作为重点突出部位的颜色。

4. 短发卷发

短发的卷发有两种情况：卷度小和卷度大。在卷度偏小的情况下，头发一般或收缩或蓬松，但同样的会显得发质较为毛糙，此时应以5级以下的颜色为其做全染，推荐使用1~2级冷色调的颜色，以使发质看起来更有光泽。在卷度较大的情况下，应配以7级左右的颜色，以全染或区域染的方式操作头发的染色，可配以挑染或片染在头顶或刘海位置做少许点缀。

二、根据不同的肤色制定不同的漂染方案

1. 肤色较白

顾客的肤色较为白皙，整个人会显得干净清爽，但是过于白的肤色会使人显得苍白，没有血色，看起来不是那么健康，而且过白的肤色会使得亚洲人的黑发和肤色对比过于强烈。所以在为肤色较白的顾客染发时，应该在保持其干净清爽的特点之下，减少发色与肤色的对比，并加入红色系或紫色系的颜色，这些颜色有吸光的效果，可使肤色暗下来，发

色的级别在5~6级之间为最佳。

2. 肤色较黑

肤色较深的顾客，有时会给人以活力、热情的感觉，比方说运动健儿的健康肤色，但是较深的肤色也会令人显得邋遢，深沉，让人不敢接近。所以在为肤色较深的顾客设计发色的时候，我们应该通过发色来提亮整体的肤色，选用7级左右的棕色或黄色。橙色在使发色显得健康的同时，在显示发色的通透度上有着非常不俗的效果，所以深色肤色的顾客可以多考虑使用7级左右的橙色为底色，配以褪色后的棕或黄做挑染或片染以点缀和提亮，会有最佳的效果。值得注意的是，皮肤暗淡的顾客如果颜色级别过浅，反而会令皮肤颜色显得更加暗淡，所以在操作的时候，对于颜色级别的控制至关重要。

3. 肤色偏红

肤色偏红分为两种情况，一种是类似婴儿般的粉红色，这样的肤色通常只能在非常年轻的顾客身上看到，就是所谓的白里透红。这种肤色可以配合任何发色，当然也要顾及顾客本身的气质以及工作、学习的环境，为顾客选择所需要染的发色。另外一种则是晦暗的红色，这种红色通常会在病人身上看到，此类顾客本身皮肤比较粗糙，偏红色肤色适合暖色调的色彩，一定是浅淡、明亮、干净的颜色。比如浅黄、深闷青、浅暖灰、中棕色、米黄等。要避免紫色、黑色以及其他深重的颜色，这些颜色会让人失去其所有的轻盈、健康。颜色的级别在5~7级，这样可以有效地改善肤色，令整个人看起来更加健康。

4. 肤色偏黄

亚洲人是黄种人，所以肤色本身都会有些偏黄，这里所说的肤色偏黄是指偏向于蜡黄。这样的顾客会给人一种病态、憔悴的感觉，为这种顾客设计发色的时候要注意，因为肤色偏黄会使得整个人看起来晦暗，所以在发色的设计上要以将顾客整体的感觉提亮为目的。发色级别应该选择在6~8级，用以提亮肤色。色调可以选择红色、橙红色或者橙色，而不应该选择黄色，因为肤色偏黄使得人看起来气色不好，没有精神，而黄发色同样会给人干燥、枯涩的感觉。因此应选择带有红色色调的橙色、橙红色以及红色，这样能带给发色良好的光泽感，令整个人在发色提亮的同时保有良好的光泽性。

三、根据不同的性格制定不同的漂染方案

1. 性格保守内向

性格保守内向的顾客一般较容易为外界环境所影响，在意他人的看法，不善于表达自己的真实想法。遇到这种顾客，首先要进行良好的沟通，了解顾客的真实想法，才能进行后续的染发操作。而性格保守内向的顾客在选择发色方面也多数以低级别为主，不喜欢染得过浅。所以在初次需要染色的时候，可以选择6级以下的目标色为顾客染发，以循序渐进的方法漂染，染发方式可采用全染或区域染的技巧，令顾客慢慢接受头发发色改变的效果。

2. 性格活泼开朗

性格活泼开朗的顾客比较容易表达自己的想法，这在一定情况下能帮助发型师为顾客

设计染发，但是性格活泼开朗的顾客很多情况下也是非常主观的，他们会以自己的想法为主，但有些想法在专业上是很难达到或者效果不如想象的那么好，所以在跟此类顾客沟通的时候，要在了解了顾客的想法并且确定方案确实可行之后，再进行操作。

性格开朗的顾客通常喜欢明亮、跳脱的发色，可以选7级以上的目标色作为顾客的底色，个性较强的顾客还可以配以鲜艳色做片染或挑染以突出设计重点。

3. 性格古板

性格古板的顾客一般比较主观，凡事喜欢以自己的意见为主，而且在个人形象上会有多年一成不变的感觉。在和此类顾客沟通的时候，除非顾客本人有染发的意愿，否则很难一次就让顾客听从发型师的染发建议。所以和此类顾客做染发的沟通是一个长期的过程，需要发型师长时间地和顾客保持良好的关系和持续不断地和顾客沟通染发的优点，潜移默化地改变顾客对染发的看法和想法。

为性格古板的顾客设计颜色之前需要确实了解顾客对于色彩的要求。一般此类顾客直接要求做颜色的时候，都会有自己心目中的目标颜色，发型师可以给予适当的建议，但不要太过反对顾客本身的意见。而为经过沟通后同意染发的古板型顾客选择颜色的时候也要注意，不要选和顾客原先发色差别太大的颜色。古板型顾客通常不喜欢太过艳丽的发色，所以以6~7级的棕色为顾客做设计是不错的选择，也可以在做过颜色的头发上加上5级左右的深棕色作为深色挑染。

4. 性格文静

性格文静的顾客和内向型顾客较为类似，但是不同的是性格文静的顾客对于发色有自己的要求，也愿意跟发型师沟通自己的想法，只是因为性格的关系，不太善于表达而已。

对于性格文静的顾客，要善于抓住顾客本身的特质，在染发的同时，保持顾客本身文静、优雅的特点。所选的颜色应该在5~6级之间，色调也应在棕色、红色和紫色之间做选择。不需要太多的挑染技巧，可以使用刘海位置做些深色的片染以增加整个发型的色调。

5. 性格张扬

性格张扬的顾客和性格古板的顾客有类似的地方也有不同之处。相类似的地方是，两者都是非常主观地坚持自己的想法；不同在于，性格古板的顾客思想比较保守，即使染发，发色也不要太过艳丽，而性格张扬的顾客思想比较开放，能接受比较另类的发型和发色。

对应这类顾客，首先发型师要提升自己的专业知识和了解最新的潮流动态，这样才可以和性格张扬的顾客做好沟通，有理有据地让顾客接受自己的意见。几乎所有的染发技巧个性张扬的顾客都可以接受。不过需要注意，顾客本身的工作环境也是选择染发技巧的重要依据之一，所以在为顾客确定染发技巧时，还应该问清楚顾客的工作，避免投诉和返工。

四、注意事项

如今的社会中，顾客已经越来越追求个性化的染发，所以发型师们在设计染发的时

候，要根据每个客人不同的条件，设计出适合顾客的颜色。本章节只是列举几个较为突出的个案，现实生活中还有更多不同的顾客，有各自不同的要求，要多学习、多练习、多累积经验，才可以面对各种顾客，做出顾客所满意的颜色。

学习单元2　流行色彩知识

▶ 学习目标

了解并掌握流行色彩在发型上的运用

▶ 知识要求

一、流行色彩知识

无论是有彩色还是无彩色，都有自己的表情特征，对于每一种颜色，当它的纯度和明度发生变化或者处于不同的颜色搭配关系时，颜色的表情也就随之改变了。因此，要想说出各种颜色的表情特征，就像要说出世界上每个人的性格特征一样困难，然而对于典型的颜色，还是可以做出一些描述的。

1. 红色

红色是热烈、冲动、强有力的色彩，它能提升肌肉机能和加快血液循环。由于红色容易引起人注意，所以在各种媒体中也被广泛地利用。除了具有较佳的明视效果之外，红色更被用来传达有活力、积极、热情、温暖、前进等含义的企业形象与精神。另外，红色也常用来作为警告、危险、禁止、防火等标示用色，人们在一些场合或物品上看到红色标示时，常不必仔细看内容，即能了解警告危险之意。在工业安全用色中，红色即是警告、危险、禁止、防火的指定色。

大红色一般比较醒目，如红旗、万绿丛中一点红；浅红色一般较为温柔、幼嫩，如：新房的布置、孩童的衣饰等；深红色一般可以作为衬托，有比较深沉热烈的感觉。

红色与浅黄色最为匹配，大红色与绿色、橙色、蓝色（尤其是深一点的蓝色）相斥，与奶黄色、灰色为中性搭配。

2. 橙色

橙色是欢快活泼的光辉色彩，是暖色系中最温暖的颜色，它使人联想到金色的秋天、丰硕的果实，是一种富足、快乐而幸福的颜色。橙色稍稍混入黑色或白色，会变成一种稳重、含蓄又明快的暖色，但混入较多的黑色，就成为一种烧焦的颜色；橙色中加入较多的白色会带来一种甜腻的感觉。

橙色明视度高，在工业安全用色中，橙色即是警戒色，如火车头、登山服装、背包、救生衣等。橙色一般可作为喜庆的颜色，同时也可作为富贵色，如皇宫里的许多装饰。橙色还可作为餐厅的布置色，据说在餐厅里多用橙色可以增加食欲。

橙色与浅绿色和浅蓝色相配，可以构成最响亮、最欢乐的色彩。橙色与淡黄色相配有一种很舒服的过渡感。橙色一般不能与紫色或深蓝色相配，这将给人一种不干净、晦涩的感觉。由于橙色非常明亮刺眼，有时会使人有负面低俗的意象，这种状况尤其容易发生在服饰的运用上，所以在运用橙色时，要注意选择搭配的色彩和表现方式，才能把橙色明亮活泼的特性发挥出来。

3. 黄色

黄色灿烂、辉煌，有着太阳般的光辉，象征着照亮黑暗的智慧之光。黄色有着金色的光芒，象征着财富和权利，它是骄傲的色彩。在工业用色上，黄色常用来警告危险或提醒注意，如交通标志上的黄灯，工程用的大型机器，学生用雨衣、雨鞋等，都使用黄色。黄色在黑色和紫色的衬托下可以达到力量的无限扩大，淡淡的粉红色也可以像少女一样将黄色这骄傲的王子征服。黄色与绿色相配，显得很有朝气、有活力；黄色与蓝色相配，显得美丽、清新；淡黄色与深黄色相配显得最为高雅。

淡黄色几乎能与所有的颜色相配，但如果要醒目，不能放在其他的浅色上，尤其是白色，因为它将使人什么也看不见。深黄色一般不能与深红色及深紫色相配，也不适合与黑色相配，因为它会使人有晦涩和不洁的感觉。

4. 绿色

在商业设计中，绿色所传达的清爽、理想、希望、生长的意象，符合了服务业、卫生保健业的诉求。在工厂中为了避免操作时眼睛疲劳，许多工作机械也采用绿色。一般的医疗机构场所，也常采用绿色来做空间色彩规划及标示医疗用品。

鲜艳的绿色是一种非常美丽、优雅的颜色，它生机勃勃，象征着生命。绿色宽容、大度，几乎能容纳所有的颜色。绿色的用途极为广阔，无论是童年、青年、中年，还是老年，使用绿色决不失其活泼、大方。在各种绘画、装饰中都离不开绿色，绿色还可以作为一种休闲的颜色。

绿色中渗入黄色为黄绿色，它单纯、年轻；绿色中渗入蓝色为蓝绿色，它清秀、豁达。含灰的绿色，仍是一种宁静、平和的色彩，就像暮色中的森林或晨雾中的田野。深绿色和浅绿色相配有一种和谐、安宁的感觉；绿色与白色相配，显得很年轻；浅绿色与黑色相配，显得美丽、大方。绿色与浅红色相配，象征着春天的到来，但深绿色一般不与深红色及紫红色相配，那样会有杂乱、不洁之感。

5. 蓝色

蓝色是博大的色彩，天空和大海这些辽阔的景色都呈蔚蓝色。蓝色是永恒的象征，它是最冷的色彩。纯净的蓝色表现出一种美丽、文静、理智、安详与洁净。

由于蓝色沉稳，具有理智、准确的意象，在商业设计中，强调科技、效率的商品或企业形象，大多选用蓝色做标准色、企业色，如计算机、汽车、影印机、摄影器材等，另外蓝色也代表忧郁，这是受了西方文化的影响，这个意象也运用在文学作品或感性诉求的商业设计中。

蓝色的用途很广，蓝色可以安定情绪，天蓝色可用做医院、卫生设备的装饰，或者夏

日的衣饰、窗帘等。在一般的绘画及各类饰品中也决离不开蓝色。

不同的蓝色与白色相配，表现出明朗、清爽与洁净；蓝色与黄色相配，对比度大，较为明快；大块的蓝色一般不与绿色相配，它们只能互相渗入，变成蓝绿色、湖蓝色或青色，这些也是令人陶醉的颜色；浅蓝色与黑色相配，显得庄重、老成、有修养。深蓝色不能与深红色、紫红色、深棕色及黑色相配，因为这样既无对比度，也无明快度，只有一种脏兮兮、乱糟糟的感觉。

6. 紫色

由于具有强烈的女性化特征，在商业设计用色中，紫色也受到相当的限制，除了和女性有关的商品或企业形象之外，其他类的设计不常将其采用为主色。

紫色是波长最短的可见光波。紫色是非知觉的颜色，它美丽而又神秘，给人深刻的印象，它既富有威胁性，又富有鼓舞性。紫色是象征虔诚的色相，当光明与理解照亮了蒙昧的虔诚之色时，优美可爱的晕色就会使人心醉。

用紫色表现孤独与献身，表现神圣的爱与精神的统辖领域，这就是紫色带来的表现价值。

紫色处于冷暖之间游离不定的状态，加上它的低明度性质，构成了这一色彩心理上的消极感。与黄色不同，紫色不能容纳许多色彩，但它可以容纳许多淡化的层次，一个暗的纯紫色只要加入少量的白色，就会成为一种十分优美、柔和的色彩。随着白色的不断加入，将产生出许多层次的淡紫色，而每一层次的淡紫色，都显得那样柔美、动人。

7. 褐色

褐色通常用来表现原始材料的质感，如麻、木材、竹片、软木等，或用来传达某些饮品原料的色泽及味感，如咖啡、茶、麦类等，或强调格调古典优雅的企业或商品形象。

8. 白色

白色具有高级、科技的意象，通常需和其他色彩搭配使用。纯白色会带给别人寒冷、严峻的感觉，所以在使用白色时，都会掺一些其他的色彩，如象牙白、米白、乳白、苹果白。在生活用品、服饰用色上，白色是永远流行的主色，可以和任何颜色作搭配。

9. 黑色

黑色给人高贵、沉稳的感觉。

二、流行色彩在发型上的运用

没有美的色彩，只有美的搭配。流行色彩在发型上的运用所需要注意的是，各种色调的搭配是非常关键的，一个好的发色所代表的不仅仅是一款颜色，更有凸显发型，彰显个性的作用，往往可以通过一个人的发型和发色，初步看出那个人的性格、喜好以及工作的环境等。所以，在流行色彩的运用上，要做到时尚而不夸张，鲜艳而不媚俗。要在给顾客染发前，尽可能多地寻找机会尝试不同的颜色搭配，为自己累积更多的经验。

1. 色彩的运用方式

流行色彩在发型上的运用有两种方式：单色，多色。前者是指在整个头发上使用一种色彩，改变头发的发色。而后一种是指由多种色彩相互配搭，完成一个发型的颜色设计。

（1）单色染

单色染整个设计一直在重复一种颜色，也就是把头发的颜色染成同一种颜色。产生最大的光反射，从视觉上引起膨胀或收缩的感受，如图5—129、图5—130所示。

图5—129 色彩示意　　　　　　　　　　图5—130 染色效果

单一颜色的特点在于颜色较为纯正，简单而大气。对于较保守的顾客来说，染一个单一的颜色，已经足够改变头发的颜色，不需要再额外添加其他色彩了。所以对于这样的顾客，单色将是一个更好的选择。单色染发的优点在于操作简单，色彩纯正，颜色的饱和度较高。但是需要指出的是，全染单色的情况下，所选色彩应尽量适合顾客肤色等外貌特征，避免过于艳丽的颜色，如艳红色、艳紫色等，因为这些颜色的色调过于亮丽，会给人庸俗、品位低下的感觉。

（2）多色染

多色染的特点在于色彩丰富，层级以及纹理感强，时尚动感，适合年轻人以及所有爱美人士。双色或多色染发所需要掌握的最重要的一点就是依据颜色的设计原则进行搭配。

染发在发型设计中是通过色彩的运用，在视觉上改变发型形状、弥补头形脸形缺陷、强调纹理流向、突出设计亮点的重要手段。在现代发型设计中，不是简单地把头发染成目标色这么简单，而是提倡更具个性化的染发方法和技巧。就像画家一样，通过颜色的搭配运用，来体现发型的特点和视觉感受，修饰发型中的某些不足。根据设计要求，运用系统的染发设计思维，科学地把设计元素都运用在染发设计之中，使整个设计变得有据可依，科学合理地按照设计原则要求进行选色、配色。搭配、组合能给染发带来更多的设计变化，以强调发型的设计特点。

1）交替。用两种或两种以上颜色按照顺序重复染色，产生跳跃的光反射，在视觉上产生跳跃感。运用不同色系采用交替的方法进行染色，可营造活泼的感觉，如图5—131、图5—132所示。

图5—131 色彩示意　　　　　　　图5—132 染色效果

2）对比。两种相差很大的颜色产生强烈的视觉反差，可在视觉上突出重点。运用对比的冷暖色或明暗色进行染色，可产生强烈的视觉冲击，如图5—133、图5—134所示。

图5—133　色彩示意

图5—134　染色效果

3）递进。颜色由深到浅或由浅到深逐渐变化，在视觉上产生方向感，可分为发丝的颜色由深到浅的递进和头发整体区域的颜色由深到浅的递进，如图5—135、图5—136所示。

图5—135　色彩示意

图5—136　染色效果

4）和谐。两种或两种以上相近颜色和平相处，不产生强烈的视觉冲击。运用邻近的色系或相同色系进行染发或挑染，可创造柔和的感觉，就是在部分漂浅的头发与未漂色的头发上，上同一种染膏进行染色所出现的同色系但不同深浅的颜色，如图5—137、图5—138所示。

图5—137　色彩示意

图5—138　染色效果

2. 色彩的选择

在染发设计中，没有美的色彩，只有美的搭配。色彩学是一门很深的学问，它与人的生活是密不可分的。色彩的变化是多样的，颜色在发型设计中的运用，有增加发型的立体感、光泽感和纹理感的作用，可以为发型的特殊区域增加注意力。

（1）色系的特点

色彩对发型来说是极为重要的设计元素，色彩能够表达人的审美取向，是时尚的风向标，也是形象定位的重要环节。自然界中每个季节的色彩都具有鲜明的特征，这是为了与自然界更好地对应融合。发型的色彩也有春季的亮色、艳色，夏季的冷色、浅色，秋季的浓色、柔色和冬季的深色、暖色。在发型设计中，为了便于染色的设计，把颜色分成深色、暖色、浅色、冷色、中性色五大色系。

1）深色。深色能够体现发型的厚重、沉稳、含蓄和优雅，还可使发量看上去浓密，能呈现其稳重感，强化外形的轮廓。精心调配出来的深色人工色彩，有体现时尚感、形状线条和质感，强化脸形轮廓的作用，适合优雅、经典的造型，更能体现时尚感，如图5—139所示。

2）暖色。暖色有温暖的感觉，容易吸引人的视线，令人愉快，增添活力，如图5—140所示。

图5—139　深色

图5—140　暖色

3）浅色。明亮的色彩能产生较明显的对比感。浅色有增加亮度，强化内形纹理，轻盈头发重量，体现纹理方向，柔和脸形轮廓的作用，适合华丽的造型，如图5—141所示。

4）冷色。冷色有冷漠安静的感觉，看起来忧郁，如图5—142所示。

图5—141　浅色

图5—142　冷色

5）中性色。中性色呈现出自然不刻意的色彩感，浓淡相宜的棕色系，比较适合自然休闲的发型，是染发中最常用的色系。在色彩运用中中性色是相对作用于暖色深色、冷色浅色的。周边的颜色会引起判断上的错误，如图5—143所示，中间的一条色带看起来左深右浅，如果把上下两边的色带遮住，会发现其实中间的色带是一种颜色，这就是视觉错位所引起的判断上的错误，如图5—143所示。

图5—143　视觉错位所引起的判断上的错误

例如，棕色系遇暖则冷、遇冷则暖、遇深则淡、遇淡则深，如图5—144、图5—145所示。

图5—144　遇冷则暖　遇深则淡

图5—145　遇暖则冷　遇淡则深

（2）色彩的搭配

理解了颜色的许多特性，在操作双色或多色染的时候，一定会有底色和后染色两类色彩的存在。底色可以是染后的头发颜色，也可以是自然的头发颜色，即一种单一的色彩。后染色就是在底色上加入其他色彩形成双色或多色的染色效果。根据底色的深浅，有以下两种选择：

1）头发底色较深，作浅色挑染。这种情况下有两种选择：

①底色较浅。头发底色的色度级别一般在5、6之间的棕色系、橙色系以及亚麻色系，挑染或片染的颜色选择范围较大，可以选取跟底色相同色系的颜色，挑染或片染的色度级别要比底色的色度级别高2~3级。可以采用先用漂发剂将挑染或片染部分头发褪色2~3个级别之后，再做全染的方式去操作。另外，挑染和片染也可以使用和底色不同色系级别的目标色来操作，在选色的时候要注意利用三原色的色环来进行帮助操作。在三原色的色环中，相邻的两个色系颜色可以互相搭配，冷色和冷色（绿色、蓝色、紫色）可以互相搭配，暖色和暖色（黄、橙、红）可以互相搭配，而且应该避免使用互补色进行搭配。

②底色较深。头发底色的色度级别一般在2~4之间的自然发色或染后发色，挑染或片染的颜色选择范围较小，这种情况下挑染或片染的色度级别要选择4~6级的纯度较高的蓝色、棕色、红色或紫色。

2）头发底色较浅，作深色挑染。这种情况下：

头发底色可以是自然发色较深的亚洲人染后的色彩，也有可能是发色较浅的欧美人种的自然发色。头发底色一般以选取较高级别的黄色系、橙色系为主，色度级别选取在8~9级之间，挑染或片染的颜色选择范围较小，以蓝黑色、深棕色、深红色或深紫色为主，颜色级别在4~5级，降低头发的明亮度，制造阴影，收缩浅色给发型带来的膨胀感。挑染和片染所选择的位置通常在刘海、发际线附近，注意在头顶的位置尽量不要有太多的深色挑染，可以挑几束作为点缀即可。这样的颜色搭配方式能有效地改善顾客的脸形缺陷，使顾客变得更美。

（3）注意事项

1）如果底色和后染色颜色的色度级别落差较小，可以制造出自然柔和的头发纹理感和颜色的层次感，可以给发型带来柔和含蓄的美感。

2）如果底色和后染色颜色的色度级别落差较大，可以改变头发的沉闷感，加深纹理的印象，提高头发的明亮度。

3. 色彩的运用范围

色彩的选择和色彩在头部所处的位置（见图5—146），在染发设计中起到收缩或膨胀发型轮廓的作用，对体现轮廓线条，修正头形，调整脸形有很大的帮助。

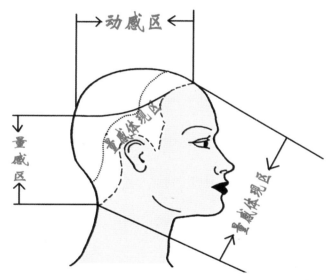

图5—146　色彩的运用范围

（1）量感区域

1）在量感区做深色可以使发型的周边轮廓有收缩的视觉感受。

2）在量感区做浅色可以使发型的周边轮廓有膨胀的视觉感受。

（2）动感区域

1）在动感区做深色可以使发型的轮廓有下压的视觉感受。

2）在动感区做浅色可以使发型的轮廓有上扬的视觉感受。

（3）量感区域

1）在量感区做深色可以使发际的周边轮廓有整体收缩、强化外形线和面部特征的视觉感受。

2）在量感区做浅色可以使发际的周边轮廓有整体膨胀、弱化外形线和面部特征的视觉感受。

第6章 »

培训与管理

第1节　培训指导
第2节　经营管理

第1节　培训指导

⊙ 学习目标

　　能够归纳、总结美发技术和方法

　　掌握论文写作的基本知识和方法

⊙ 知识要求

一、论文的撰写方法

1. 撰写论文的意义

　　论文是研究成果的一种书面表达形式，它反映文章作者所从事的研究课题，已做的研究工作和研究过程中所采用的研究方法和手段，以及通过研究所获得的结论。因此，论文可以被认为是一份工作的归纳、总结，促使作者进一步开展研究，加强学习，或查文献，或做实验，或进行调查研究等，从中获得更多的素材，使研究工作更趋完善。论文的学术价值在一定程度上反映了作者的专业水平、科学研究能力和创造能力，作者要做到理论水平和业务水平双提高。

2. 素材积累

　　撰写论文必须以搞好技术研究工作为前提，需要有充足的原材料和创造性的思维加工过程。只有勤于积累、精于思考，才会有东西可写，并能写出具有一定水平的文章来。平时要养成积累资料的习惯。积累资料的途径很多，方法主要有以下几种：

　　（1）多看多读，从阅读中扩大知识面，发现理论与实践的结合处，更重要的是在阅读的过程中发现新课题，产生素材的灵感。材料的收集一是靠平时的研究成果的积累，二是从大量的参考文献、资料中去寻找，三是从报刊杂志中去摘录，四是从工具书中去查看。

　　（2）在积累资料的过程中，要精于思考，积累到一定程度时，要做整理和综述工作。思考的过程就是对思维材料进行加工的过程，在思考中发现新课题，产生素材灵感，使表面的东西得以深化，零散的东西变为整体，独立的东西变得联系起来。技术钻研是素材积累和产生的重要场所，这些往往引发作者去思考、去研究，是进行教学教研论文创作的原动力和策源地。

3. 论文撰写的内容

　　论文撰写的内容很多，可分为调查研究、实验报告、经验总结、理论研究专论等多种类型。对于美发工作者来说，可以从以下几个方面去写：

　　（1）基础理论方面的研究。例如，对课本上某些概念的引入过程或某些定理、公式的证明过程做适当的改进和更新；对已有的命题做适当的推广或移植；对某些错误进行分析校正。

（2）对教学实践经验的总结。去粗取精，去伪存真，由感性认识上升到理论认识。

（3）站在新的理论高度，用新的观点来分析和研究某些问题。

（4）教学衔接方面的研究。

（5）新工艺、新技术方面的体会、心得。

（6）在操作中运用的绝活、绝技的特点和特色。

4．怎样撰写论文

（1）选题

选题就是确定题目，这是写作中首先碰到的，也是最主要的部分。题目选择是否恰当，直接关系到作品的"命运"，所以，课题的选择必须考虑到以下4个方面：

1）要从实际出发。平时自己对某一问题留心思考，并认真研究，有所收获，取得了研究成果，才有可能考虑写作。没有实践基础或虽有实践但无收获体会，是写不出好文章的。

2）是否有新意。无论写什么文章，关键都在于是否有新意，如果受到别人所用题目的启发，对同一问题有不同的看法或在观点上有新的见解而需要再用的话，用时可在题目上冠以"再谈""也谈"之类的字样。

3）素材和论据是否充实。

4）选题不宜过大过宽。题目过大了，势必分散精力，道理讲不清说不透，最好是取某个小问题、某个问题的侧面来写，把道理说清楚，使人们看后得到启发，受到教育。

论文的题目一般都采用肯定式，有时为了吸引读者，也可以用提问式的题目。为了引申主题，或者对某一事实必须在标题中加以说明，还可以在题目的后面再添一个副标题。

常用论文题目的表达方式有：

①××××××的现状和展望。

②××××××的调查研究。

③×××××的研究综述。

④关于××××××的思考。

⑤关于×××××的研究。

⑥××××的分析和对策研究。

⑦××××初探。

⑧×××对×××的影响（研究）。

⑨×××在×××中的应用。

⑩×××处理方法的研究。

（2）拟定写作提纲

确定了题目，并有了充足的素材和论据，也不要急于动笔，可以在深思熟虑的基础上先拟写论文的详细提纲。提纲能够帮助作者整理思路，指引作者如何取舍文章的内容，是将要写成的文章的骨架，它起着疏通材料、安排材料、形成文章基本结构的作用。

（3）写作

包括论点、论据、引证、论证、实践方法（包括其理论依据）、实践过程及参考文献、实际成果等。写好这部分文章要有材料、有内容，文字简明精练，通俗易懂，准确地表达必要的理论和实践成果。

具体要求如下：

1）数据可靠。必须是经过反复验证，确定证明准确可用的数据。

2）论点明确。论述中的确定性意见及支持性意见的理由要充分。

3）引证有力。证明论题判断的论据在引证时要充分，有说服力，经得起推敲，经得起验证。

4）论证严密。引用论据或个人理解证明时要严密，使人心服口服。

5）判断准确。做结论时对事物作出的总结性判断要准确，有概括性、科学性、严密性、总结性。

6）实事求是。文字陈述应简练，不夸张臆造。

（4）修改定稿

初稿写成后，不要急于定稿，先把它搁置一两天，然后再很快地重读一遍，看表达是否清楚，计算是否准确，推理是否严谨，更正明显的错误，最后再全面修改定稿。文章的修改，主要从以下4个方面进行：

1）结构修改。

2）词句修改。

3）审定图表和数字符号及字母的大小写。

4）重新选定标题。

5. 论文书写的格式

（1）标题

标题要求准确地进行表达，副标题是正标题的补充，可以在前面加一个破折号。

（2）作者署名

作者署名放在标题下面，通常应注明单位，单位可写在署名的同行。

（3）正文

正文包括引言、实质、结尾三部分。

（4）序码

写文章需要分条项时，要用序码：

第一是：一、二、三…

第二是：1、2、3…

第三是：（1）、（2）、（3）…

第四是：1）、2）、3）…

第五是：A、B、C…

第六是：a、b、c…

（5）页码

凡超过一页的文稿，每页都必须标注页码。页码用阿拉伯数字写在右上角或右下角紧靠框线处。

（6）关于数字的规范用法

公历世纪、年代用汉字；年、月、日用阿拉伯数字，年份不能缩写，如1993年不能写成93年。

二、论文的编写案例

浅谈点、线、面在发型设计中的运用

作者：×××

发型设计是一个复杂的过程，需要设计者对发型的结构布局、块面形状、纹理线条、发丝流向等发型特点有深刻的了解。随着发型制作工艺日益变化，发型制作工艺已进入了以几何学为科学依据的时代，点、线、面的运用应运而生。

点、线、面是几何学的基本概念，在美学中是美的表达形式，是发型艺术的语言和表现手段，也是发型设计中的要素。点的移动成为线，无数条线形成为面，点是极小的面，线是极窄的面，面的组合形成空间和体积。可以说是由点创造了线，由线组成了面，由此可见，点、线、面是不可分割的。

一、点的运用

点是缩小的面，汇聚的线，点是发型设计中的基础要素，在发型设计中运用广泛。

1. 在造型时，点的大小、位置和顺序不同会引起视觉上的聚散，起到引导方向的作用。

出现一个点时，目光集中形成焦点，具有集中、突出、形成视觉集中的中心效果。

出现两个点时，人的视觉就会在两个点之间移动，注意力就会分散，甚至形成对抗，若出现的是高低不同的两个点，会造成视线的转移，因视觉移动而产生运动感和方向感。

当出现三个以上的点时，就要控制发型的节奏感的变化，否则会使发型产生凌乱感。

2. 在修剪时，对头发进行放射状的分区是由一个点单位开始，对头发进行定点的修剪大大增加了发型的变化和修剪的速度。

3. 在烫发时，对头发进行点状放射分区排杠可以制造头发的曲线的动态方向。

4. 在染发时，使用的挑染技术就是以点进行的取份设计。

二、线的运用

无数个点的组合形成线，线也是极窄的面，在发型设计中，线条是发型的表达方式，是发型构成的关键要素。

在造型时，发丝的流向就是线条运动的方向，是发型各具特色的表现形式。

在修剪时，头发线条在头上长短不同的分布会产生各种层次。头发修剪的分区取份，

也可以用各种线条来进行划分。

在烫发时，把头发拉向一条固定的线进行卷曲，可以产生落差的效果，分散或汇集头发。

在染色时，分区线都是用各种形状的线条来划分。片染技术就是以线进行取份的设计。

1. 线条可分为两大类：直线和曲线。

（1）直线分为垂直线、水平线、斜线。

1）垂直线体现出一种引导和延伸的作用，给人以刚劲、正直、力量的感觉。

2）水平线给人以平稳、沉着、宽阔、安静的感觉。

3）斜线给人以变化、不稳定和动感的感觉，前斜或后斜线条控制着发型的高低方向和起伏。

（2）曲线分为S形曲线、C形曲线、旋涡曲线、波纹线，曲线包含的空间和容量是多样的，是动感极强的线条。

1）S形曲线给人以流畅、含蓄、高贵、圆润的感觉。

2）C形曲线给人以年轻、朝气、轻快、活泼的感觉。

3）旋涡曲线给人以华丽、迷人的感觉。

4）波纹线给人以自由、奔放的感觉。

2. 发型线条除了直线与曲线之分，还有粗细、长短之分。

（1）粗线条表现为刚劲有力，有利于块面的形成。

（2）细线条表现为柔弱、纤细，有利于块面的分割。

（3）长线条具有流畅和柔和感，给人以整体升腾之感。

（4）短线条具有力量和停顿感，给人以层次急促之感。

3. 无论直线条还是曲线条都有离心和向心之分。

（1）离心线条给人以豪放的方向感，离心的发丝流向配合较小的脸形。

（2）向心线条给人以庄重的含蓄感，向心的发丝流向配合较大的脸形。

由此可见，线条是发型美感的重要表现形式，发型的变化与不同线条的运用有着密不可分的关系，各种线条都有它的美学特征，可能一条孤立的线条并不显得很美，但是，许多线条的组合却能产生巨大的令人惊叹的美学效果。

三、面的运用

面是扩大的点，是极宽的线。线条是面的组成的基本单位，无数条线形成了面。

在造型时，各种盘发可以制造出各种块面，对头发进行吹塑整理可以形成直线面或规则的曲线面。

在修剪时，头发分区的形状决定了头发轮廓所形成的形状，也就是面的形状，可以是直线面的任何一种形状。

在烫发时，头发的纹理的变化，形成各种形状的曲线面。

在染色时，分区线都是用各种形状来划分。块染技术就是以面进行取份的设计。

1. 面可分为：光洁的面和毛糙的面。

（1）光洁的面

给人以沉静、冷淡和稳定之感，例如：固体形所形成的光洁表面。

（2）毛糙的面

给人以活动、跳跃和不稳定之感，例如：高层次所形成的毛糙表面。

2. 面又可分为直线面和曲线面。

（1）直线面又可分为方形、倒三角形、正三角形、凸线、凹线。

1）方形的面。给人以刚劲、稳重之感，例如：将头发底线修剪成一线形状。

2）倒三角形的面。给人以集中下坠的方向感，例如：将头发底线修剪成V线形状。

3）正三角形的面。给人以急速升腾的方向感，例如：将头发底线修剪成A线形状。

4）凸线面。给人以向两边分散重量的感觉，例如：将头发底线修剪成中间短两边长的弧形线。

5）凹线面。给人以向中间堆积重量的感觉，例如：将头发底线修剪成两边短中间长的弧形线。

（2）曲线面又可分为规则的曲线面和不规则的曲线面，它是发型美感的不可忽视的表现手段。

1）规则的曲线面。具有柔和、温暖的感觉，是最具魅力和美感的，例如：长波浪发型所形成的面。

2）不规则的曲线面。具有凌乱、狂野的感觉，是最琢磨不定的，例如：不规则的烫发所形成的面。

发型的组成是三维立体的，发型的高度、宽度、长度，构成了发型的立体形状和体积，利用头发线条长短和流向的变化，对发型的块面进行交叉、重叠、分割、有机的组合，可形成风格各异的组合变化，使发型的变化更加多样，再加以色彩的变化，使发型的变化更加丰富多彩，大大地提高发型的变化。

由此可见，用点、线、面作为设计的基本要素，在发型设计中进行合理的运用，可以丰富发型的设计方法，使发型设计更加科学化和艺术化，发型的设计变得有据可依，对发型的设计起着决定性的作用。

学习单元2　职业培训计划的制订

▶ **学习目标**

能根据不同的企业、个人以及各类技术编制不同的授课方案

⊙ 知识要求

一、授课方案的编制方法

授课方案的编制需要根据授课对象不同来灵活编制内容，不管怎么变，不能离开基本框架。

第一阶段：理论

1. 先使学习者心情放轻松。

2. 说明将进行的课程内容。

3. 要明了学习者的学习程度，调整好学习者的学习状态。

第二阶段：示范

1. 说明步骤，并做示范或写出来。

2. 要耐心地说明清楚，且不要有所遗漏。

3. 特别强调秘诀或关键。

第三阶段：练习

1. 让学习者试做，有错即改。

2. 确定学习者是否已完全明了。

3. 继续指导，一直到学习者完全领会为止。

第四阶段：考核

1. 放手让学习者自己去做。

2. 指定学习者的辅导员（训练者）。

3. 随时观察学习者的进行状况。

二、各类技术授课方案的编制案例

烫发技术授课方案案例

1. 课程内容

（1）烫发基础知识的认识。

（2）冷烫与热烫的烫发原理。

（3）烫发工具及烫发辅助工具的认识和了解。

（4）烫发设备的操作。

（5）各类烫发药水的识别。

（6）烫发药水的操作流程。

（7）基本烫发杠的卷法。

（8）花式烫发的卷法。

（9）离子烫的操作原理与方法。

（10）数码陶瓷烫的操作原理与方法。

2. 教学目的

（1）使学员了解各类烫发的原理。

（2）使学员能够独立操作标准烫发及各类花式烫发。

（3）使学员能够独立操作离子烫及数码陶瓷烫。

3. 实训内容

（1）烫发辅助工具的操作方法。

（2）标准杠及花式杠的正确卷法。

（3）烫发药水的涂抹方法。

（4）离子烫药水的正确涂抹和软化测试。

（5）数码陶瓷烫药水的正确涂抹，头发的软化测试，陶瓷杠的卷法。

（6）离子烫电夹板的正确使用，陶瓷烫机器的操作。

（7）冷烫真人实习操作。

（8）离子烫真人实习操作。

（9）陶瓷烫真人实习操作。

4. 实训设备

（1）标准烫发杠。

（2）辅助工具（包括毛巾、棉条、橡皮筋、烫发纸、肩盆、隔针），烫发药水。

（3）各类花式杠，陶瓷杠。

（4）离子烫电夹板，陶瓷烫机器。

5. 教学重点

（1）离子烫的操作方法与原理。

（2）陶瓷烫的操作方法与原理。

6. 教学难点

（1）离子烫和数码陶瓷烫软化的测试及时间的控制。

（2）陶瓷烫的烫法，花式杠的卷法。

7. 教学辅助手段

（1）假模头代替真人实际操作。

（2）安排真人实际操作，现场监督指导。

8. 考核

（1）烫发的原理和操作方法（口试）。

（2）烫发中要注意的问题（笔试）。

（3）陶瓷烫实际操作考试（实操考试）。

（4）冷烫真人考试。

第2节　经营管理

学习单元1　美发企业市场分析

⊛ **学习目标**

能够根据市场动态，对美发企业的店面选择、装修市场、经营模式、组织架构进行分析和制定

⊛ **知识要求**

一、店址选择的方法

美发店的创办需要对商圈进行分析，其目的是选择适当的店址。适当的店址对美发店的产品销售有着举足轻重的影响，通常店址被视为美发店的主要资源之一，有人甚至以"位置，位置，再位置"来着力强调。因此开设地点决定了美发店顾客的多少，同时也就决定了美发店销售额的高低，从而反映店址作为一种资源的价值大小。美发店店址选择的重要性体现在以下几个方面：

1. 其投资数额较大且时期较长，关系着美发店的发展前途。美发店的店址不管是租借还是购买的，一经确定，就需要大量的资金投入，营建店铺。当外部环境发生变化时，它不可以像人财物等经营要素一样作相应调整。必须深入调查，周密考虑，妥善规划，才能做出最好的选择。

2. 店址的确定是美发店经营目标和经营策略制定的重要依据。不同的地区在社会地理环境、人口交通状况、市政规划等方面都有区别于其他地区的特征，它们分别制约着其所在地区美发店的顾客来源、特点和美发店对经营的产品、价格、促销活动的选择。所以，经营者在确定经营目标和制定经营策略时，必须要考虑店址所在地区的特点，使得目标与策略都制定得比较现实。

3. 店址是影响美发店经济效益的一个重要因素。店址选择得当，就意味着其享有优越的"地利"优势。在同行业美发店中，如果在规模、产品构成、经营服务水平基本相同的情况下，选择合适的店址会有较大的优势。

4. 它贯彻了便利顾客的原则。它首先以便利顾客为首要原则，从节省顾客时间、费用的角度出发，最大限度地满足顾客的需要，否则会失去顾客的信赖、支持，美发店也就失去存在的基础。当然，这里所说的"便利顾客"不能简单理解为店址最接近顾客，还要考虑到大多数目标顾客的需求特点和消费习惯，力求为顾客提供广泛选择的机会，使其购买到最满意的美发产品和服务。

二、店址的区域位置选择

绝大多数美发店都将店址选择在商业中心、交通要道和交通枢纽、居民住宅区附近，从而形成了以下三种类型的商业群：

1. 中央商业区。这是最主要、最繁华的商业区，主要大街贯穿其间，云集着许多著名的百货大楼和饭店、影剧院、写字楼等现代设施，高档的美发店一般选址于此。

2. 交通要道和交通枢纽的商业街。它是次要的商业街。这些地点是人流必经之处，在节假日、上下班时间人流如潮，店址选择在此处大大方便了来往人流。

3. 居民区商业街和边沿区商业中心。居民区商业街的顾客，主要是附近居民，在这些地点设置美发店是为方便附近居民就近美发。边沿区商业中心往往坐落在铁路重要车站附近，不适合开美发店。

美发店在选址时应充分考虑顾客对美发服务的需求，一般可分为三种层次，这里结合区域位置选择具体阐述如下：

（1）日常修剪

这类服务同质性大，价格较低，消费频繁，顾客消费时力求方便，希望时间、路程耗费尽可能少，所以，经营这类服务的美发店应最大限度地接近顾客的居住地区，比如就设在小区内。

（2）设计造型

顾客阶段性地需要此类服务，例如烫、染，而且一般要经过广泛比较。因此，经营这类服务的美发店通常设在商业较为发达的地区。

（3）特殊要求

比如新娘发型等，多为顾客一次性消费，消费频度低。这种美发店的商圈范围要求更大，应设在客流更为集中的中心商业或专业的商业街道，以吸引尽可能多的潜在顾客。

三、店址的具体选择

上面介绍了美发店创办者应如何选择适当的区域位置。美发店往往可以有几个地点供选择，因此美发店创办者还应在充分考虑到各有关因素后，选择适当的地点。通常应考虑租金与租约。对于美发店而言，房租是最固定的营运成本，尤其在寸土寸金的大城市，房租往往是开店的一大负担。有些美发店规模小，不怎么占空间，又定位在特色服务方面，则可设于高租金区；而有些美发店规模大，需要大空间，最好设址在低租金区。而租约有固定价格和百分比两种，前者租金固定不变，后者租金较低，但房东分享总收入的一部分，类似以店面来投资做股东。对于初次创业者来说，最划算的方式是签订一年或两年租期，以备有更新的选择。除此之外，交通、客流和竞争三大因素也应重点把握。

1. 交通因素

（1）店址的停车设施

确定一个规模合适的停车场，可根据以下各种因素来研究确定：商圈大小、美发店规模、目标顾客的层次、其他停车设施和不同时间的停车量。

（2）店址附近的交通状况

店址周围的公车、地铁等交通状况应考虑顾客能否方便、快捷地到来。一般规模的美

发店不必考虑这一点。

（3）交通的细节问题

设在边沿区商业中心的美发店要分析与主要商业街道的距离和方向。通常距离越近，客流越多。开设地点要考虑客流来去方向，如选在面向车站的位置，以下车的客流为主；选在邻近市内公车站的位置，则以上车的客流为主。

同时还要分析市场交通管理状况所引起的利弊，比如单行线街道、禁止车辆通行街道以及与人行横道距离较远都会造成客流量的不足。

2. 客流因素

客流量大小是一个美发店成功的关键因素，客流包括现有客流和潜在客流，通常店址总是力图选在潜在客流最多、最集中的地点，以便于多数人就近消费，但我们仍应从多个角度仔细考虑具体情况。

（1）客流类型

一般美发店客流分为三种类型，即：自身客流，是指那些专门为在本美发店消费的来店顾客所形成的客流；分享客流，指一家美发店从邻近美发店形成的客流中获得的客流；派生客流，是指那些顺路进店的顾客所形成的客流，这些顾客只是随意来店参观或美发。

（2）客流目的、速度和滞留时间

不同地区客流规模虽可能相同，但其目的、速度、滞留时间各不相同，要做具体分析，再做最佳地址选择。

（3）街道特点

选择美发店开设地点还要分析街道特点与客流规模的关系。十字路口客流集中，可见度高，是最佳开设地点；有些街道由于两端的交通条件不同或通向地区不同，客流主要来自街道的一端，表现为一端客流集中，纵深处逐渐减少的特征。这时店址宜设在客流集中的一端，而有些街道中间地段客流规模较大，相应中间地段的美发店就更能招揽潜在顾客。

3. 竞争因素

美发店周围的竞争情况对经营的成败有巨大影响，因此对美发店开设地点的选择必须要分析竞争形势。一般来说，在开设地点附近如果竞争对手众多，且本店又无特色，将会无法打开销售局面。

尽管如此，作为美发店的地点，还是要尽量选择在美发店相对集中且有发展前景的地段。当店址周围的美发店类型协调并存，形成相关美发店群时，往往会对经营产生积极影响，如经营相互补充类服务的美发店相邻而设，在方便顾客的基础上，都会扩大各自的销售。

四、选址技巧

前面已经讲到了美发店店址选择的重要性，交通、客流、竞争、租金等因素都必须认真考虑。下面再介绍几个选址中非常实用的技巧。

一个优秀的店址应当具备以下6个特征，一般至少也要拥有两个，若是全部拥有那就真可谓黄金宝地了。

1. 商业活动频度高的地区。在闹市区，商业活动极为频繁，把美发店设在这样的地区营业额必然高。这样的店址就是"寸土寸金"之地。相反如果在客流量较小的地方设店，营业额就很难提高。

2. 人口密度高的地区。居民聚居、人口集中的地方是适宜设置美发店的地方。在人口集中的地方，人们对美容消费有着大量需求。如果美发店能够设在这样的地方，致力于满足普通人的需求，那肯定会生意兴隆，另外此处美发店收入通常也较稳定。

3. 客流量多的街道。美发店处在客流量最多的街道上，可使多数人来店消费都较为方便。

4. 交通便利的地区。比如在旅客上车、下车最多的车站，或者在几个主要车站的附近，也可以在顾客步行距离很近的街道设店。

5. 人们聚集的场所。比如电影院、公园、游乐场、舞厅等娱乐场所，或者大工厂、机关的附近。

6. 同类美发店聚集的街区。大量事实证明，对于那些有各自经营特色、规模档次不同的美发店来说，若能集中在某一个地段或街区，则更能招揽顾客。从顾客的角度来看，美发店集中的地方可根据不同的需要选择不同的美发店，是有心美发时的必然选择。所以，创业者不需害怕竞争，同业越多，人气越旺，业绩就越好，因此店面也就会越来越多。许多城市已形成了各种专业街。如在广州，买服装要去北京路；买电器要去海印等。许多精明的顾客为了货比三家，往往不惜跑远路也要到专业街购物。

而下面几个地方则是选址大忌：

（1）高速公路边。随着城市建设的发展，高速公路越来越多。但由于快速通车的要求，高速公路一般有隔离设施，两边无法穿越。公路旁也较少有停车设施。

（2）周围居民少或增长慢而已有美发店的区域。因为在缺乏流动人口情况下，有限的固定消费总量不会因新开美发店而增加。

（3）高层楼房。因为高层开店，不便顾客消费，同时高层开店一般广告效果较差。

当创办者资金较少时，只要策略得当也可以选到合适的店面。一般来说，小额资金创业者的选店法则有4项：选自己居住的地区，选自己经济上或人事上有关系的地区，选自己希望的区域，选预算范围内的适当地区。前两项选择是运用地缘关系，可以广泛利用既有人际关系拓展业务，打下创业基础；后两项则必须参照行业特点，考虑地段特性。在选定设店地点前，必须针对当地情况做一定的调查分析，并根据调查结果确定营业内容、定价策略、人事规划、营业时间等。如果一切都符合开店条件，那就可以付诸行动了。

当然了，选择店面不可一味贪求房租低廉。开店的目的是赚钱，能够赚到钱的店面才是好店面。

若非常垂青于黄金地段，而又苦于资金不足时，分租店面也是可行之举。通常在车水马龙、人气汇集的热闹地段开店，成功的概率较高，因为川流不息的人潮就是保证，有这么多潜在顾客，只要提供的美发服务和销售的产品能满足消费者需求，不怕没有好业绩。但是这类地带的店租往往极高，而且大多已被人捷足先登，创业者想取得一席之地并不容易。这时倒不妨采取分租店面的方式，也就是目前盛行的"复合店面"。

在中意的地段中找寻合适的伙伴，共用一个店面，不但可以节省房租，而且同一屋檐下的两种行业顾客属性雷同，可以收到相辅相成之效，通常这类美发店也不会拒绝。这些复合店的形式相当常见，例如美发店与美甲店、美发店与发饰专卖店等。

五、店面装修的布局

美发店由美发区、洗发区、前台、顾客等待区、洗手间构成，布局要合理并相辅相成，为顾客提供满意的服务。

1. 前台

前台是顾客进店后第一个接受服务的场所，其工作职能如下：

（1）负责招呼来访顾客，了解他们理发的意愿并安排相应的美发师，或安排他们等候。

（2）接听电话，记录顾客预约和其他留言，回答相应的咨询。

（3）保管顾客随身携带的物品和衣服。

（4）计算顾客的美发费用并收费。

（5）记录和保管顾客的资料，并且协助发型师查询顾客过去的美发记录。

前台具有形象宣传、顾客联系、监督员工、观察现场和管理枢纽五大功能，所以前台应设在醒目、可通观全场，且不妨碍发型师、工作人员操作的地方。一般设在门口处或店铺的内墙处，使顾客能一眼看到并有无妨碍的通道直接到达，前台也可单独成间，里面设为美发区。

2. 美发区

美发区是美发店的工作中心，也是美发师和顾客相互沟通的地方。因此，其布局一定要设计完善，让美发店的整体布局与各项器材、人员配合得天衣无缝，不浪费空间，也不使顾客和员工感到拥挤。

（1）构局

美发区一般采用格子式构局。这种布局使整个店面结构严谨规范，给人以整齐、有序的印象，容易使顾客对美发店产生信任心理，同时也节省空间。

（2）通道

通道大小以顾客座位、美发师理发、行人通过互不妨碍为宜，而不是越大越好。

（3）镜子

镜子的大小只要适当就好，便于美发师和顾客随时观看发型处理情况。朝向也必须注意，如果镜子朝向杂乱的地方，会有碍顾客的视野。镜子一般摆在墙壁上或两面镜子并在一起，以节省空间。

（4）吹风筒等理发设备的摆放

应在美发师能方便拿放的地方设固定的柜子、工具箱或梳妆台来摆放吹风筒等理发设备，摆放务必整齐，不能杂乱无章。

（5）其他物品

可以准备一些杂志或造型方面的图片，装饰一些布娃娃等，或者放置录像机，让顾客消磨时间，调剂身心。

3. 洗发区

洗发区一般安排在美发店的内部或单独隔开。在合理安排好洗发椅布局的前提下，要考虑洗发人员便于走动；如果走动困难，不仅会降低工作的效率，还会给顾客留下不好的印象。

4. 顾客等待区

设置一个空间，安排舒服的椅子，用花草或饰品来装饰，令顾客赏心悦目。同时要配备茶水、杂志等。

5. 洗手间

现在美发护理的时间越来越长，配备洗手间是十分必要的。洗手间要设置在隐蔽的地方，同时要做好清洁维护。

六、经营模式的制定

单枪匹马还是合伙经营，是创业过程中最常见的两难选择，并对美发店的未来产生深远的影响。在实际中，两种选择各有利弊，无所谓正确与否，只有合适与否，必须根据实际情况而定。而连锁经营是以后美发店经营的又一发展趋势，家族经营则是美发店经营中的特例。

1. 独资经营的模式

（1）独资经营的好处

首先，创业者是真正的、唯一的老板，这一点很重要。可以完全按照自己的想法实现开店的梦想。

其次，所有的资产、盈利都是属于自己的，没有人共享胜利果实。

第三，在经营自己的事业中，完全是自己管理所有的业务，不可能出现管理权分散的情况，这种感觉是真正的老板感觉。

第四，营运成本可以得到很好的控制。一个老板的费用肯定低于几个老板的费用。这样，可以用较低的成本度过艰难的开店初期。

（2）独资经营的弊端

首先，要求创业者对美发行业具有很高的专业水平，这是经营美发店必备的前提，因此，它对老板的综合素质要求很高。

其次，资金压力很大。一般情况下，创业的人多在30岁上下，所有的积蓄可能低于开店构想的最低启动资金。同时，创业者的家庭也处于消费的高峰期。因此，创业者将面临很大的资金压力。

第三，工作压力较大。由于几乎所有的事情都是自己操持，作为一个超级的兼职者，创业者的身心将面临巨大的考验。

第四，没有人分担创业者的压力与风险，如果生意失败，将面对巨大的压力。

（3）独资经营的适用情况

独资经营适合独自一人可以完全打开局面的创业者。对美发行业比较熟悉，并具有一定的专业知识、业务知识、管理经验；能够筹措到相对充足的资金；美发店规模在创业期间不是很大，一个人就可以管理；关键的工作人员很称职，能分担一些工作；家庭全力支持。如果上述条件有一条不能真正满足，就应当慎重考虑，并修改自己的开店企划。

通常情况下，降低开店规划中的美发店规模，就可以实施单枪匹马的创业行动。单枪匹马适合从小干起、从头干起，真正的白手起家。当然，如果找不到合适的搭档，没有别的办法，那也只能单枪匹马地奋斗了。

2. 合伙经营的模式

（1）合伙经营的好处

合伙经营的好处首先是资金的压力较小。一项投资10万元的开店构想，对于一个人来说有较大的压力，但几个人分摊之后，压力就小了很多，比较容易筹到资金。

同时，市场基本上进入买方市场，已经有太多的美发店在经营。在这种市场大背景下，合伙创业有更多的吸引力。

其次，创业期间千头万绪，两个人，甚至更多的人共同创业，则可以分工合作，可以加快创建的进程，并顺利展开经营活动。

再次，合伙人可以取长补短，并各自负责特定的工作，可以实施较为复杂的开店构想与计划，规模也可以比单枪匹马大很多，发展的速度也往往超过单枪匹马的老板。

最后，由于起点相对较高，有比较大的竞争优势，可以承担较大的市场压力与风险。

（2）合伙经营的弊端

首先，由于是几个人共同创业，每个创业者的成就感就差很多。

其次，几个人共同创业，每个人的能力及发挥的作用也有一定的差异，分工合作往往会加大差异，出现苦乐不均的现象。同时，利润往往是按照投资比例进行分配，合伙人之间往往会有一定的想法，并影响工作的积极性。

第三，利润被合伙人分配后，往往十分有限，降低了经济利益的吸引力。

第四，合伙人经常在美发店管理、发展、利润分配等方面产生一定的矛盾。

第五，在创建期与营运初期，美发店本身就处于投入和亏损阶段，但合伙人又必须支取一定的个人费用，加大了资金的紧张程度。

第六，合伙人的中途退出，对创建美发店来说是一种巨大的风险。

（3）合伙经营的适用情况

合伙经营一般适合相对复杂的开店构想，启动的规模可以较大。同时，合伙人之间相互信任，并承诺必需的责任和遵守共同的规定，包括资金的投入、工作的分担、一定的合伙期限、共同遵守的基本原则等。

另外，合伙人最好能够取长补短、分工合作。例如，有负责内部事务的，有对外的，每人承担特定的职能。

在合伙经营中，必须建立相对正式的管理模式，以便相互理解与信任，减少出现冲突的可能性，并一定要推选一个领导人。

3. 家族经营的模式

（1）家族经营的好处

现在管理界有一种流行的观点，认为家族经营是一种很不好的经营模式。

实际上，在管理中，没有什么好与不好，只有合适与否。70%的美发店老板都采取家族经营的模式，自然有其合理的地方。

对于老板来说，尤其是单枪匹马的老板，家族经营往往是合理、可行、高效的经营模式。单身汉的口头禅就是"一个人吃饭，全家人不饿"，很容易解决生存问题。

夫妻店、子承父业等是美发店最常见的经营模式。实际上，美发店的确也适合家族经营。即使是现在的大中型美发店，创业期往往也是家族式的。

经营美发店、推动业务更多地依靠员工的能力与责任心，费用的支出更是如此。美发店的弹性很大，业务忙起来，往往长时间运转；不忙的时候，又清闲得令人发慌。因此很难维持一定数量的固定员工。创业期往往因陋就简，工作环境相对较差，需要员工更多的理解，同时很难给员工较高的待遇。

采用家族经营的模式，上述问题就可以相对容易地获得解决。家就是美发店，美发店就是家，可达到管理的最高境界——爱美发店如家。

家族经营，大家的目标一致，并有特殊的信任关系与责任心，美发店因此获得很高的凝聚力。在艰苦的创业期，大家可以克服各种困难。

（2）家族经营的弊端

家族经营也有不少弊端，这些弊端在美发店度过创业期向前发展的过程中尤为突出。实际上，在创业期中，也有不良影响。

首先，创业风险与家庭命运紧密联系在一起。由于将家庭所有的资源与人力投入到事业中，事业的成败直接决定了家庭的好坏，压力也就是双重的。

其次，家庭成员往往只能承担有限的工作。由于经营美发店都需要特定的专业知识与能力，而家族成员或许能力不行，或许没有专业知识与经验。因此，对于事业帮助也就十分有限，远远不及一些合伙人。

第三，采取家族经营，家庭的开销必然会成为美发店的资金压力。家族成员自行其是，帮倒忙，甚至成为美发店的抽水机。品质不好的家庭成员，滥用信任，大手大脚花钱，以老板自居。

尽管家族经营有上述弊端，甚至更多的弊端，但有一点是肯定的，在艰苦的创业期，家人比外人更容易、更值得信任与依赖。

4. 连锁经营的模式

连锁经营是把独立的、分散的商店联合起来，形成覆盖面很广的大规模销售体系。其实质是把社会大生产的分工理论运用到商业领域里，形成规模效应，共同提升企业的竞争力。

作为一种现代化的经营模式，连锁经营与其他经营模式存在着明显的区别，具有以下鲜明的特征：

（1）统一化、标准化

连锁经营的特点即六个统一：统一采购、统一配送、统一标识、统一营销策略、统一价格、统一核算。

（2）范围广，渗透力强

随着全球经济一体化的到来，连锁经营已经成为经济发展和企业战略扩张的一种重要方式。

（3）开张速度快，成功率高

由于连锁经营所追求的是整体规模，以名牌做支撑，这就形成了成功企业的延伸和发展。

（4）便于迅速实现国际化、集团化

连锁经营能够快速扩展经营组织，可以迅速地在任何市场中树立良好形象，这是连锁经营发展的一个重要特点。

（5）价格方面竞争力强

由于企业规模大，采购数量多，中间环节少，所售商品进货价格低。和竞争者相比，相同售价，利润率就会提高；相同的利润率，则售价较低，可进行一些优惠措施，为消费者带来实惠。

七、组织架构的安排

1. 美发店的员工

店长：全面负责经营管理工作。

助理主管：协助店长做好经营管理工作。

技术总监：监督和指导发型师为顾客提供专业服务。

发型师：负责为顾客提供专业的美发服务。

助理：为顾客提供洗头、染发、烫发服务的专业人员，并协助发型师工作。

咨询接待人员：负责接待顾客及咨询、预约、开票等协调工作。

收银员：专门负责收款，也可以由咨询接待人员兼任。

购销员：负责美容美发用品的购置、零售和设备的添置工作。

后勤人员：包括负责卫生消毒工作的清洁员及负责仪器、水电检修的水电工等工作人员。

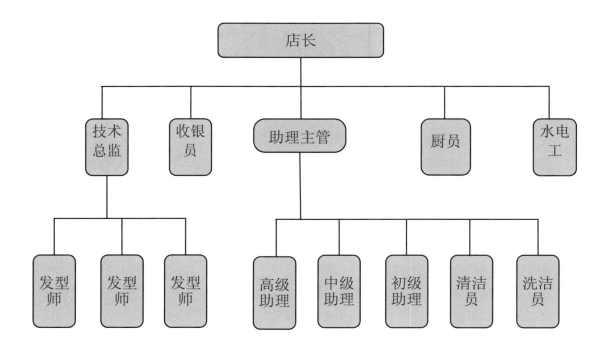

图6—1　员工组织架构图

2. 人员配备情况

美发店经营中各层级组织，到底需要设置哪些职位，其职能为何，必须明确制定，才能对其职位进行编制需求的衡量。职位设置不清楚，易造成用人不当与人力控管不力。另外，必须通过职位管理的进行，来作为人力招募的参考工具及教育培训发展的依据，并作为绩效目标的检核及规划合理的薪资制度的基础。美发店应根据自己的经营面积和未来发展情况来配备工作人员。在保证营业正常进行的情况下，应尽量精简人员，有效地控制人力成本。

3. 店长的工作职责

直属下级：助理主管、技术总监、收银员、厨员、水电工、值班人员、宿舍管理员等。

职责范围：

（1）及时布置各项工作任务和指标，协调店面内部一切事务，发现问题、隐患及时处理。

（2）核查每天工作报表情况。

（3）督促店内人员完成分内工作。

（4）组织运作落实各环节的工作。

（5）负责处理顾客投诉及外联事宜。

（6）编制总体销售、宣传计划，跟踪市场动态（注意专业信息的接收和反馈）。

（7）关心员工，调动员工工作积极性。

（8）跟进昨日顾客反馈，统计顾客量。

（9）组织例会的召开。

（10）根据可影响总体销售因素的变化，制定和调整销售策略。

（11）根据市场需要创意设计、制作各类宣传品。

（12）指导监控销售及宣传的实施，及时总结分析市场的成功经验与典型失误。

4．技术总监的工作职责

（1）协助店长做好店面技术和服务工作。

（2）及时了解工作中存在的技术问题并解决。

（3）负责对店内发型师／助理的管理和技术指导工作。

（4）对发型师／助理工作流程进行规范和监督。

（5）对发型师／助理进行专业知识的培训、指导及管理。

（6）制定和提交季度性技术培训方案，保证店内技术的稳定和进步。

（7）负责相关材料、物品的领用。

5．助理主管的工作职责

（1）协助店长做好店面服务工作和其他交办事宜。严格遵守店内管理规定，维护店面形象。

（2）及时了解助理、清洁员、洗洁员在工作执行中存在的问题，解决实际困难。

（3）负责对店内助理的技术培训指导和管理，对店内助理、清洁员、洗洁员的工作流程进行规范和监督。

（4）组织实施店长交代的计划任务。

（5）确保业务技能水平达标。

（6）对店里的具体清洁卫生工作进行监督，如对地面、镜面、毛巾的清洁予以监督。

（7）负责工作相关材料、物品的申报和领用及店内陈列及具体需要物品的应急补充。

（8）按美发店或者店长规定的日期（如：每月xx号）上交下月所需要的物品（CD、书籍、水杯、棉签、纸筒等）和产品的申购单，并负责上述物品的到位。

（9）安排员工进行服务流程的理论培训、模拟实战演习、争取回头客的沟通训练、销售产品的模拟训练和美发店文化理念的口碑宣传训练。

（10）当店长不在时，助理主管更需协助技术总监承担店长的一切职责。

6．发型师的工作职责

（1）遵守店内各项管理规章制度，协助店长及技术总监共同维护店面形象。

（2）不断提高自身技术水平，并接受本店进行的规范化培训，建设顾客网络，完成销售计划任务。

（3）以真诚、耐心、认真、以苛求完美的敬业态度服务每一位顾客。按要求根据承包制原则，对自己服务过的顾客进行消费跟踪。

（4）严格按照发型师的待客流程作业，对与自己配合的助理要实行双相监督。

7. 助理工作职责

（1）要自觉遵守店内各项规章管理制度，协助助理主管做好店内的工作，维护好店面的形象。

（2）不断提高自身技术水平，并接受店内进行的规范化的服务训练，以满足顾客日益增长的需求。

（3）以诚挚、耐心、认真、苛求完美的敬业态度为每一位光临本店的顾客服务。

（4）严格遵守助理服务工作流程。不可误导和勉强顾客高消费，不能强迫顾客买卡和消费其他项目，服从上级工作安排。

（5）当店长及助理主管不在店面的情况下，助理有权行使店长及助理主管的权利。

8. 收银员的工作职责

（1）严格遵守美发店各项规章制度，遵守中华人民共和国财务相关的法律法规。

（2）严守财务机密，维护美发店利益，不得泄露美发店营收资料。

（3）熟练掌握收银台各项环节的工作，能迅速解决结账收银中所发生的各种业务上的问题，做到准确、快速、无差错。

（4）上班前检查好计算机终端运转情况并准备好所需单据、促销卡、找零备用金等，以保证收银工作的顺利进行。

（5）记录好员工对产品的销售情况并妥善保管好顾客交存的物品。

（6）做好数据登记并填写相应报表，做到账单（银）相符，账务相符。对经手账务全权负责。

9. 水电工的工作职责

（1）8：30准时上班，19：30下班。

（2）用5分钟时间开煤气、烧水，检查煤气管道是否有漏气的地方。

（3）用15～30分钟检查美发店的用电安全，检查电线、插座、空调开关、闸刀、保险盒、电灯等处。

（4）将每日情况写好汇报交给店长，要求店长签字。

（5）需换掉的灯泡马上换掉，有隐患的地方马上排除。

（6）每日下午检查宿舍、厨房线路的安全。

（7）一定要保证水管的正常运行，需更换、维修的地方应及时解决，绝不拖延。

（8）严格按水电工工作流程进行。

10. 清洁员的工作职责

（1）9：00前搞好卫生。

（2）注意节约清洁用品。

（3）厕纸、洗手液要装好，水壶9：00前一定装好，放好茶杯。

（4）月前领足日用品，保管好。如有需要，提前一周写好申购单。

（5）在营业时间内对店内卫生进行清洁，但不能影响顾客。

（6）扫地、拖地、放物力度适中。

（7）注意个人形象，佩戴工作卡。

（8）严格按卫生制度及标准执行。

11. 洗洁员的工作职责

（1）毛巾天天洗，围布和洗头袍两天洗一次。

（2）敷面毛巾单独用手洗（第一次加洗衣粉，过两次水，最后下香料香水等；每次加少许酒精、消毒水过滤一次，每三天进行一次）。

（3）保证店内毛巾够用、干爽。

（4）要妥善保管毛巾。

（5）擦布单独清洗。

（6）严格执行洗洁程序。

12. 店堂值班的工作职责

（1）22：15到店打卡，9：30离开。

（2）确保当班期间内水、电、煤气、门、窗的安全。

（3）早上交班，8：00开门，在门口等待、看守。

（4）等待职员上班，9：30和店长交班后才能离开。

（5）对携物外出者，一律要问明情况，查验身份，必要时进行登记。

13. 厨员的工作职责

（1）12：30、19：30准时将员工用餐送至店内。

（2）将饭送到店内交给清洁员，由清洁员统一发放，在约一小时后收走餐具。

14. 宿舍管理员的工作职责

（1）负责宿舍内的安全管理，保证环境的清洁卫生。

（2）严禁闲人的干扰。

（3）监督住宿员工的清洁卫生。

（4）严禁员工将违禁、危险、易燃、易爆物品带入宿舍。

（5）监督住宿员工按时熄灯。

（6）做好每晚例行检查，对外宿和不按时回宿舍的情况进行登记，并及时反映给店长。

学习单元2　美发企业技术管理和市场营销

▶ 学习目标

能够分析管理企业经营活动

掌握美发企业技术管理和市场营销

▶ 知识要求

一、技术管理知识

美发企业加强技术管理，有利于提高企业员工的技术素质，做到服务讲规范，语言讲艺术，卫生讲标准，技术讲等级。只有这样，才能发扬企业的特色，树立企业的信誉，提高经济效益和社会效益。

1. 技术管理的内容和任务

美发美容服务的技术管理是围绕着技术设施、生产技术、服务技术和技术人员这几个方面展开的。主要有以下4方面的任务：

（1）加强传统技艺的挖掘与发展

美发美容服务是手工操作技艺，美发美容技艺经历几千年的不断发展、不断创新，特别是改革开放后，融进了更为先进、更为科学的内容。先进科学的技艺美化着人民群众的生活。尽管这些技艺已经很先进、很科学了，但都包含着传统技艺的理念和技术，包含着传统手工技艺的精华和优秀的文化底蕴。所以，加强对传统技艺的挖掘，继承和发扬美发美容传统技艺是企业技术管理的重要任务之一。

（2）加强新工艺新技术的管理

随着科学技术的发展，许多科学成果必将会被美发服务运用，随之会产生新技术、新工艺。如化学烫发代替了电烫，操作工序更加简单，操作时间大大缩短，安全性、可靠性大大提高，头发损伤少，发式造型更优美、更自然；又如现在的吹风梳理技艺较之传统技艺时间短，头发无损伤，造型更自然。所以，加强新的技术工艺管理，保证技术开发、项目开发和技术改造的顺利进行，加速科学技术转化为生产力，也是企业技术管理的重要任务。

（3）加强美发美容技术资料的管理

技术资料是企业技术资源的重要组成部分，特别是对优秀的传统技艺和新技术、新工艺，从理论上加以总结提高的技术资料，是进一步推广运用的重要基础。在技术资料的管理中应充分运用高科技手段（如电脑、网络、光盘等）收集、储存有关技术资料，为开发新技术和新项目服务。同时还要建立健全业务技术和专业技术档案。总之，加强美发美容技术资料的管理是企业技术管理的又一重要任务。

（4）加强技术人员的培训

技术人员是技术资源中最积极、最活跃的因素，是美发企业技术水平、技术质量、服务质量的重要保证。没有一支具有一定技术素质的员工队伍，再新的设备设施也难以发挥作用，再优的物料用品也做不出美丽的造型，再好的劳动态度也难以达到服务质量标准。因此，加强对技术人员的培训教育，提高技术人员的技术素质是企业一项十分重要的任务。

除以上4项主要任务外，企业还需合理组织协调企业的一切技术工作，在技术管理上

做到系统化、规范化，保证技术质量、服务质量，降低费用开支，建立良好的技术服务工作秩序。

2. 技术管理的方法

美发美容企业技术管理的方法必须根据技术管理的内容和任务来制定。其方法主要有以下几种：

（1）建立技术管理机构

这是开展企业技术管理的组织保证。管理机构一般由领导、专业技术人员和普通工作人员组成。企业可根据规模大小和实际需要成立技术研究协会或技术培训中心，也可成立分会或小组。同时，机构还应保持与本地区、本行业有关技术单位的联系，加强横向交流。技术管理机构更加强化技术管理工作的全面指导研究，编写技术资料，建立健全技术管理制度，有计划、有步骤、有目的地开展技术培训工作，提高美发企业的技术素质和技术水平，为提高服务质量提供技术保证。

（2）建立技术档案

应利用现代技术手段，加强对技术资料的收集、整理、加工、分类、编号、登记、统计、储存，并保证技术档案的准确、完整、系统、安全、有效。技术档案部门应当为企业各部门充分利用技术档案创造便利条件，如编制必要的检索目录和参考资料等。还要建立健全借阅登记制度。既要发挥技术档案的作用，又要妥善保管好档案。

（3）建立服务质量标准化和服务工作规范化制度

服务质量标准化和服务工作规范化是衡量一个企业技术素质和员工技术素质的重要标准，也是一个企业技术管理的重要标志。

美发美容企业应根据企业的经营业务、等级规模和有关规定，收集有关资料数据，听取员工、消费者（顾客）的意见，制定服务质量标准和服务工作规范要求，并组织有关人员认真学习，树立严格执行标准和规范的正确思想，抓好任务落实工作，建立健全检查制度，在检查中发现问题及时分析研究，设法解决。

（4）加强新项目的开发，加速新技术的应用

新的服务项目的开发，有利于提高企业技术质量和服务质量，有利于提高职工的劳动生产效率，降低员工劳动强度，有利于开拓经营，增强企业的市场竞争能力，有利于企业经济效益的提高。

企业在新项目的开发中要有计划依据，要调查分析顾客的消费水平、消费结构、消费方式、市场需求、企业内部的物质条件和员工的技术素质状况等，使计划目标的实现有可靠的依据，同时要明确责任，每个新项目的开发必须由指定单位、小组和个人负责组织落实，使他们明确任务、责任，要求他们按计划目标和进度抓好这项工作。在新项目完工并通过鉴定后，仍需不断完善和提高，同时还要进行广告宣传，扩大影响，占领市场。

（5）抓好技术培训和考核

技术培训是提高员工技术素质的重要途径。技术管理部门在平时的培训工作中可采取普及培训与进修提高相结合、全面培训与专修深造相结合的方法。通过多层次、多形式、多渠道的方法进行培训，全面提高员工的技术素质。既要抓好传统技术工艺的培训，也要重视培养掌握现代科学技术的专业人才（如高级美发师的培养）；既要抓住对主要工种的重点培训，也不能忽视对一般工种的培训。在培训中还要重视对各技术工种的等级考核，制定考核制度，严格考核标准。凡技术人员按标准经过理论和实践考核合格，达到标准要求的，应及时给他们评定或晋升技术职称，以利于促进员工技术水平的提高和技术人员特长的发挥，也有利于企业服务质量和经济效益的提高。

二、市场营销知识

美发店广告是美发店利用广告媒体，向社会传播美发店经营信息、促进产品销售、树立美发店形象的活动。

1. 广告目标

任何广告的最终目的都是为了增加销售额和利润。美发店的广告目标可以分为以下四种：

（1）形象目标

提高美发店的知名度，树立美发店形象，保持经常性顾客，吸引潜在顾客，使顾客对本美发店形成心理偏好。

（2）美发店定位

塑造美发店的品牌形象，利用广告说明本美发店为哪些顾客服务，吸引目标顾客。

（3）增加客流量

推动美发店的销售额。

（4）信息性广告

适用于新店开张和新服务上市。

2. 广告表现策略

（1）广告主题

广告主题必须明确，这样才能到达想要的广告效果。

形象广告：宣传介绍美发店，建立美发店的良好形象和永久信誉。

品牌广告：介绍品牌，使顾客了解该品牌并产生好感。

分类广告：用来传递某种促销、活动等信息。

主张广告：用来宣传、提倡某种理念和观念。

（2）广告诉求风格

诉求有理性诉求和感性诉求等形式。理性诉求多以逻辑性较强的理由说服顾客，而感性诉求则侧重于刺激消费者审美方面、情感方面的感觉，从而影响顾客的心理。应根据不同的广告主题，选择适当的诉求风格。

（3）媒体选择

选择广告媒体时，必须考虑各传播媒体的成本高低、普及状况（数量、品质兼顾）、收视者或阅读者的阶层特性、媒体本身的特性和吸引力、阅读状况、适用条件、效果、影响范围的大小、媒体传播信息的生命期长短以及媒体变化的适应弹性，并确定目标受众、广告覆盖地区、不同媒体的比重。

（4）广告时间

根据不同的广告主题来选择相应的广告时间。

（5）广告创意

形象、品牌和主张广告尤其要重视创意，要选择好的广告公司为本美发店服务。

3. 广告推广策略

（1）以广告拉动消费为主要推广策略

通过广告宣传，发布美发店资讯，增加消费者对美发店的认知度，拉动消费者选择本美发店。另外，就美发业特性来看，广告所带来的高知名度可以影响朋友与朋友之间的口碑推荐，而口碑推荐又是该行业里一项非常重要的宣传方式。

推广形式有：

1）报纸形式：选择和当地消费相匹配的报刊。

2）店外的告知信息：通过其他宣传载体，发布美发店资讯。

3）店头终端的诱导促销：在店门口开展促销活动。

4）电视广告。

（2）加强口碑效应的"推式策略"

影响美发店口碑推广的几个因素：

1）美发店本身的服务能力、效果。店内技术的好坏是影响口碑的基本因素，直接涉及品牌的本质，所以专业美发技术在整个服务能力中占重要的比例。"以技术为主，以沟通为辅"是美发店服务能力建设的方针。

2）本身知名度。通过广告宣传和长期的优质服务而获得。

3）利益。发动老顾客进行口碑宣传，并给予一定的利益回报。

4）店头展示宣传及创意性活动信息。为能更重视这一块的推广工作，在营业期间应不间断地举行促销活动，促进顾客对店面的期望与满足，增强美发店对顾客的亲和力。

（3）终端宣传

1）综合运用宣传单，店头形象布置强化店头信息传递。

2）新产品和新服务导入期应迅速引起消费者的视觉注意。

4. 检测广告效果

（1）销售额检查法

通过比较广告前后的销售额增长幅度，来检测广告是否达到预期的目的。如果广告宣传后的销售额有了明显的增长，则说明广告发挥了作用。

$$广告效果比率 = \frac{销售量增加率}{广告费增加率} \times 100\%$$

广告效果比率越大，则广告效果越好。如：某美发店3月份的广告费用增加20％，结果该月的销售额增加了30％，则其广告效果比率为150％，说明3月份的广告销售效果较好。

（2）询问调查法

通过向顾客询问来了解其是否是看了广告后才来美发店的，同时了解他们是否经常来，从何种途径了解到本店的情况等。最后，将结果进行统计分析，分析广告的影响力。

学习单元3　连锁企业相关知识

▶ **学习目标**

了解美发连锁企业运作的相关知识

▶ **知识要求**

一、连锁经营的优势

在美容业发展的初期，市场中的竞争者较少，而消费者在美发消费支出方面还是处于冲动和好奇的阶段，因此早期的美发店经营者在市场中获取了一定的利润，甚至有可能是暴利。但是随着市场的发展，规模容量的扩大，消费者逐渐趋于理性状态，国外品牌和资金的参与竞争、市场竞争的激烈及其残酷性给美发店的经营者带来了极大的风险。现阶段，美发店在市场中的经营越来越艰难了，而特许加盟连锁经营模式成为解决这一问题的良好途径。

连锁经营是当今世界许多国家普遍采用的一种现代化的商业经营模式，指的是经营同类产品和服务的若干企业在核心企业（总部）的领导下采用规范化经营、实行经营方针一致的营销行动，实行规模化效益的经营方式。近代连锁经营产生于美国，到现在已有130多年的历史。中国美发业特许经营模式最初借鉴服装和餐饮业的特许加盟经营模式而试运行。

特许经营加盟连锁店被公认为投入最少、见效最快、成功率最高的营销模式。据国际商务部公布的统计资料表明，独立开办美发店业主的成功率不到20％，而因加盟连锁店而开办的美发店，成功率却高于90％。加盟店之所以成功，除了有着品牌统一宣传、统一配货的优势外，其中很关键的是来自总部的经营指导、员工培训，使加盟者用最短的时间成为业内高手。根据这一市场经验，连锁加盟的呼声日益高涨。在这种商业演变的大趋势下，国内美发连锁市场在短短的几年内发生了质的变化：从无到有，从高档到中低档，日益流行。现在遍布街头巷尾的美发连锁店，为顾客提供了便利，而且可以享受发型师的专业指导或特殊护理服务。

以上海的美容市场为例。上海的连锁美容机构消费群体，主要集中于收入中等偏上的女性以及部分追求时尚的年轻白领女性。因而专业美容的服务品牌林立，市场竞争日趋激烈，相当多的美容机构不断谋划招商扩张，一些美容护肤品也逐步走向多元化策略路线，这也是美发业未来的发展趋势。

加盟美发连锁店可以在高素质的大品牌效应下推广业务，求取发展，享受规模利润。其产品的固定消费追随者则会使新加盟店迅速稳定基础，发展壮大。连锁机构从信息价格、售后服务、广告推广、产品销售形象展示及顾客网络发展诸多方面给予支持，能引来稳固的客源，从而使加盟者的经营风险降到最低，获得的回报最大，无须再顾虑瞬息万变的市场环境。

消费者能享受到连锁店提供的标准服务。连锁店在由人才流、客流、资金流、物流、技术流、信息流编织的庞大网络中成为一分子，分享网络中的各种资源，无"网"而不利，不必为创业、管理、没有产品、没有顾客及保持顾客而头痛。

在此时代大潮的感召下，许多美发店正在由正规直营连锁经营向特许加盟连锁经营方式转化，目标是使美发店成为一个集生产、销售、服务、加盟于一体，以服务、加盟为先导，生产、销售为后盾的复合型的连锁经营美发店。运用加盟连锁这一国内美容界最新的营销策略，寻求代理商，寻求加盟店，寻求每一位支持美容业和爱美之士成为会员，可以把连锁机构发展壮大，逐步推广。

专业的美发连锁机构从无到有，很快将会掀起专业美发产品的一股浪潮。在未来十年内，国内专业美发产品市场很可能将是连锁美发的天下。从社会认知程度上，美发机构前景喜人。调查得知，相当多的女性都认为专业美容机构属于一种中高档次的服务，是一种令人向往的享受方式，因此吸引了大量的白领女士前往消费。由此足以证明，连锁机构美发的观念已深入人心。

美发店的特许加盟连锁经营模式将是本行业发展的必然趋势。而作为个人投资者，选择这一经营模式的最终结果即是选择一个实力雄厚的品牌加盟总部，为自身的经营和发展带来强大的动力和可靠的保证。

几乎每一个加入美发行业的经营者都是冲着这个行业的高成长性和高利润而来。美容行业成为第三产业的中坚力量，为国家和社会作出了应有的贡献。但是，市场的发展和其严酷性给每一个此行业的经营者都曾带来一定的挫折。普通投资者经营一家美发店尽管在最初会考虑到它的盈利性，但若没有一个完善健康的经营模式，这一投资的风险自然不言而喻。

美发店单店经营投资的盈利性在特许经营加盟连锁模式中得到了极好的印证，成功率之高，令人向往。这是因为连锁加盟总部给予加盟店的强大支持分散了投资经营的风险；同时，加盟总部强大的品牌力拉动了美发店的销售力，直接提升了美发店的知名度，在统一标准的服务模式下，美发店的经营业绩呈现稳定上升的状态，为加盟商赢得了市场保证。

1. 美发连锁具有的优势

（1）提供完整的专业训练

通过优良的师资与科学的教学，对于每一阶层员工，都订有详尽的培训内容和计划，使其无论实际操作还是理论皆能熟练运用，取得丰硕的成果，并能在工作上展现出优质的服务，提高顾客满意度和忠诚度。

（2）提供完整的管理手册

员工录用与晋升管理规定，行政管理、营销管理与财务管理，皆运用科学的电脑电算化及表格化管理。能有效地进行学习，建立良好的制度、优质的管理，提高员工工作效率，建立员工对美发店的向心力，减少人员的流动性，也建立相对稳定的顾客群。

（3）提供优质的系列产品群

产品群能有效针对各种发质，满足各种烫、染发效果，美发产品也不断得到技术升级。

（4）提供互助的人力资源

讲师、专员、技术指导定期协助加盟店进行提升人员专业素质的培训以提高整体业绩，并适时建议加盟店人员进行再教育训练。

（5）提供互惠的加盟权利

采用免加盟权利金制度、规划完整的区域保障制度、合理完善的产品回馈制度。

（6）提供整体行销计划

配合海报、DM、广告等方式协助加盟店举办各种促销活动，如开幕促销、节日促销、周年庆促销、新产品促销、业绩提升促销、会员专促销等。

2. 特许连锁经营对总部的好处

（1）在资金和人力有限的情况下，不用自己的资本设置美发店，也能获得迅速扩大业务领域的机会，提高知名度，加速连锁化事业的发展。

（2）在一个新的地区开展业务时，有合伙人为其共同分担商业风险，能够大大降低经营风险。

（3）加盟金和特许费能切实保证使用，有利于稳定地开展事业活动。

（4）设立稳定的产品流通渠道，有利于巩固和扩大产品的销售网络。

（5）根据加盟店的营业情况、总部体制和环境条件的变化，调整和招募加盟店，能促使连锁灵活地发展。

（6）统一加盟店的店面风貌、店员服装等，能在消费者中和美发店界形成强大而有魅力的统一形象。

3. 特许连锁经营对加盟店的好处

（1）没有经营美发店经验的一般人也能经营美发店。

（2）可以减少失败的可能。

（3）用较少的资本就能开展事业活动。

（4）能进行知名度高的高效率的经营。

（5）能实施影响力大的促销策略。

（6）可以稳定地销售物美价廉的产品。

（7）能够进行适应市场变化的事业经营。

（8）能够专心致力于销售活动。

（9）能够接受优秀参谋的指导，可以持续地扩大和发展事业。

4. 特许连锁经营对顾客的好处

（1）连锁经营卓越的经营方法和技术被广泛地应用，提高了为消费者服务的水平。

（2）标准化的经营，使消费者无论在哪个加盟店都能享受到标准化的优质产品和服务。

（3）加盟店通过有效经营，降低了销售费用，使消费者能接受物美价廉的产品和服务。

二、连锁总部的功能

在进入组织扩张之前，必须先理清总部应具备的功能，因为总部的功能越完整，则连锁能力越强。总部基本上应具有的功能包括：

1. 展店的功能

连锁发展销售其实就是"连锁运作体制"，如何将这套连锁运作体制推销出去，同时又能使加盟店和总部双方都获利，是总部的首要任务，这样才能奠定连锁体系未来的发展基础，因此总部必须设计出真正属于自己的店铺策略，包括全面展店计划、市场潜力分析与计算、行业调查与评估、开店流程制定与执行、开店投资与效益评估、店铺配置规划等。总而言之，要设法达到高"开店成功率"。

2. 研发的功能

研发功能对于连锁而言，是非常关键的功能之一。连锁美发店在经历了初创关卡后，要继续保持并发展，必须不断推出适合顾客的产品及服务。研发功能的发挥，必须考虑两项原则：针对差异性产品（或服务）的研究；在顾客可以接受的合理价格之内，考虑除了对产品及服务的研发外，如何使连锁运作更加高效，以及使连锁不断升级。必须朝不致引起加盟店太多操作困难的方向努力。

3. 行销的功能

行销是比较宽泛的说法，涵盖了产品采购及引进、加盟店的促销与活动、整体形象的塑造与建立、广告媒体的运用等，因此行销的任务在于如何通过各种工具、手法及种种可行的具体事项来增加加盟店的营业额。

4. 教育训练的功能

连锁运作的成败关键，在于如何将连锁运作的精华转达并传授给加盟店，也就是如何将连锁运作成功的经验系统地让加盟店接受并可以很快地加以运用。其间，教育训练扮演了内部（总部人员）、外部（加盟店）传授中介的角色。只有这样，才能让毫无经验的门外汉能够在最短的时间内进入该工作领域，也可让已操作熟练的执行人才提高经营管理的能力。

5. 指导的功能

加盟店一旦开始运作，许许多多的运作问题将接踵而至，如果只靠教育训练单位的训练课程，只能是远水难解近渴，而且可能会应接不暇。因此总部派出指导人员辅导加盟店的功能是必要的，一来可以作为联系总部与加盟店之间的桥梁，避免出现断层；二来指导人员可以快速地提供最好的经营技术给加盟店，协助加盟店更有效率地运作。

6. 财务的功能

财务功能是发展连锁的关键，财务不健全会导致一切努力到最后付之东流。所谓财务的功能包括了正确的账务及会计系统、税务处理、防弊与稽核、善用和调度资金等。通常财务扮演着较为被动而保守的角色，但如能充分发挥其功能，也可因此而避免发生营运危机，甚至还会因其灵活调度而增加非营业方面的收入。

7. 情报搜集的功能

这一功能常常被遗忘或忽视，因为繁杂的运作问题及行政工作已使得从业人员焦头烂额了，如果又缺乏较宏观长远的目光，则往往会将这一功能视为无意义且增加成本的工作。

情报搜集主要集中在经营环境的变化、经营相关信息的整合、国际发展脉络与趋势、新观念技术及内部营运资讯的整合等方面。只有进行情报收集，制定合理的经营策略，才能建立更科学、更宏观、更长远的经营观。

三、加盟连锁的方式

1. 媒体宣传，信息传达

在这一阶段主要以信息传达为主，把招募加盟店的意向及基本信息传给大家，如同招募方式中所讨论的以不同的媒体或方式将招募信息传递给有意加盟者。

2. 回应电话或传真

连锁经营美发店一般都设有专线电话或传真机，以供有兴趣的人索取资料，除此之外会备有书面或口述资料，由专人提供解答，但一般都是仅就初步加盟状况做解说，因为这个步骤是为了回应有意加盟者而设置的，并且对加盟者做初步过滤。一般加盟广告并不能很清楚地说明细节。有些美发店甚至提供24小时电话语音资料进行说明。

3. 给有兴趣的人士提供基本加盟资料

如果加盟者符合基本要求，会有较完整的书面材料以供其参考，同时总部会要求与加盟者面谈，或出席连锁加盟美发店的说明会。电话或传真能提供比招募广告更详细的资料，经过初步过滤的有意加盟者，还可以由邮寄的方式获得更加详细的书面资料，甚至包括加盟申请书。

4. 面谈审核

由于大多数加盟店主的特征并不容易由电话或传真资料中判断，所以通过面谈观察加盟店主是所有连锁加盟美发店不可缺少的步骤。面谈方式有个别面谈、团体座谈，甚至包括模范店面参观。在面谈时，对加盟店主本身的审核观察，也会在此步骤中进行。正式面谈的重点，除了观察了解加盟者的理念及状况外，最重要的就是让加盟者了解相关的权利和义务的问题。

5. 签订加盟预约

如果初步认定加盟申请者符合要求，会签订所谓加盟预约，以保证准加盟者不被同行业其他系统抢走。

6. 加盟店地点评估

除了特许加盟制度外，加盟店都需要自己拥有店面或承租店面，所以加盟店必要的审查项目包括加盟地点评估。开店的地点对经营成败有决定性的影响，选地环境与连锁业者有密切的关系。

加盟店的成败，会影响到整个加盟系统的形象。加盟店的营运成功与否，加盟店地点是关键因素，所以在正式签约之前，一次或者多次到加盟店评估地点，是必要的措施。加盟店的店面大多由加盟店主自己物色，总部则提供针对美发店产品的市场区域内的专业调查和获利评估，其中包括专业的商业评估、各时段客流量的差异性、竞争对手状况、消费者及人口分布与结构、消费客户层、交通状况、未来趋势等。加盟店应具备如下条件：

（1）店铺地点的繁荣程度、所在地点的商业区类型及范围等符合要求。

（2）营业面积符合总部的要求。

（3）交通状况、交通路线、附近的公共设施等有利于美发事业的开展。

（4）有固定客源，同行业的竞争状况符合规定。

（5）能支付加盟金。

（6）熟悉雇用员工的程序，店内有合格的工作员工。

（7）加盟店主过去的相关工作经历，身体健康状况，对加盟美发店、市场及产品的了解，加盟的心理准备及参与目的，人格品质，发展潜力，家庭的支持度等符合要求。

7. 审查加盟店主资金状况及其他条件

一个优良的店铺必须考虑店铺本身、地点、资金、产品、人员5个条件，除了加盟店地点及加盟店主本人外，加盟店主财力及其他条件也必须一起考虑，但通常是以财务状况为主。加盟时自然须交纳一定金额的加盟金或权利金，之后有的美发店则规定加盟店主每月固定缴月费，除了一般的财务条件审核外，有时也包括贷款及周转能力的审核。

8. 事业经营计划的设立与沟通

根据所做的各项调查，要为成立加盟店做事业经营计划。专业经营计划中以人力及资金的安排与运用最为重要。

（1）人力的安排及运用

基本上国内的加盟店人员安排与管理，除了个别美发店的特殊关系外，大多由加盟店

自行负责，加盟总部只负责招募的辅导及加盟店人员的培训。

一个合适的加盟店主，如果不能有效地聘用和管理全职、兼职人员，就无法将加盟店经营得很出色，所以虽然人力安排的能力不是第一要考虑的因素，但是多半会有一套完整的人力安排程序，提供给加盟店主参考，并定期给予辅导。

加盟店开张后，加盟总部会按过去的经验及加盟店实际的规划，提出人数编制的建议，再与加盟店主沟通，制定全职及兼职人员需求。对于找寻全职、兼职人员有困难的加盟店主，总部除了给予辅导外，在新开店及重要促销活动时，也会给予人员的协助或支援，但以初期为限；如果加盟者一直找不到人，而经营多年的加盟总部已经建立起一个人力资源库及人力招募渠道，则可将资料提供给加盟店主参与。

（2）资金的安排及运用

基本上加盟店的财务与总部是分开的，加盟店大多是独立的财力个体。但是总部和加盟店的利润是息息相关的，资金应用也是评估加盟店主的重要项目。加盟总部会提供所谓的财务收支计划，提供加盟店毛利保证、成本收益等各类财务资料。申请人是否具备足够的创业资金十分重要。除此之外，也有借贷资金、融资等的辅导。加盟店正式开业或试营业期间，对于柜台、成本、会计作业的辅导及营业周转金的控制，总部大多采取监督辅导的方式。在加盟店资金不足时，即使总部无法给予加盟融资，也会进行帮助辅导。

9. 签约

如果有意加盟者符合连锁加盟美发店的各项条件，接下来就该讨论签约的事了，尤其对有关加盟店与连锁加盟美发店之间的权利与义务的条文，必须经过确认后方可签署。

10. 加盟店主与相关员工培训

连锁加盟美发店招募加盟店主，通常以具有相同或类似经验的人为主，但也会有针对招募缺乏但却具有潜力的加盟者加以培训的计划。一般可分为对加盟店主所做的店主培训，以及对加盟店员所做的员工培训两种。有些美发店则保留最后的审核权，如果加盟店主无法或不愿参加培训，可以以此拒绝其加盟。

11. 关于加盟的基本资料

连锁加盟美发店与加盟店的纠纷，绝大部分是由于权利义务及配合事项的不明确所致。一个良好的连锁加盟美发店应提供给加盟店的资料，应包括以下几个重要项目：

（1）合同内容、合约书

包括商标、产品、商场规定、营业活动及广告促销活动、合同期限等。

（2）权利与义务关系

主要包括加盟关系、责任归属、权利和义务说明等。

（3）设立成本明细说明

包括预测营运收入、预估费用及支出说明、加盟金、担保金、履约担保、利润分配、费用归属、投资项目、美发店补助、毛利保证等。

（4）服务

包括配送物流、信息、培训、辅导等。

（5）其他项目